Física II Para Leigos

Aqui vai uma lista de algumas das mais importantes  Física II. Você pode usar estas fórmulas como referê resolvendo problemas de eletricidade e magnetismo, relatividade especial e Física Moderna.

Equações de Física para Eletricidade e Magnetismo

Quando estiver trabalhando matematicamente com eletricidade e magnetismo, você pode encontrar a força entre cargas elétricas, o campo magnético entre fios, e muito mais. Tenha as seguintes equações à mão enquanto estuda estes assuntos:

- **Força entre cargas:** F é a grandeza que indica a força entre duas cargas (q_1 e q_2). k é uma constante de valor $8,99 \times 10^9 \, N.m^2/C^2$ e r é a distância entre as cargas

$$F = \frac{kq_1q_2}{r^2}$$

- **Campo elétrico:** E é um campo elétrico que gera uma força F em uma carga q

$$E = \frac{F}{q}$$

- **Potencial elétrico:** V é o potencial de uma carga puntiforme Q em uma distância r

$$V = \frac{kQ}{r}$$

- **Intensidade da força exercida por um campo magnético sobre uma corrente:** F é a força sobre a corrente I em um campo magnético B que forma um ângulo θ em relação a esta corrente

$F = ILB \, \text{sen} \, \theta$

- **Campo magnético:** B é o campo magnético em um fio carregando uma corrente I a uma distância r e $\mu_0 = 4\pi \times 10^{-7} \, T.m/A$

$$B = \frac{\mu_0 I}{2\pi r}$$

- **Valor eficaz de voltagem (V_{RMS}) e corrente (I_{RMS}):** X_C é a reatância capacitiva e X_L a reatância indutiva

$V_{RMS} = I_{RMS} \, X_{C,L}$

- **Lei de Faraday:** quando ocorre uma mudança no fluxo do campo magnético em um circuito ($\Delta \Phi$) em um tempo Δt, então, uma voltagem V é induzida ao circuito, dada pela fórmula

$$V = -\frac{\Delta \Phi}{\Delta t}$$

Para Leigos: A série de livros para iniciantes que mais vende no mundo.

Física II Para Leigos®

Folha de Cola

Fórmulas para Ondas de Luz e Óptica

Ondas de luz — isto é, ondas eletromagnéticas — têm um comportamento semelhante a outras ondas. Podem refletir, refratar (mudar de direção) e interferir umas com as outras. Estas são fórmulas úteis relacionadas a ondas quando se está trabalhando com óptica. Você pode determinar a frequência e o período, prever a velocidade da luz em vários materiais e determinar como a luz irá refratar em lentes ou refletir em espelhos.

Aqui temos algumas fórmulas básicas de ondas:

- **Frequência e período de uma onda:** f é a frequência e T é o período

$$f = \frac{1}{T}$$

- **Velocidade, comprimento e frequência de uma onda:** v é a velocidade, λ é o comprimento e f é a frequência da onda

$$v = \lambda f$$

As equações a seguir abordam refração e reflexão da luz, especialmente em relação à lentes e espelhos:

- **Lei de Snell, ou lei da refração:** n é o índice de refração e θ é o ângulo formado entre o raio de luz e a normal

$$n_1 \operatorname{sen} \theta_1 = n_2 \operatorname{sen} \theta_2$$

- **Reflexão interna total:** ocorre quando o ângulo de incidência é maior que o ângulo crítico θ_c, dado pela fórmula

$$\theta_c = \operatorname{sen}^{-1}\left(\frac{n_2}{n_1}\right)$$

- **Equações envolvendo espelhos e lentes:** d_o é a distância do objeto, d_i é a distância da imagem e f é o foco do espelho ou lente

$$\frac{1}{d_o} + \frac{1}{d_i} = \frac{1}{f}$$

d_o será positivo se estiver no mesmo lado que a luz incidente em uma lente, caso contrário, será negativo; d_i será positivo se estiver no lado oposto da luz incidente em uma lente, caso contrário, será negativo; f é positivo <u>para</u> lentes convergentes e negativo para lentes divergentes

- **Interferência:** aqui estão os ângulos (θ) das fendas, separadas a uma distância d, para interferência construtiva e destrutiva

  - **Interferência construtiva:**

$$\operatorname{sen}\theta = \frac{m\lambda}{d} \quad m = 1, 2, 3, \ldots$$

  - **Interferência destrutiva:**

$$\operatorname{sen}\theta = \frac{\left(m + \frac{1}{2}\right)\lambda}{d} \quad m = 0, 1, 2, \ldots$$

Para Leigos: A série de livros para iniciantes que mais vende no mundo.

Steven Holzner

ALTA BOOKS
EDITORA
Rio de Janeiro, 2012

Física II Para Leigos® Copyright © 2012 da Starlin Alta Editora e Consultoria Ltda.
ISBN: 978-85-7608-701-4

Translated From Original: Physics II For Dummies ISBN: 978-0-470-53806-7. Original English language edition Copyright © 2010 by Wiley Publishing, Inc. All rights reserved including the right of reproduction in whole or in part in any form. This translation published by arrangement with Wiley Publishing, Inc. Portuguese language edition Copyright © 2012 by Starlin Alta Editora e Consultoria Ltda. All rights reserved including the right of reproduction in whole or in part in any form.

"Willey, the Wiley Publishing Logo, for Dummies, the Dummies Man and related trad dress are trademarks or registered trademarks of John Wiley and Sons, Inc. and/or its affiliates in the United States and/or other countries. Used under license.

Todos os direitos reservados e protegidos por Lei. Nenhuma parte deste livro, sem autorização prévia por escrito da editora, poderá ser reproduzida ou transmitida.

Erratas: No site da editora relatamos, com a devida correção, qualquer erro encontrado em nossos livros.

Marcas Registradas: Todos os termos mencionados e reconhecidos como Marca Registrada e/ou Comercial são de responsabilidade de seus proprietários. A Editora informa não estar associada a nenhum produto e/ou fornecedor apresentado no livro.

Impresso no Brasil

Vedada, nos termos da lei, a reprodução total ou parcial deste livro

Produção Editorial
Editora Alta Books

Gerência Editorial
Anderson Vieira

Supervisão Editorial
Angel Cabeza
Augusto Coutinho

**Controle de
Qualidade Editorial**
Sergio Luiz de Souza

Editoria Para Leigos
Daniel Siqueira
Iuri Santos
Patrícia Fadel
Paulo Camerino

Equipe Editorial
Adalberto Taconi
Andrea Bellotti
Andreza Farias
Brenda Ramalho

Bruna Serrano
Cristiane Santos
Evellyn Pacheco
Gianna Campolina
Isis Batista
Jaciara Lima
Juliana de Paulo
Lara Gouvêa
Lícia Oliveira
Marcelo Vieira
Mateus Alves
Milena Souza
Pedro Sá
Rafael Surgek
Thiê Alves
Vanessa Gomes
Vinicius Damasceno

Tradução
Lara Regina

Copidesque
Marcos Romeu

Revisão Gramatical
Daniel Siqueira

Revisão Técnica
Luís da Mota
*Professor associado
UERJ – Departamento
de Física Teórica*

Diagramação
Francisca Santos

Marketing e Promoção
Daniel Schilklaper
marketing@altabooks.com.br

1ª Edição, 2012

Dados Internacionais de Catalogação na Publicação (CIP)

H762f   Holzner, Steven.
        Física II para leigos / Steven Holzner. – Rio de Janeiro, RJ : Alta Books, 2012.
        384 p. : il. – (Para leigos)
        Inclui índice.
        Tradução de: Physics II for dummies.
        ISBN 978-85-7608-701-4
1   1. Física. 2. Eletricidade. 3. Magnetismo. 4. Circuitos elétricos - Corrente alternada.
        5. Ondas (Física). 6. Relatividade (Física). 7. Física nuclear. I. Título. II. Série.

                                                                        CDU 53
                                                                        CDD 530

Índice para catálogo sistemático:
1. Física   53
(Bibliotecária responsável: Sabrina Leal Araujo – CRB 10/1507)

Rua Viúva Cláudio, 291 – Bairro Industrial do Jacaré
CEP: 20970-031 – Rio de Janeiro – Tels.: 21 3278-8069/8419 Fax: 21 3277-1253
www.altabooks.com.br – e-mail: altabooks@altabooks.com.br
www.facebook.com/altabooks – www.twitter.com/alta_books

Sobre o Autor

Steven Holzner lecionou Física na Universidade de Cornell por mais de uma década, ensinando milhares de estudantes. Ele é o autor premiado de vários livros, incluindo *Física Para Leigos, Quantum Physics For Dummies* e *Differential Equations For Dummies*, além de livros de exercícios *para* os três títulos *For Dummies*. Formou-se no MIT (Instituto de Tecnologia de Massachusetts) e obteve seu doutorado pela Cornell, fazendo parte do corpo docente de ambos.

Dedicatória

Para Nancy, é claro.

Agradecimentos do Autor

O livro que você tem em suas mãos é produto do trabalho de várias pessoas. Eu gostaria de agradecer particularmente à Editora de Aquisições, Tracy Boggier, à Editora Sênior de Projetos, Alissa Schwipps, à Editora Sênior de Reprodução, Danielle Voirol, aos Editores Técnicos Laurie Fuhr e Ron Reifenberger, e às várias pessoas talentosas dos Serviços de Composição.

Sumário Resumido

Introdução *1*

Parte I: Entendendo os Fundamentos da Física **7**
Capítulo 1: Entendendo Seu Mundo: Física II, a Sequência 9
Capítulo 2: Preparando-se para a Física II 19

Parte II: Fazendo Trabalho de Campo: Eletricidade e Magnetismo **35**
Capítulo 3: Carregando Dispositivos com Eletricidade 37
Capítulo 4: A Atração do Magnetismo 61
Capítulo 5: Corrente e Tensão Alternadas 87

Parte III: Pegando Ondas: Sonoras e Luminosas **113**
Capítulo 6: Explorando Ondas 115
Capítulo 7: Agora Ouça Isto: A Palavra no Som 127
Capítulo 8: Vendo a Luz: Quando a Eletricidade e o Magnetismo se Combinam 155
Capítulo 9: Flexionando e Focalizando a Luz: Refração e Lentes 175
Capítulo 10: Quicando Ondas de Luz: Reflexão e Espelhos 205
Capítulo 11: Lançando Luz Sobre Interferência de Ondas de Luz e Difração 221

Parte IV: A Física Moderna **247**
Capítulo 12: Preste Atenção ao que Einstein Disse: A Relatividade Especial 249
Capítulo 13: Entendendo Energia e Matéria como Partículas e Ondas 273
Capítulo 14: Uma Pequena Visualização: A Estrutura dos Átomos 295
Capítulo 15: Física Nuclear e Radioatividade 319

Parte V: A Parte dos Dez **339**
Capítulo 16: Dez Experimentos de Física que Mudaram o Mundo 341
Capítulo 17: Dez Ferramentas On-Line para Resolução de Problemas 347

Índice **353**

Sumário

Introdução 1

Sobre Este Livro 1

Convenções Usadas Neste Livro 2

Só de Passagem 2

Penso que... 3

Como Este Livro Está Organizado 3

Parte I: Entendendo os Fundamentos da Física 3

Parte II: Fazendo Algum Trabalho de Campo: Eletricidade e Magnetismo 4

Parte III: Pegando Ondas Sonoras e Luminosas 4

Parte IV: A Física Moderna 4

Parte V: A Parte dos Dez 4

Ícones Usados Neste Livro 5

De Lá para Cá, Daqui para Lá 5

Parte I: Entendendo os Fundamentos da Física 7

Capítulo 1: Entendendo Seu Mundo: Física II, a Sequência 9

Familiarizando-se com a Eletricidade e o Magnetismo 10

Estudando as cargas estáticas e campo elétrico 10

Avançando para o magnetismo 11

Circuitos CA: A regeneração da corrente com campos elétricos e magnéticos 11

Viajando nas Ondas 12

Convivendo com as ondas sonoras 12

Descobrindo o que é a luz 12

Reflexão e refração: Fazendo a luz saltar e curvar 13

Buscando imagens: Lentes e espelhos 14

Chamando a interferência: Quando a luz colide com a luz 15

Ampliando com a Física Moderna 15

Iluminando os corpos negros: Corpos quentes

produzem sua própria luz 15

Acelerando com a relatividade: Sim, $E=mc^2$ 16

Assumindo uma dupla identidade: A matéria também viaja em ondas 16

Aprendendo o "$\alpha\ \beta\ \gamma$" da radioatividade 17

Física II Para Leigos

Capítulo 2: Preparando-se para a Física II **19**

Matemática e Medidas: Revisando Essas Competências Básicas 19

Usando os sistemas de medida MKS e CGS.. 20

Fazendo conversões comuns 20

Usando a notação científica para encurtar números.. 24

Uma revisão da Álgebra básica 24

Usando um pouco de Trigonometria... 25

Usando dígitos significativos.. 26

Atualizando Sua Memória Física 27

Mostrando o caminho com vetores... 28

Avançando com a velocidade e a aceleração... 29

Tática do braço-de-ferro: Aplicando alguma força... 30

Explorando o movimento circular... 30

Ficando elétrico com circuitos.. 32

Parte II: Fazendo Trabalho de Campo: Eletricidade e Magnetismo 35

Capítulo 3: Carregando Dispositivos com Eletricidade.................................... 37

Entendendo os Campos Elétricos 37

Não dá para perdê-la: A carga é conservada 38

Medindo cargas elétricas 38

Os opostos se atraem: Forças de atração e repulsão 39

Ficando Totalmente Carregado.. 40

Eletricidade estática: Construindo excesso de carga 40

Verificando métodos de carregamento.. 41

Considerando o meio: Condutores e isolantes... 43

Lei de Coulomb: Calculando a Força entre Cargas.. 44

Apresentando Campos Elétricos 45

Folhas de carga: Apresentando campos básicos.. 45

Analisando campos elétricos a partir de objetos carregados................................... 47

Campos elétricos uniformes: Muita calma com
os capacitores de placas paralelas.. 48

Blindagem: O campo elétrico dentro de condutores.. 50

Tensão: Percebendo o Potencial 52

Entendendo os fatos concretos sobre potencial elétrico 52

Verificando qual é o trabalho necessário para movimentar cargas........................... 53

Descobrindo o potencial elétrico de cargas 54

Ilustrando superfícies equipotenciais para cargas pontuais e placas....................... 56

Armazenando Carga: Capacitores e Dielétricos... 57

Verificando a quantidade de carga que os capacitores podem armazenar................ 57

Sumário **xi**

Armazenagem adicional com os dielétricos..58

Calculando a energia de capacitores com dielétricos............................59

Capítulo 4: A Atração do Magnetismo..**61**

Tudo sobre Magnetismo: Ligando Magnetismo e Eletricidade........................62

Loops dos elétrons: Entendendo os imãs permanentes e materiais magnéticos....62

De norte a sul: Tornando-se polarizado...63

Definindo campo magnético...65

Continuando: Forças Magnéticas sobre Cargas.......................................66

Descobrindo a magnitude da força magnética.....................................66

Encontrando a direção com a regra da mão direita..............................67

Uma direção preguiçosa: Verificando como os campos magnéticos
evitam o trabalho...68

Entrando em órbita: Acompanhando partículas carregadas
em campos magnéticos..69

Chegando ao Fio Elétrico: Forças Magnéticas em Correntes Elétricas...............74

Da velocidade para a corrente: Obtendo a corrente na
fórmula da força magnética...74

Torque: Dando um toque na corrente dos motores elétricos......................76

Indo à Fonte: Obtendo Campos Magnéticos a partir da Corrente Elétrica............79

Produzindo um campo magnético com um fio reto.................................79

O centro das atenções: Encontrando campos magnéticos a partir
de loops de corrente...82

Somando loops: Construindo campos uniformes com solenoides....................84

Capítulo 5: Corrente e Tensão Alternadas..**87**

Circuitos e Resistores CA: Resistindo ao Fluxo......................................87

Verificando a lei de Ohm para tensão alternada.................................88

Calculando a média: Usando o valor eficaz da corrente e da tensão.............89

Permanecendo em fase: Conectando resistores a fontes de tensão alternada......90

Circuitos e Capacitores CA: Armazenando Carga em Campos Elétricos..................91

Apresentando a reatância capacitiva..92

Saindo de fase: A corrente leva a tensão.......................................94

Preservando a energia..95

Circuitos e Indutores CA: Armazenando Energia em Campos Magnéticos................95

Lei de Faraday: Entendendo como os indutores funcionam........................96

Apresentando a reatância indutiva...101

Ficando para trás: A corrente se atrasa em relação à tensão..................102

A Corrida Corrente-Tensão: Colocando Tudo Junto em Circuitos RLC em Série.......103

Impedância: Os efeitos combinados de resistores, indutores e capacitores.....104

Experiências de Pico: Calculando a Corrente Máxima em um Circuito RLC em Série.....109

Anulando a reatância..109

xii Física II Para Leigos _____

Calculando a frequência de ressonância 109
Semicondutores e Diodos: Limitando a Direção da Corrente....................................110
Adicionando uma *"droga"*: a fabricação de semicondutores 111
Corrente unidirecional: a criação de diodos..112

Parte III: Pegando Ondas: Sonoras e Luminosas 113

Capítulo 6: Explorando Ondas 115

A Energia se Movimenta: Fazendo Onda...115
Para cima e para baixo: Ondas transversais..116
Para trás e para frente: Ondas longitudinais..117
Propriedades das Ondas: Entendendo o que Faz as Ondas Vibrarem 117
Examinando as partes de uma onda...117
Relacionando matematicamente as partes de uma onda 119
Ficando atento ao seno: Gráficos de ondas...121
Quando as Ondas Colidem: O Comportamento das Ondas....................................124

Capítulo 7: Agora Ouça Isto: A Palavra no Som 127

Vibrando Apenas Para Ser Ouvido: Ondas Sonoras como Vibrações.........................127
Aumentando o Volume: Pressão, Potência e Intensidade 129
Sob pressão: Medindo a amplitude das ondas sonoras....................................130
Apresentando a intensidade do som..131
Calculando a Velocidade do Som 133
Rápida: A velocidade do som em gases 134
Mais rápida: A velocidade do som em líquidos 136
Mais rápida ainda: A velocidade do som em sólidos 137
Analisando o Comportamento das Ondas Sonoras 139
O eco: Reflexão das ondas sonoras 139
Compartilhando espaços: Interferência de ondas sonoras 141
Regras de flexão: Difração de ondas sonoras 148
Indo e vindo com o efeito Doppler 149
Quebrando a barreira do som: Ondas de choque...152

Capítulo 8: Vendo a Luz: Quando a Eletricidade e o Magnetismo se Combinam 155

Haja Luz! Gerando e Recebendo Ondas Eletromagnéticas.......................................155
Criando um campo elétrico alternado...156
Obtendo um campo magnético alternado para equiparar 157
Recebendo ondas de rádio...159
Olhando Para o Arco-Íris: Entendendo o Espectro Eletromagnético.........................161
Examinando o espectro eletromagnético..161

Relacionando a frequência e o comprimento de onda da luz 163
Para Quem Fica, Até Logo: Encontrando a Velocidade Máxima da Luz...............164
Verificando a primeira experiência com a velocidade da luz
que realmente funcionou 165
Calculando teoricamente a velocidade da luz...............167
Você Tem a Força: Determinando a Densidade de Energia da Luz...............169
Encontrando energia instantânea...............169
Calculando a média da densidade de energia da luz 172

Capítulo 9: Flexionando e Focalizando a Luz: Refração e Lentes 175

Acenando Para os Raios: Desenhando Ondas de Luz de Forma mais Simples...........175
Reduzindo a Velocidade da Luz: O Índice de Refração 177
Calculando a redução da velocidade 177
Calculando o desvio: A lei de Snell...............179
Arco-íris: Separando comprimento de ondas...............180
Desviando a Luz para Obter Reflexão Interna...............182
De volta para você: Reflexão interna total 182
Luz polarizada: Obtendo uma reflexão parcial...............184
Obtendo Recursos Visuais: Criando Imagens com Lentes 187
Definindo objetos e imagens...............187
Agora tudo está entrando em foco: Lentes côncavas e convexas 188
Desenhando diagramas de raios...............190
Entrando com Números: Encontrando Distâncias e Ampliações...............194
Vencendo a distância com a equação das lentes finas 194
Avaliando a equação de ampliação...............197
Combinando Lentes Para Maior Poder de Ampliação 199
Entendendo como os microscópios e telescópios funcionam 199
Obtendo um novo ângulo na ampliação...............202

Capítulo 10: Quicando Ondas de Luz: Reflexão e Espelhos...............205

A Pura Verdade: Refletindo Sobre os Conceitos Básicos de Espelhos...............205
Obtendo os ângulos em espelhos planos...............206
Formando imagens em espelhos planos 207
Verificando o tamanho do espelho 208
Trabalhando com Espelhos Esféricos 210
Obtendo uma visão da parte interna dos espelhos côncavos...............212
Cada vez menor: Observando o funcionamento de espelhos convexos 215
Um Resumo dos Números: Usando Equações Para Espelhos Esféricos 216
Obtendo números com a equação do espelho 217
Descobrindo se é maior ou menor: Ampliação...............219

xiv Física II Para Leigos

Capítulo 11: Lançando Luz Sobre Interferência de Ondas de Luz e Difração...221

Quando as Ondas Colidem: Apresentando a Interferência da Luz.............222

Encontro nas barras: Em fase com a interferência construtiva.............222

Deixando tudo escuro: Fora de fase com interferência destrutiva.........224

A Interferência em Ação: Obtendo Duas Fontes de Luz Coerentes.........226

Dividindo a luz com fendas duplas.............227

Arco-íris de poças de gasolina: Dividindo a luz
com interferência de filme fino.............231

Difração de Fenda Única: Recebendo Interferência de Ondulações.........235

O princípio de Huygens: Verificando como a difração
funciona com uma fenda única.............236

Obtendo as franjas no padrão de difração.............237

Fazendo cálculos de difração.............240

Fendas Múltiplas: Chegando ao Limite com Rede de Difração.............241

Separando cores com grades de difração.............241

Experimentando alguns cálculos de grades de difração.............242

Vendo com Clareza: O Poder de Resolução e de Difração a Partir de um Orifício.....243

Parte IV: A Física Moderna 247

Capítulo 12: Preste Atenção ao que Einstein Disse: A Relatividade Especial ...249

Decolando com os Fundamentos da Relatividade.............250

Comece a partir de onde você está: Entendendo sistemas de referência.............250

Observando os postulados da relatividade especial.............252

Verificando a Relatividade Especial em Funcionamento.............253

Tempo de desaceleração: Descontraindo com a dilatação do tempo.............254

Fazendo a compactação: A contração do comprimento.............259

Ganhando momento próximo à velocidade da luz.............262

Aqui Está Ela! Igualando Massa e Energia com $E = mc^2$.............264

A energia de repouso de um objeto: A energia que você
poderia obter a partir da massa.............265

A energia cinética de um objeto: A energia do movimento.............267

Omitindo a E_p.............270

Nova Matemática: Somando Velocidades Próximas à da Luz.............270

Capítulo 13: Entendendo Energia e Matéria como Partículas e Ondas.............273

Radiação de Corpo Negro: Descobrindo a Natureza Corpuscular da Luz.............274

Entendendo o problema com radiação de corpo negro.............274

Mantendo a discrição com a constante de Planck.............275

Pacotes de Energia de Luz: Avançando com o Efeito Fotoelétrico.............276

Compreendendo o mistério do efeito fotoelétrico.............276

Sumário xv

A contribuição de Einstein: Apresentando os fótons 277

Explicando por que a energia cinética dos elétrons
não depende da intensidade 279

Explicando por que os elétrons são emitidos instantaneamente 280

Fazendo cálculos com o efeito fotoelétrico 281

Colisões: Demonstrando a Natureza da Partícula da Luz com o Efeito Compton 282

O Comprimento de Onda de De Broglie: Observando a Natureza
Ondulatória da Matéria...285

Elétrons interferentes: Confirmando a hipótese de De Broglie 286

Calculando comprimentos de onda da matéria 286

Não Tenho Certeza Sobre Isso: O Princípio da Incerteza de Heisenberg 288

Entendendo a incerteza na difração de elétrons 288

Deduzindo a relação de incerteza...289

Cálculos: Observando o princípio da incerteza em ação 292

Capítulo 14: Uma Pequena Visualização: A Estrutura dos Átomos 295

Compreendendo o Átomo: O Modelo Planetário 296

O espalhamento de Rutherford: Encontrando o núcleo
a partir do espalhamento de partículas alfa 296

Átomos em colapso: Desafiando o modelo planetário de Rutherford 297

Respondendo aos desafios: Mantendo a discrição com a linha espectral 298

Ajustando o Modelo Planetário do Átomo de Hidrogênio: O Modelo de Bohr 301

Encontrando as energias permitidas dos elétrons no átomo de Bohr....................302

Encontrando os raios permitidos das órbitas dos elétrons no átomo de Bohr 303

Encontrando a constante de Rydberg usando a linha espectral do hidrogênio 306

Colocando tudo isso junto com diagramas de níveis de energia...........................307

De Broglie pondera sobre a teoria de Bohr: Dando uma razão
para a quantização 308

Configuração do Elétron: Relacionando a Física Quântica ao Átomo 309

Compreendendo os quatro números quânticos 310

Cálculos numéricos: Calculando o número de estados quânticos 312

Átomos de múltiplos elétrons: Acrescentando elétrons
com o princípio de exclusão de Pauli 314

Usando notação abreviada para a configuração eletrônica 316

Capítulo 15: Física Nuclear e Radioatividade...319

Mexendo com a Estrutura Nuclear 319

Agora um pouco de química: Classificação da massa e do número atômico 320

Números de nêutrons: Apresentando os isótopos..321

Rapaz, como isso é pequeno: Encontrando o raio e o volume do núcleo 323

Calculando a densidade do núcleo 323

A Poderosa Força Nuclear: Mantendo o Núcleo Bastante Estável 324

xvi Física II Para Leigos

Encontrando a força de repulsão entre prótons 325

Mantendo os prótons juntos com a força forte 325

Segure firme: Encontrando a energia de ligação do núcleo 327

Entendendo os Tipos de Radioatividade a partir de α a γ 328

Liberando hélio: Decaimento alfa radioativo 330

Ganhando prótons: Decaimento beta radioativo 331

Emissão de fótons: Decaimento gama radioativo 332

Pegue Seu Contador Geiger: Meia-Vida e Decaimento Radioativo 333

Meio-tempo: Apresentando a meia-vida 334

Taxas de decaimento: Apresentando a atividade 336

Parte V: A Parte dos Dez 339

Capítulo 16: Dez Experimentos de Física que Mudaram o Mundo 341

Medição da Velocidade da Luz de Michelson 342

Experiência de Fendas Duplas de Young: A Luz é Uma Onda 342

Elétrons Saltadores: O Efeito Fotoelétrico 343

Descoberta de Ondas de Matéria de Davisson e Germer 343

Os Raios-X de Röntgen 344

Descoberta da Radioatividade Por Marie Curie 344

A Descoberta do Núcleo do Átomo de Rutherford 345

Colocando Uma Rotação Nele: A Experiência de Stern-Gerlach 345

A Idade Atômica: A Primeira Pilha Atômica 346

Verificação da Relatividade Especial 346

Capítulo 17: Dez Ferramentas On-Line para Resolução de Problemas 347

Calculadora de Soma de Vetores 347

Calculadora de Aceleração Centrípeta (Movimento Circular) 347

Calculadora de Energia Armazenada em um Capacitor 348

Calculadora de Frequência de Ressonância Elétrica 348

Calculadora de Reatância capacitiva 349

Calculadora de Reatância Indutiva 349

Calculadora de Frequência e Comprimento de Onda 349

Calculadora de Contração do Comprimento 350

Calculadora da Relatividade 350

Calculadora de Meia-vida 351

Índice 353

Introdução

Para muitas pessoas, a Física é algo aterrorizante. E os cursos de Física II realmente introduzem muitos conceitos alucinantes, como as ideias de que massa e energia são aspectos da mesma coisa, que a luz é apenas uma mistura de campos elétricos e magnéticos, e que cada elétron girando em torno de um átomo cria um imã em miniatura. Em Física II, as cargas saltam, a luz se dobra e o tempo se estende — e não porque a turma parou de prestar atenção no meio da aula. Jogue um pouco de matemática na mistura e, muitas vezes, parece que a Física leva sempre a melhor. E isso é uma pena, porque a Física não é sua inimiga — ela é sua aliada.

As ideias podem ter vindo de Albert Einstein e de outras pessoas que conseguiram dar seus nomes a leis, constantes e unidades de medidas, mas você não precisa ser um gênio para entender Física II. Afinal, ela é uma ciência que trata de foguetes de maneira apenas parcial — e foguetes muito legais, que se aproximam da velocidade da luz.

Muitas descobertas nesse campo vieram de estudantes, pesquisadores e outras pessoas que simplesmente tiveram curiosidade sobre seu mundo, que fizeram experiências e, muitas vezes, o resultado não foi o esperado. Neste livro, eu lhe apresento algumas dessas descobertas, analiso a matemática que descreve seus resultados e dou-lhe uma ideia de como as coisas funcionam — da forma como os físicos as entendem.

Sobre Este Livro

Física II Para Leigos é para a mente curiosa. Seu objetivo é explicar centenas de fenômenos que você pode observar ao seu redor. Por exemplo, como a luz polarizada realmente funciona? Por que os eletroímãs nos motores elétricos geram magnetismo? E se alguém lhe der um grama de material radioativo com meia-vida de 22 mil anos, você deve entrar em pânico?

Estudar Física é estudar o mundo. O *seu* mundo. Esse é o tipo de perspectiva que tomo neste livro. Aqui, eu tento relacionar a Física à sua vida, e não o contrário. Assim, nos próximos capítulos, você vai ver como telescópios e microscópios funcionam e descobrirá o que faz um

2   Física II Para Leigos

diamante cortado corretamente tão brilhante. Você vai descobrir como as antenas de rádio captam sinais e como os imãs fazem os motores funcionar. Você vai ver quão rapidamente a luz e o som podem viajar, e vai ter uma ideia do que realmente significa alguma coisa se tornar radioativa.

Quando você entender esses conceitos, vai perceber que a matemática na física não é um desfile de problemas com palavras terríveis; é uma forma de ligar medidas reais a toda aquela teoria. Fique tranquilo, pois a matemática que uso neste livro é relativamente simples — as equações não exigem qualquer outro conhecimento além da álgebra e da trigonometria.

Física II Para Leigos começa onde um curso de Física I acaba — depois do estudo das leis do movimento, forças, energia e termodinâmica. As aulas de Física I e Física II algumas vezes se sobrepõem, de forma que você encontrará informações sobre eletricidade e magnetismo nos dois livros (*Física e Física II Para Leigos*). Mas, em *Física II Para Leigos*, eu abordo esses tópicos com mais profundidade.

Uma boa coisa sobre este livro é que você decide onde começar e o que ler. É um guia de referência através do qual você pode navegar como quiser, basta consultar o Sumário e o Índice para encontrar a informação que você quer.

Convenções Usadas Neste Livro

Alguns livros têm várias convenções absurdas que você precisa conhecer antes de começar a leitura. Não é o que acontece com este livro. Tudo que você precisa saber é o seguinte:

- ✔ Novos termos aparecem em itálico, desta *forma*, e estão acompanhados por uma definição.
- ✔ Variáveis, como m para *massa*, aparecem em itálico. Caso você encontre uma letra ou abreviação em um cálculo e ela não estiver em itálico, trata-se de uma unidade de medida; por exemplo, 2,0 m correspondem a 2,0 metros.
- ✔ Vetores — esses itens que têm tanto uma magnitude como uma direção — aparecem em negrito e itálico, como este: *N*.

E essas são todas as convenções que você precisa conhecer!

Só de Passagem

Além do texto principal do livro, eu incluí alguns elementos extras que poderão ser esclarecedores ou interessantes: boxes e parágrafos sinalizados com o ícone Papo de Especialista. Os boxes aparecem em quadros cinza

Introdução **3**

sombreado, e lhe darão alguns bons exemplos, ou contarão histórias que acrescentam um colorido ou mostram como a história principal da Física se ramificou. Os parágrafos de Papo de Especialista vão lhe dar um pouco mais de informação técnica sobre o assunto em questão. Você não precisará resolver esses problemas: poderá ficar apenas curioso.

Se estiver com pressa, poderá pular esses elementos sem ferir meus sentimentos. Mesmo sem eles, você ainda entenderá a história principal.

Penso que...

Neste livro, eu presumi o seguinte:

- Você é um estudante que já está familiarizado com um texto de Física I, como *Física para Leigos*. Você não precisa ser um especialista. Desde que tenha um conhecimento razoável desse material, já estará bom. Você deve entender ideias como, massa, velocidade, força, e assim por diante, mesmo que não se lembre das fórmulas.

- Você está familiarizado com o sistema métrico, ou SI (Sistema Internacional de Unidades) e é capaz de fazer a conversão entre unidades de medida e sabe como usar prefixos métricos. Eu incluo uma revisão de como trabalhar com medidas no Capítulo 2.

- Você sabe álgebra e trigonometria básicas. Eu lhe direi o que for necessário no Capítulo 2, de forma que não precise se preocupar. Este livro não requer nenhum cálculo e você poderá fazer todas as contas em uma calculadora científica padrão.

Como Este Livro Está Organizado

Como a própria Física, este livro está organizado em diferentes partes. A seguir, estão as partes e o assunto de que tratam.

Parte I: Entendendo os Fundamentos da Física

A Parte I começa com uma visão geral da Física II, introduzindo os objetivos da Física e os principais tópicos abordados em um curso padrão de Física II. Esta parte também vai atualizá-lo com os fundamentos da Física I — apenas aquilo que você precisa para este livro. Não se pode construir sem alicerces e você terá a base de que precisa aqui.

Parte II: Fazendo Algum Trabalho de Campo: Eletricidade e Magnetismo

A eletricidade e o magnetismo correspondem a uma grande parte da Física II. Ao longo dos anos, os físicos têm conseguido explicar muito bem esses tópicos. Nesta parte, você estudará a eletricidade e o magnetismo, incluindo informações sobre cargas individuais, circuitos CA (corrente alternada), imãs permanentes e campos magnéticos — e (possivelmente a mais importante), você compreenderá como a eletricidade e o magnetismo se conectam para criar ondas eletromagnéticas (como na luz).

Parte III: Pegando Ondas Sonoras e Luminosas

Esta parte abrange ondas em geral, incluindo as ondas sonoras e luminosas. Das duas, a luz é o tópico mais abrangente — você poderá ver como as ondas interagem e interferem umas com as outras, assim como a forma como elas agem quando atravessam fendas simples e duplas, refletindo objetos, atravessando o vidro e a água, e outros tipos de coisas. O estudo da ótica inclui objetos do dia-a-dia, como lentes, espelhos, câmeras, óculos de sol com lentes polarizadas e mais.

Parte IV: A Física Moderna

Esta parte vai levá-lo aos tempos modernos com a teoria da relatividade especial, a dualidade partícula-onda da matéria, e a radioatividade. A relatividade é aquela famosa, é claro, e você vai ver muito de Einstein nesta parte. Você também vai ver muitos outros físicos que participaram da discussão das viagens da matéria como ondas. Você vai ler tudo sobre radioatividade e estrutura atômica.

Parte V: A Parte dos Dez

Os capítulos nesta parte abrangem dez tópicos em uma sucessão rápida. Você vai dar uma olhada em dez experimentos da física que mudaram o mundo, levando a descobertas em todas as áreas, desde a relatividade especial até a radioatividade. Você também poderá consultar dez calculadoras on-line, que poderão ajudá-lo a resolver problemas de física.

Ícones Usados Neste Livro

Você vai encontrar ícones neste livro e a seguir está o que eles significam:

Este ícone indica alguma coisa que deve ser lembrada, como uma lei da Física ou uma equação particularmente importante.

As Dicas oferecem formas de pensar nos conceitos da Física que poderão ajudá-lo a entender melhor um tópico. Elas também poderão lhe dar dicas e mostrar pequenos truques para resolver problemas.

Este ícone indica que aquele parágrafo trata sobre detalhes técnicos, informações profissionais. Você não precisa ler, mas se quiser se tornar um profissional em Física (e quem não quer?), dê uma olhada.

De Lá para Cá, Daqui para Lá

Neste livro, é possível começar uma leitura em qualquer lugar. Você pode começar com eletricidade ou ondas luminosas, ou mesmo relatividade. Mas se quiser a história completa, comece pelo Capítulo I, que está logo adiante. Boa leitura!

Caso não se sinta confortável com o nível de física que adquiriu em Física I, consulte um texto de Física I. Eu recomendo, seguramente, *Física Para Leigos*®.

6 Física II Para Leigos

Parte I
Entendendo os Fundamentos da Física

A 5ª Onda　　　　　　Por Rich Tennant

"Este é meu antigo professor de física, Mr. Wendt, sua esposa, Doris, e seus dois filhos, Campo Elétrico e Magnetismo.

Nesta parte...

Nesta parte, você se certificará de que está atualizado sobre as habilidades de que precisa para Física II. Você começará com uma visão geral dos assuntos que abordo neste livro. Também fará uma breve revisão de Física I, para ter a certeza de que tem uma boa base em matemática, medidas e nas principais ideias da Física básica.

Capítulo 1

Entendendo Seu Mundo: Física II, a Sequência

Neste Capítulo

▶ Considerando a eletricidade e o magnetismo

▶ Estude as ondas sonoras e luminosas

▶ Explore a relatividade, radioatividade e outras físicas modernas

A Física certamente não é um estudo esotérico presidido por guardiães que o obrigam a fazer testes sem outro motivo aparente que não seja a crueldade, embora, às vezes, possa parecer que seja essa a intenção. A Física é o estudo humano do *seu* mundo. Assim, não pense na física como alguma coisa que existe apenas em livros e nas cabeças de professores, deixando todas as outras pessoas de fora.

A Física é simplesmente o resultado de uma mente curiosa observando a natureza. E isso é algo que qualquer um pode compartilhar. As perguntas — o que é a luz?, Por que os imãs atraem o ferro?, A velocidade da luz é a mais rápida em que se pode viajar? — dizem respeito a qualquer pessoa igualmente. Assim, não deixe a Física amedrontá-lo. Tenha coragem e reivindique sua propriedade sobre o assunto. Caso não entenda alguma coisa, exija que ela seja mais bem explicada para você — não suponha que a falha seja sua. Esse é o estudo humano do mundo natural, e você possui um pedaço disso.

A Física II continua onde a Física I termina. O objetivo deste livro é abordar — e desvendar — os assuntos normalmente abrangidos no segundo semestre de um curso de introdução à Física. Você aprenderá muito sobre eletricidade e magnetismo, ondas luminosas, relatividade (o tipo especial), radioatividade, ondas da matéria e mais. Este capítulo lhe dará uma prévia.

Familiarizando-se com a Eletricidade e o Magnetismo

A eletricidade e o magnetismo estão entrelaçados. Cargas elétricas em movimento (e não cargas inertes, estáticas) dão origem ao magnetismo. Mesmo em imãs em barra, as minúsculas cargas dentro dos átomos do metal provocam o magnetismo. É por isso que você sempre vê esses dois temas ligados nas discussões de Física II. Nesta seção, eu apresento a eletricidade, o magnetismo e os circuitos CA.

Estudando as cargas estáticas e campo elétrico

A eletricidade abrange uma grande parte do seu mundo — ela não atua apenas em relâmpagos e lâmpadas elétricas. A configuração das cargas elétricas em cada átomo forma a base da química. Conforme eu analiso no Capítulo 14, o arranjo dos elétrons dá origem às propriedades químicas da matéria, que nos dão tudo, desde metais que brilham até plásticos que dobram. A configuração dos elétrons determina até mesmo a cor que os materiais refletem quando estão na presença da luz.

Os estudos da eletricidade geralmente começam com cargas elétricas, particularmente a força entre duas cargas. O fato de as cargas se atraírem ou se repelirem é fundamental para o funcionamento da eletricidade e para a estrutura dos átomos que compõem a matéria ao seu redor. No Capítulo 3, você conhecerá a maneira de prever a força exata envolvida e como essa força varia com a distância que separa as duas cargas.

As cargas elétricas também preenchem o espaço ao redor de si mesmas com campo elétrico — um fato familiar a você, se já sentiu os pelos em seu braço se eriçarem quando tira roupas de uma secadora. Os físicos medem o campo elétrico como a força por unidade de carga, e eu lhe mostrarei como calculá-lo a partir das configurações das cargas.

Em seguida, está a ideia de *potencial elétrico*, que você conhece como tensão. A *tensão* é o trabalho realizado por unidade de carga, tomando essa carga entre dois pontos. E, sim, é exatamente esse o tipo de tensão que você vê estampada em baterias.

Com essas três quantidades — força, campo elétrico e tensão — você compreenderá as cargas elétricas estáticas.

Avançando para o magnetismo

O que acontece quando cargas elétricas começam a se mover? Temos o *magnetismo*, que é o efeito da carga elétrica que está relacionada a, mas diferente de campo elétrico; ele existe apenas quando as cargas estão em movimento. Dê um empurrão em um elétron, mande-o para longe e pronto! Você terá um campo magnético. A ideia de que o movimento de cargas elétricas provoca o magnetismo foi uma grande novidade na física — esse fato não é óbvio quando se trabalha apenas com imãs.

As cargas elétricas em movimento formam uma *corrente*, e várias combinações da corrente elétrica criam diferentes campos magnéticos. Isto é, o campo magnético que você vê a partir de um único fio conduzindo uma corrente é diferente daquele que você vê a partir de um "loop" ou laço da corrente — ainda mais se considerarmos vários laços da corrente, uma combinação conhecida como *solenoide*. Eu vou mostrar-lhe como prever campos magnéticos no Capítulo 4.

Não são as cargas elétricas em movimento dão origem a campos magnéticos, como os campos magnéticos também afetam as cargas elétricas em movimento. Quando uma carga elétrica se move através de um campo magnético, ela sente uma força sobre ela perpendicular ao campo magnético e à direção do movimento. O resultado é que, entregues a si próprias, as cargas em movimento em campos magnéticos uniformes viajam em círculos (uma ideia bem recebida pelos químicos porque isso permite a um espectrômetro de massa determinar a composição química de uma amostra). De que tamanho é o círculo? Como o raio do círculo se relaciona com a velocidade da carga? Ou com a magnitude da carga? Ou com a força do campo magnético? Fique ligado. As respostas a todas essas perguntas estão no Capítulo 4.

Circuitos CA: A regeneração da corrente com campos elétricos e magnéticos

Muitas vezes, os estudantes entram em contato com circuitos em Física I (você pode saber mais sobre circuitos de corrente simples direta — CD — em *Física para Leigos*). No Capítulo 5, você terá a versão da Física II: Poderá observar o que acontece quando a tensão e a corrente em um circuito flutuam ao longo do tempo de forma periódica, gerando *correntes* e *tensões alternadas*. Também encontrará alguns novos elementos do circuito, o indutor e o capacitor, e verá como eles se comportam em circuitos CA. Muitos dos dispositivos elétricos que as pessoas usam todos os dias dependem desses elementos em correntes alternadas.

Parte I: Entendendo os Fundamentos da Física

Quando estiver lendo sobre indutores, você também encontrará uma das leis fundamentais que relaciona campos elétricos e magnéticos: a lei de Faraday, que explica a maneira como um campo magnético variável induz uma tensão que gera seu próprio campo magnético. Essa lei não se aplica apenas a indutores; ela pode ser aplicada a todos os campos elétricos e magnéticos, onde quer que eles ocorram no Universo!

Viajando nas Ondas

As ondas constituem um assunto bastante abrangente em Física II. Uma *onda* é uma perturbação oscilante que transporta energia. Se a perturbação for *periódica*, a quantidade de perturbações se repete ao longo do espaço e do tempo por uma distância chamada *comprimento da onda* e um tempo chamado *período*. O Capítulo 6 faz um estudo aprofundado sobre o funcionamento das ondas, de forma que você possa perceber os relacionamentos entre a velocidade da onda, o comprimento da onda e a *frequência* (a taxa na qual os ciclos passam por um ponto específico). No restante dos capítulos, na Parte III deste livro, você vai explorar tipos particulares de ondas, incluindo as eletromagnéticas (como as ondas luminosas e do rádio) e sonoras.

Convivendo com as ondas sonoras

O som é simplesmente uma onda no ar, e as várias interações das ondas sonoras são apenas o resultado de comportamentos compartilhados por todas elas. Por exemplo, as ondas sonoras podem refletir em uma superfície — deixe as ondas sonoras colidirem com paredes e ouça o eco. As ondas sonoras também interferem em outras ondas, e você pode ouvir os efeitos — ou o silêncio, conforme o caso. Esses dois tipos de interação formam a base para se entender os tons harmônicos na música.

As características de um som, como tom e volume, dependem das propriedades da onda. Você já pode ter observado isso ao ouvir a mudança de tom de uma sirene em um carro de polícia quando ele passa; o tom muda quando a origem do som ou o ouvinte se movem. A isso chamamos *efeito Doppler*. Podemos levar isso ao extremo, ao examinarmos o choque de ondas que acontece quando os objetos se movem muito rapidamente através do ar, quebrando a barreira do som. Essa é a origem da explosão sônica. Isso será abordado no Capítulo 7.

Descobrindo o que é a luz

A luz é um tema bastante abordado em Física II. Hoje já se sabe como a luz funciona, mas nem sempre foi assim. Imagine a emoção que James Clerk Maxwell deve ter sentido quando a velocidade da luz

Capítulo 1: Entendendo Seu Mundo: Física II, a Sequência   13

pulou de suas equações e ele percebeu que, ao combinar eletricidade e magnetismo, tinha conseguido definir as ondas luminosas. Antes disso, elas eram um mistério — de onde tinham surgido? Como eram capazes de transportar energia?

Depois de Maxwell, tudo isso mudou; os físicos passaram a saber que a luz era composta de oscilações elétricas e magnéticas. No Capítulo 8, você vai acompanhar os passos de Maxwell até chegar a esse resultado surpreendente. Aí você saberá como calcular a velocidade da luz usando duas constantes completamente diferentes, que têm a ver com a maneira como os campos elétricos e magnéticos podem penetrar no espaço vazio.

Sendo uma onda, a luz transporta energia enquanto viaja, e os físicos sabem como calcular a quantidade de energia que ela pode carregar. Essa quantidade de energia está ligada às magnitudes dos componentes elétricos e magnéticos da onda. Você terá uma noção da quantidade de energia que essa luz de determinada intensidade pode transportar no Capítulo 8.

Evidentemente, a luz é apenas a parte visível do *espectro eletromagnético* — e uma pequena parte, melhor dizendo. Existem todos os tipos de radiação eletromagnética, classificadas pela frequência das ondas: raios X, infravermelho, luz ultravioleta, ondas de rádio, micro-ondas, e até as ondas gama ultrapotentes.

Reflexão e refração: Fazendo a luz saltar e curvar

A interação da luz com a matéria é uma coisa interessante. Por exemplo, quando a luz interage com materiais, um pouco da luz é absorvida e um pouco refletida. Esse processo dá origem a tudo que vemos ao nosso redor no mundo cotidiano.

A luz refletida obedece a determinadas regras. Principalmente o ângulo de incidência de um raio de luz — isto é, o ângulo no qual a luz atinge a superfície (medido a partir de uma linha reta saindo dessa superfície) — deve ser igual ao ângulo de reflexão — o ângulo em que a luz deixa a superfície. Saber a maneira como a luz retorna em direção à região de onde é oriunda é essencial para todos os tipos de dispositivos, desde periscópios nos submarinos, até telescópios, fibras óticas e os refletores que os astronautas da Apollo colocaram na Lua. O Capítulo 10 aborda as regras da reflexão.

Obviamente, a luz também pode viajar através de materiais (ou as pessoas não teriam janelas, óculos de sol, vitrais e outras coisas mais). Quando a luz penetra em um material a partir de outro, ela se curva — processo conhecido como *refração,* que é um tema abrangente no Capítulo 9. O quanto a luz se curva depende dos materiais envolvidos, conforme medido pelos seus índices de refração. Uma coisa útil para se saber em todos os tipos de situação. Por exemplo, quando

Parte I: Entendendo os Fundamentos da Física

os fabricantes de lentes entendem como a luz se curva quando penetra e sai de um pedaço de vidro, eles podem moldar o vidro para produzir imagens. A seguir, você vai olhar através de lentes.

Buscando imagens: Lentes e espelhos

Caso você esteja ansioso para observar as aplicações práticas dos assuntos da Física II, provavelmente você gosta de ótica. Nela, você trabalha com lentes e espelhos, permitindo-lhe explorar o funcionamento de telescópios, câmeras e mais.

Concentrando-se nas lentes

As lentes podem convergir ou divergir a luz. Nos dois casos, você obterá uma imagem (direita, invertida, maior ou menor do que o objeto). A imagem pode ser real ou virtual. Em uma *imagem real*, os raios da luz são convergentes, de forma que podemos colocar uma tela no local da imagem e enxergá-la na tela (como nos filmes). Uma *imagem virtual* é uma imagem a partir da qual a luz parece divergir, como a imagem em uma lupa.

Equipado com um pouco de física, você terá a situação das lentes completamente sob controle. Caso tenha aptidão visual, você poderá encontrar informações sobre imagens usando suas habilidades com desenho. Eu explico como desenhar diagramas de raios, que mostram como a luz passa através de uma lente, no Capítulo 9.

Você também pode usar números em relação a luz passando através de lentes. A equação da lente fina lhe fornecerá tudo que precisa saber aqui sobre objetos e imagens, e poderá até mesmo deduzir a ampliação de lentes a partir daquela equação. Assim, dada uma determinada lente e um objeto a certa distância, você poderá prever exatamente onde a imagem aparecerá e qual tamanho terá (e se estará invertida ou não).

Se uma lente é boa, por que não experimentar duas? Ou mais? Afinal, essa é a ideia por trás de microscópios e telescópios. Você saberá mais sobre esses instrumentos óticos no Capítulo 9, e, se quiser, poderá desenhar microscópios e telescópios rapidamente.

Tudo sobre espelhos/sohlepse erbos odut

Também podemos utilizar números ao observar a maneira como os espelhos refletem a luz, sejam eles planos ou curvos. Por exemplo, se você souber a curvatura de um espelho e onde um objeto se encontra em relação a ele, você poderá prever exatamente onde a imagem do objeto aparecerá.

De fato, você será capaz de fazer mais do que isso — poderá calcular se a imagem será perpendicular ou invertida. Também poderá calcular sua altura exata comparada ao objeto original. Poderá até mesmo calcular se a imagem será real (na frente do espelho) ou virtual (atrás do espelho). Eu trato de espelhos no Capítulo 10.

Chamando a interferência: Quando a luz colide com a luz

Não só podem os raios de luz interagir com a matéria, mas também interagir com outros raios de luz. Isso não deveria soar muito absurdo — afinal, a luz é composta de componentes elétricos e magnéticos, e esses componentes são os que interagem com os campos magnéticos na matéria. Dessa forma, por que esses componentes não poderiam interagir com componentes elétricos e magnéticos de outros raios de luz?

Quando o componente elétrico de um raio de luz está no seu máximo e encontra um raio de luz com seu componente elétrico no seu mínimo, os dois componentes se anulam. Por outro lado, caso os dois raios de luz se encontrem exatamente onde os componentes elétricos estejam no máximo, eles se somam. O resultado é que quando a luz colide com a luz, poderão ocorrer padrões de *difração* — combinações de luz e faixas escuras, dependendo se o resultado está em um máximo ou mínimo. No Capítulo 11, você aprenderá a calcular a aparência dos padrões de difração para uma variedade de diferentes fontes de luz, e todas comprovadas por experiências.

Ampliando com a Física Moderna

O século XX assistiu a uma explosão de temas relacionados à Física, e, coletivamente, eles foram chamados de Física Moderna. Algumas ideias revolucionárias — como a Mecânica Quântica e a Teoria da Relatividade Especial de Einstein — mudaram os fundamentos de como os físicos viam o Universo; a mecânica de Isaac Newton nem sempre se aplicava. À medida que os físicos se aprofundaram no funcionamento do mundo, eles encontraram ideias cada vez mais poderosas, que lhes permitiram descrevê-lo de forma exponencialmente maior. Isso levou a desenvolvimentos na tecnologia que conduziram a experimentos que poderiam sondar o Universo de forma cada vez mais minuciosa (ou expansiva).

A maioria das pessoas já ouviu falar da relatividade e da radioatividade, mas você pode não estar familiarizado com outros tópicos, como *ondas da matéria* (o fato de que quando a matéria viaja, ela exibe muitas propriedades parecidas com ondas, assim como a luz) ou *radiação do corpo negro* (o estudo que mostra como objetos quentes emitem luz). Eu lhe apresento algumas dessas ideias da Física Moderna nesta seção.

Iluminando os corpos negros: Corpos quentes produzem sua própria luz

Se você já viu uma lâmpada incandescente funcionando (ou se já olhou para o Sol), já sabe que as coisas quentes emitem luz. De fato, qualquer corpo, com um pouco de calor que seja, emite ondas eletromagnéticas, como a luz.

Particularmente, os físicos podem calcular o comprimento de onda das ondas eletromagnéticas onde o espectro emitido chega ao ponto máximo, dada a temperatura do objeto. Esse tema está intimamente ligado aos *fótons* — isto é, partículas de luz — e é possível calcular a quantidade de energia que um fóton carrega, dado seu comprimento de onda. Os detalhes estão no Capítulo 13.

Acelerando com a relatividade: Sim, $E=mc^2$

Aqui está, finalmente: a relatividade especial e Einstein. O que, exatamente, significa $E=mc^2$? Significa que a matéria e a energia podem ser consideradas permutáveis, e fornece o equivalente em energia de uma massa m em repouso. Isto é, se você tiver um tomate que, de repente, explode, convertendo toda sua massa em energia (um evento pouco provável), você poderá calcular a quantidade de energia liberada. (**Observação**: A conversão de 100 por cento da massa de um tomate em energia pura criaria uma enorme explosão; uma explosão nuclear converte apenas uma pequena porcentagem da matéria envolvida em energia.)

Além da fórmula $E=mc^2$, Einstein também prognosticou que submetidos a altas velocidades, o tempo se estende e o comprimento se contrai. Isto é, se um foguete passar por você, viajando a 99 por cento da velocidade da luz, ele parecerá contraído ao longo da direção em que viaja. Além disso, em um foguete, o tempo passa mais vagarosamente do que era de se esperar, usando um relógio em repouso em relação a você. Assim, se você observar um foguete passar em alta velocidade, o tique-taque do relógio no foguete é mais lento do que o tique-taque do seu relógio, ou isso é apenas um truque? Não existe nenhum truque — de fato, as pessoas que estão no foguete envelhecem mais lentamente do que você.

Os aviões viajam a velocidades muito mais lentas, mas o mesmo efeito se aplica a eles — podemos calcular o quanto um passageiro deste avião fica mais jovem que você (mas aqui vai uma informação decepcionante para as pessoas que buscam a fonte da juventude: é uma quantidade de tempo incalculavelmente pequena). Você vai explorar a relatividade especial no Capítulo 12.

Assumindo uma dupla identidade: A matéria também viaja em ondas

A luz viaja em ondas — isso não causa surpresa a muitas pessoas. Mas o fato de que a matéria viaja em ondas pode ser algo sensacional. Por exemplo, tome um elétron genérico, seguindo seu caminho, de forma acelerada, todo feliz. Além de exibir qualidades parecidas com partículas, esse elétron

Capítulo 1: Entendendo Seu Mundo: Física II, a Sequência **17**

também mostra qualidades parecidas com ondas — até mesmo uma grande quantidade, de forma que isso poderá interferir com outros elétrons em viagem, assim como acontece com dois raios de luz, e produzem padrões reais de difração.

E os elétrons não são os únicos tipos de matéria que têm um comprimento de onda. Tudo tem — pizzas, bolas de beisebol e até tomates em movimento. Você vai se envolver nesse assunto quando eu abordar as ondas da matéria no Capítulo 13.

Aprendendo o "α β γ" da radioatividade

A Física Nuclear tem a ver, como é de se esperar, com o núcleo no centro dos átomos. E quando falamos em Física Nuclear, temos a radioatividade.

No Capítulo 15, você descobrirá o que compõe o núcleo de um átomo. Você vai ver o que acontece quando o núcleo se divide (fissão nuclear) ou se combina (fusão nuclear) — e, em particular, o que acontece quando os núcleos se deterioram, um processo conhecido como radioatividade.

Nem todos os materiais radioativos são igualmente radioativos, é claro, e meia-vida — o tempo que leva para metade de uma amostra se deteriorar — é uma boa medida da radioatividade. Quanto mais curta a meia-vida, mais intensamente radioativa é a amostra.

Você encontrará todos os diferentes tipos de radioatividade — alfa, beta e gama — durante o tour desse assunto no Capítulo 15.

18 Parte I: Entendendo os Fundamentos da Física

Capítulo 2

Preparando-se para a Física II

Neste Capítulo
▶ Estude unidades e convenções matemáticas
▶ Revise os conceitos fundamentais da Física I

*E*ste capítulo vai prepará-lo para se lançar na Física II. Se você já é um craque em Física, não há necessidade de ficar empacado aqui — vá direto para os assuntos de Física, começando no próximo capítulo. Mas, caso você esteja longe de ser o ganhador do Prêmio Nobel de Física, não faria mal dar uma olhada nos assuntos aqui. Isso poderá economizar tempo e frustração nos próximos capítulos.

Matemática e Medidas: Revisando Essas Competências Básicas

A Física se destaca na medição e previsão do mundo real, e essas previsões vêm através da matemática. Assim, para se tornar um especialista em Física, você terá de dominar determinadas habilidades. E, como estamos estudando Física II, suponho que esteja um pouco familiarizado com este mundo e alguns de seus fundamentos. Você verá essas competências aqui na forma de reciclagem (se você estiver incerto sobre qualquer coisa, confira um livro como *Física para Leigos* para entrar no ritmo).

As competências a seguir são muito básicas; não dá para entender Física I sem elas. Mas certifique-se de que possui pelo menos um conhecimento superficial dos assuntos nesta seção — especialmente se já faz algum tempo que estudou Física I.

Usando os sistemas de medida MKS e CGS

Os sistemas de medida mais comuns em Física são o CGS (centímetro-grama-segundo) e MKS (metro-quilograma(kg)-segundo). O sistema MKS é o mais comum. Para referência, a Tabela 2-1 relaciona as principais unidades de medida, juntamente com suas abreviações em parênteses, para os dois sistemas.

Tabela 2-1	Unidades Métricas de Medidas	
Tipo de Medição	*Unidade CGS*	*Unidade MKS*
Comprimento	Centímetros (cm)	Metros (m)
Massa	Grama (g)	Quilograma (kg)
Tempo	Segundos (s)	Segundos (s)
Força	Dina (dyn)	Newtons (N)
Energia (ou Trabalho)	Ergs (erg)	Joules (J)
Potência	Ergs/segundo (erg/s)	Watts(W) ou Joules/segundo (J/s)
Pressão	Baria (b)	Pascals (Pa) ou Newtons/metro quadrado (N/m^2)
Corrente Elétrica	Biots (Bi)	Ampères (A)
Campo Magnético	Gausses (G)	Teslas (T)
Carga Elétrica	Franklin (Fr)	Coulombs (C)

Essas são as principais unidades de medida que os físicos usam para medir o mundo, e é nesse processo de medição que a Física começa. Outros sistemas de medidas, como o sistema pés-libra-segundo (FPS), também estão por aí, mas os sistemas CGS e MKS são os que mais aparecem nos problemas de Física.

Fazendo conversões comuns

As medições nem sempre vêm nas unidades que precisamos, assim, trabalhar com a Física pode envolver muitas conversões. Por exemplo, se você estiver usando o sistema metro-quilograma(kg)-segundo (consulte a seção anterior) não poderá usar medidas em centímetros ou pés na sua fórmula — você precisará colocá-las nas unidades corretas primeiramente. Nesta seção, eu lhe mostro alguns valores que são equivalentes e uma maneira fácil de saber se você deve multiplicar ou dividir ao fazer conversões.

Capítulo 2: Preparando-se para a Física II   21

Considerando unidades equivalentes

A conversão entre unidades CGS (centímetro-grama-segundo) e MKS (metro-quilograma(kg)-segundo) é algo muito comum na Física, assim, abaixo está uma lista de valores equivalentes de unidades MKS e CGS para referência — volte a ela quando precisar.

- **Comprimento**: 1 metro = 100 centímetros
- **Massa**: 1 quilograma = 1.000 gramas
- **Força**: 1 newton = 10^5 dinas
- **Energia (ou trabalho)**: 1 joule = 10^7 ergs
- **Pressão**: 1 pascal = 10 barias
- **Corrente elétrica**: 1 ampère = 0,1 biot
- **Magnetismo**: 1 tesla = 10^4 gausses
- **Carga elétrica**: 1 coulomb = 2,9979 x 10^9 franklins

A conversão entre os sistemas MKS e CGS é fácil, mas e as outras? Abaixo estão algumas conversões acessíveis que você poderá consultar quando for necessário. Primeiramente, para comprimento:

- 1 metro = 1.000 milímetros
- 1 polegada = 2,54 centímetros
- 1 metro = 39,37 polegadas
- 1 milha = 5.280 pés = 1,609 quilômetros
- 1 quilômetro = 0,62 milhas
- 1 angstrom (Å) = 10^{-10} metros

A seguir, algumas conversões para massa:

- 1 slug (sistema pé-libra-segundo) = 14,59 quilos
- 1 unidade de massa atômica (u) = 1,6605 x 10^{-27} quilos

Estas são para força:

- 1 pound = 4,448 newtons
- 1 newton = 0,2248 pounds

A seguir, algumas conversões para energia:

- 1 joule = 0,7376 pé-libras
- 1 unidade térmica britânica (BTU) = 1.055 joules

22 Parte I: Entendendo os Fundamentos da Física

- 🖢 1 quilowatt-hora (kW-h) = 3,600 x 10^6 joules
- 🖢 1 elétron-volt = 1,602 x 10^{-19} joules

Conversões para potência:

- 🖢 1 cavalo-vapor = 550 pés-libras/segundo
- 🖢 1 watt = 0,7376 pés-libras/segundo

Usando fatores de conversão: De uma unidade para outra

Sabendo que dois valores são equivalentes (consulte a seção anterior), você poderá usá-los facilmente para converter de uma unidade de medida para outra. Veja como isso funciona.

Primeiramente, observe que quando dois valores são equivalentes podemos escrevê-los como uma fração que é igual a 1. Por exemplo, suponhamos que você saiba que existe 0,62 milha em um quilômetro:

$$1 \text{ Km} = 0,62 \text{ milha}$$

Podemos escrever isso da seguinte forma:

$$\frac{1 \text{ km}}{0,62} = 1 \quad \text{ou} \quad \frac{0,62}{1 \text{ km}} = 1$$

Cada uma dessas frações é um *fator de conversão*. Se você precisar converter de milhas para quilômetros ou de quilômetros para milhas, você pode multiplicar por um fator de conversão de forma que as unidades adequadas se anulam — sem mudar o valor da medição, porque você está multiplicando por alguma coisa igual a 1.

Por exemplo, suponhamos que você queira converter 30 milhas para quilômetros. Primeiramente, escreva 30 milhas como uma fração:

$$\frac{30 \text{ milhas}}{1}$$

Agora você precisa multiplicar por um fator de conversão. Mas qual versão da fração você usa? Neste caso, *milhas* está no numerador, então, para conseguir cancelar as *milhas* você precisará multiplicar por uma fração que tenha *milhas* no denominador, como $\frac{1 \text{ km}}{0,62} = 1$.

Você pode multiplicar 30 milhas por essa fração, sem alterar a medição. Portanto, as *milhas* na parte de baixo cancelam as *milhas* na parte superior:

$$\frac{30 \text{ milhas}}{1 \text{ km}} \times \frac{1 \text{ km}}{0,62 \text{ milhas}} \approx 48 \text{ km}$$

Sempre organize seus fatores de conversão de forma que você cancele a parte da unidade que deseja trocar por outra. As unidades que você não quer na reposta final deverão aparecer no numerador e no denominador.

Às vezes, não é possível fazer uma conversão em uma única fase, mas podemos encadear uma série de fatores de conversão. Por exemplo, abaixo está uma maneira para você montar um problema e converter 30 milhas por hora para metros por segundo. Observe como eu multiplico por uma série de frações, garantindo que cada unidade que desejo cancelar apareça no numerador de uma fração e no denominador de outra.

$$\frac{30 \text{ mi}}{1 \text{ hora}} \times \frac{1 \text{ km}}{0{,}62 \text{ mi}} \times \frac{1.000 \text{ m}}{1 \text{ km}} \times \frac{1 \text{ hora}}{60 \text{ min}} \times \frac{1 \text{ min}}{60 \text{ s}} \approx 13 \text{ m/s}$$

Fazendo conversões métricas rápidas

No sistema métrico, uma unidade pode ser usada como uma base para uma ampla variedade de unidades pelo acréscimo de um prefixo (a Tabela 2-2 mostra alguns dos prefixos mais comuns). Cada prefixo multiplica a unidade base por uma potência de 10. Por exemplo, *quilo-* diz que a unidade é 1.000 vezes (10^3 vezes) maior que a unidade base, assim, um quilômetro é igual a 1.000 metros. E *mili-* significa que a unidade é 0,001 vezes (10^{-3}) menor que a unidade base. Isso significa que a conversão de uma unidade métrica para outra é, geralmente, uma questão de mudar a casa decimal.

Tabela 2-2		Prefixos Métricos	
Prefixo	**Símbolo**	**Significado (Decimal)**	**Significado (Potência de Dez)**
Nano-	n	0,000000001	10^{-9}
Micro-	μ	0,000001	10^{-6}
Mili-	m	0,001	10^{-3}
Centi-	c	0,01	10^{-2}
Quilo-	k	1.000	10^{3}

Encontrando a diferença em expoentes na potência de 10 de suas unidades originais e das unidades para as quais você quer fazer a conversão, você pode descobrir quantas casas deve mover a vírgula decimal.

Por exemplo, digamos que você tem uma distância de 20,0 milímetros e gostaria de expressá-la em centímetros. Sabemos que 1 milímetro é igual a 10^{-3} metros, e que 1 centímetro é igual a 10^{-2} metros (conforme mostra a Tabela 2-2). Se você verificar a diferença entre os expoentes, verá que -3-(-2) = -1. A resposta é negativa, de forma que você deve mudar a vírgula decimal uma casa para a esquerda (para uma resposta positiva, você muda a vírgula decimal para a direita). Assim, 20,0 milímetros são iguais a 2,00 centímetros.

Usando equações para conversão de temperaturas

Podemos usar as seguintes equações para fazer a conversão entre as diferentes unidades de temperatura:

- Temperatura Kelvin = temperatura Celsius + 273,15
- Temperatura Celsius = 5/9 (Temperatura Fahrenheit - 32°)

Usando a notação científica para encurtar números

Os físicos costumam se aprofundar nos domínios dos muito pequenos e dos muito grandes. Felizmente, eles também têm uma maneira muito elegante de escrever números muito grandes e muito pequenos: *Notação científica*. Essencialmente, escrevemos cada número como uma decimal (com apenas um dígito à esquerda da vírgula decimal) multiplicada por 10 elevado a uma potência.

Vamos supor que queremos escrever a velocidade da luz no vácuo, que é aproximadamente trezentos milhões de metros por segundo. É um três seguido por oito zeros, mas você pode escrevê-lo simplesmente como um número 3,0 multiplicado por 10^8.

$$300.000.000 \text{ m/s} = 3,0 \times 10^8 \text{ m/s}$$

Podemos escrever números pequenos usando uma potência negativa para mudar a vírgula decimal para a esquerda. Assim, se tivermos uma distância de 4,2 bilionésimos de um metro, podemos escrever da seguinte forma:

$$0,0000000042 \text{ m} = 4,2 \times 10^{-9} \text{ m}$$

Observe como 10^{-9} move a vírgula decimal das nove casas de 4,2 para a esquerda.

Uma revisão da Álgebra básica

Para lidar com a Física, é necessário conhecer Álgebra básica. Você vai se deparar com algumas equações, de forma que deve ser capaz de trabalhar com variáveis e movê-las de um lado da equação para o outro, conforme necessário. Não tem problema.

Você não precisa ficar inibido ou assustado com as fórmulas de Física — elas estão lá para ajudá-lo a descrever o que está acontecendo no mundo real. Quando se deparar com uma nova fórmula, considere como as diferentes partes da equação se relacionam às situações físicas que ela descreve.

Tome este exemplo simples — a equação para a velocidade, v, de um objeto que percorre uma distância Δx, em um tempo Δt (**Observação:** O símbolo Δ significa "mudança em"):

$$v = \frac{\Delta x}{\Delta t}$$

Antes de continuar, tente relacionar as partes desta equação àquilo que você intuitivamente entende por velocidade. Você pode verificar na equação que se Δx aumenta, então v aumenta — se você percorre uma distância maior em um determinado tempo, isso quer dizer que você está viajando mais depressa. Você também pode verificar que se Δt (no denominador de uma fração) aumenta, então v diminui — se você leva mais tempo para percorrer uma determinada distância, então está se movendo mais lentamente.

Se quiser, você poderá reajustar uma equação de forma algébrica para isolar a parte na qual está interessado. Dessa forma, você poderá ter uma ideia de como as outras variáveis afetam umas às outras. Por exemplo, veja o que a equação significa para o tempo de viagem reajustando-a para isolar Δt:

$$\Delta t = \frac{\Delta x}{v}$$

Agora você pode verificar que Δt aumenta à medida que Δx aumenta, e Δt diminui à medida que v aumenta. Isso significa apenas que o tempo de viagem aumenta se você viajar mais longe, e diminui se você viajar mais rápido.

Usando um pouco de Trigonometria

Você trabalha com alguns ângulos neste livro — como aqueles que você tem de calcular quando a luz reflete da superfície de espelhos ou se curva nas lentes. Para lidar com ângulos e distâncias relacionadas, você precisa de um pouco de Trigonometria.

Quase tudo em Trigonometria se resume ao triângulo retângulo. Por exemplo, observe o ângulo reto na Figura 2-1. Os dois lados mais curtos, ou catetos, são chamados x e y (porque se encontram ao longo dos eixos de x e y, respectivamente), e o lado mais comprido, no lado oposto ao ângulo de 90°, é a *hipotenusa*. Um dos outros ângulos internos está indicado com símbolo θ.

Figura 2-1: Os dois catetos (x e y) e a hipotenusa (h) de um ângulo reto.

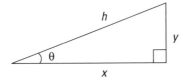

Abaixo, está uma fórmula importante para se conhecer: o teorema de Pitágoras. Ele relaciona os comprimentos de x, y e h, de forma que se tivermos os comprimentos dos dois lados, podemos encontrar o comprimento do terceiro:

$$x^2 + y^2 = h^2$$

Para trabalhar com ângulos (como o θ), precisamos das funções de Trigonometria: seno, cosseno e tangente. Para encontrar os valores de funções trigonométricas, dividimos um lado do triângulo pelo outro. Como mostra a seguir:

- **Seno**: $\text{sen } \theta = \dfrac{y}{h} = \dfrac{\text{lado oposto}}{\text{hipotenusa}}$
- **Cosseno**: $\cos \theta = \dfrac{x}{h} = \dfrac{\text{lado adjacente}}{\text{hipotenusa}}$
- **Tangente**: $\tan \theta = \dfrac{y}{x} = \dfrac{\text{lado oposto}}{\text{lado adjacente}}$

Observe que essas equações relacionam quaisquer dois lados de um triângulo retângulo ao ângulo que está entre a hipotenusa e um dos outros lados. Assim, conhecendo θ e um dos outros lados, podemos usar um pouco de Álgebra (e a calculadora) para encontrar o comprimento de qualquer outro lado.

Para encontrar o ângulo θ, podemos ir em sentido contrário, usando o inverso de senos, cossenos e tangentes, que escrevemos da seguinte maneira: sen^{-1}, $\cos^{-1}$ e $\tan^{-1}$. Se montarmos a fração apropriada, a partir de dois lados conhecidos de um triângulo, e tomarmos o inverso do seno (sen^{-1} na calculadora), ela nos fornecerá o próprio ângulo. Os inversos das funções trigonométricas funcionam da seguinte forma (consulte a Figura 2-1 para a qual os lados são x, y e h):

- **Inverso do seno**: $\text{sen}^{-1}\left(\dfrac{y}{h}\right) = \theta$
- **Inverso do cosseno**: $\cos^{-1}\left(\dfrac{x}{h}\right) = \theta$
- **Inverso da tangente**: $\tan^{-1}\left(\dfrac{y}{x}\right) = \theta$

Os físicos usam as funções seno e cosseno para descrever ondas do mundo real e corrente alternada e tensão. Eu apresento ondas no Capítulo 6, e trato da corrente alternada (circuitos CA) no Capítulo 5.

Usando dígitos significativos

Você poderá ficar surpreso ao ouvir que a Física não é uma ciência exata! Ela pode ser bastante precisa, mas nada é medido de forma sempre perfeita. Quanto maior a precisão com que uma quantidade é medida, mais dígitos conhecemos. Esses dígitos são *algarismos significativos*. Por exemplo, a medição de 11,26 segundos de um relógio parado tem quatro algarismos significativos. A seguir estão algumas orientações para descobrir o que é significativo:

Capítulo 2: Preparando-se para a Física II

- Para uma decimal menor que 1, tudo o que segue ao primeiro dígito diferente de zero é significativo. Por exemplo, 0,0040 tem dois dígitos significativos.

- Para uma decimal maior que 1, todos os dígitos, incluindo zeros depois da vírgula decimal, são significativos. Por exemplo, 20,10 têm quatro dígitos significativos.

- Para um número inteiro, os dígitos diferentes de zero são significativos. Qualquer número com zeros à direita também pode ser significativo.

Assim, como podemos mostrar a precisão de uma medição como 1.000 metros, que termina com zeros? Podemos estar certos de que essa precisão estará em qualquer lugar entre um e quatro dígitos a partir de medições. A melhor maneira de esclarecer isso é usar a notação científica. Por exemplo, se você escrever 1.000 como $1,000 \times 10^3$, com três zeros depois da vírgula decimal, o número terá quatro algarismos significativos — você mediu para o metro mais próximo. Se escrevê-lo como $1,00 \times 10^3$, com dois zeros depois da vírgula decimal, o número terá três algarismos significativos — você mediu para os dez metros mais próximos. Para informações sobre notação científica, consulte a seção anterior "Usando a notação científica para encurtar números".

Quando fazemos cálculos com números que são conhecidos apenas com uma precisão específica, então sua resposta será de uma precisão específica. Depois que você fizer todos os seus cálculos, você precisará arredondar a resposta. A seguir estão algumas regras simples que você poderá aplicar:

- **Na multiplicação ou divisão de dois números**: A resposta tem o mesmo número de *algarismos significativos* que o menos preciso dos dois números que está sendo multiplicado ou dividido. Por exemplo, considere o cálculo a seguir:

    $12,45 \times 0,050 = 0,6225$

    Como 0,050 tem dois algarismos significativos, você arredondará sua resposta para 0,62.

- **Na adição ou subtração de dois números**: A resposta tem o mesmo número de *casas decimais* que o menos preciso dos números que você está adicionando ou subtraindo. Por exemplo, considere

    $11,432 + 1,3 = 12,732$

    Como o número menos preciso, 1,3, tem apenas uma casa decimal, escreva a resposta como 12,7.

Atualizando Sua Memória Física

Para fazer progresso, a Física, muitas vezes, baseia-se em seus avanços anteriores. Por exemplo, o conhecimento sobre vetores é importante não apenas para lidar com problemas envolvendo aceleração (em Física I), mas também para ajudá-lo a controlar partículas carregadas em campos magnéticos (em Física II).

Parte I: Entendendo os Fundamentos da Física

Nesta seção, faremos uma revisão de alguns conceitos de Física I que aparecem novamente em Física II. Caso não se sinta confortável com estes assuntos, consulte um texto de Física para ter certeza de que está por dentro de Física I, antes de continuar.

Mostrando o caminho com vetores

Os vetores são a forma física de apontar uma direção. Um vetor tem uma direção e uma magnitude (tamanho) associadas a ele — a *magnitude* é o comprimento do vetor.

Em Física, geralmente, você vê os nomes dos vetores em negrito. A Figura 2-2 mostra o vetor **A**. Ele é apenas um vetor padrão, e pode significar, digamos, a direção em que um elétron está viajando. O comprimento do vetor pode indicar a velocidade do elétron — quanto mais rápida é a velocidade do elétron, mais comprido é o vetor.

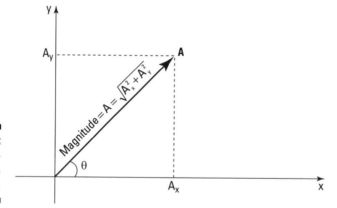

Figura 2-2: Os componentes de um vetor.

Você não verá muitos vetores neste livro (acabei de ouvir um suspiro de alívio?), mas você deve saber como decompor um vetor como **A** em seus componentes, ao longo dos eixos *x* e *y* (você precisará fazer isso no Capítulo 4 para o campo magnético, e no Capítulo 5 para correntes alternadas e tensão).

Dado o comprimento de um vetor (sua magnitude, chamada A na Figura 2-2) e o ângulo θ (sua direção), a decomposição de um vetor em seus componentes funciona da seguinte forma:

- $A_x = A \cos \theta$
- $A_y = A \sen \theta$

Onde A_x é o componente *x* do vetor **A** e A_y é o componente *y*.

Isso é realmente apenas um pouco de trigonometria, onde A_x e A_y são os catetos do triângulo e A é a hipotenusa — consulte a seção anterior "Usando um pouco de trigonometria" para informações sobre o as funções do seno e cosseno.

Decompor vetores em seus componentes é particularmente útil caso você tenha de adicionar dois vetores, $A + B$. Você os decompõe em seus componentes separadamente e, depois, adiciona esses componentes para obter a soma dos componentes do vetor, que é um novo vetor, que podemos chamar de C:

- $C_x = A_x + B_x$
- $C_y = A_y + B_y$

Quando você tiver os componentes de um vetor como C, poderá ocultá-los em um comprimento (magnitude) para C (escrito como $|C|$) e um ângulo para C, da seguinte forma:

- **Magnitude de C:** $|C| = \sqrt{C_x^2 + C_y^2}$

  Observação: Esse é apenas o Teorema de Pitágoras resolvido para a hipotenusa $|C|$.

- **Direção de C:** $\tan^{-1}\left(\dfrac{C_y}{C_x}\right) = \theta$

  Consulte a seção anterior "Usando um pouco de trigonometria" para informações sobre funções trigonométricas inversas.

Agora você é capaz de representar um vetor em termos de seu comprimento e ângulo, até seus componentes, e depois fazer o caminho inverso — um recurso muito útil para se ter.

Avançando com a velocidade e a aceleração

Este livro tem muito pouco a dizer sobre velocidade e aceleração. Por exemplo, você trabalha com elas quando um campo magnético desvia partículas carregadas eletricamente da direção na qual elas estão viajando.

Tanto a velocidade como a aceleração são vetores, v e a, respectivamente. A *velocidade* é a mudança na posição do vetor dividida pelo tempo que a mudança levou. Por exemplo, se a posição de uma bolinha de pingue-pongue for dada pela posição do vetor x, então a mudança na posição (Δx) dividida pela quantidade de tempo que a mudança levou (Δt) será a velocidade:

$$v = \frac{\Delta x}{\Delta t}$$

Como um vetor, a velocidade tem uma direção. A magnitude do vetor da *velocidade* é a aceleração, que possui tamanho, mas não uma direção. Isto é, a velocidade é um vetor, mas a rapidez, não.

Se a velocidade não permanece constante, a bolinha de pingue-pongue está sendo submetida a uma *aceleração*. A *aceleração* é definida como a mudança na velocidade dividida pelo tempo que essa mudança leva, ou

$$a = \frac{\Delta v}{\Delta t}$$

Observe que a mudança na direção é considerada uma mudança na velocidade, dessa forma, um objeto pode estar se acelerando, mesmo que sua velocidade não mude.

A velocidade é geralmente medida em metros por segundo (m/s) — o que significa que as unidades de aceleração são comumente metros por segundo quadrado (m/s^2).

Tática do braço-de-ferro: Aplicando alguma força

Quando um elétron penetra em um campo elétrico, ele é empurrado de uma maneira ou de outra — isto é, ele experimenta uma *força*. A Física I fala muito sobre força — por exemplo, aqui está a famosa equação que relaciona a força total (**F**), massa (*m*) e a aceleração (**a**) (observe que tanto a aceleração quanto a força são vetores):

$$\mathbf{F} = m\mathbf{a}$$

Assim, para descobrir que força está agindo sobre o elétron, empurrando-o (e não é preciso muita, já que os elétrons não pesam muito), você multiplica a aceleração do elétron por sua massa, e tem a força total agindo sobre ele. A fórmula também mostra que a aplicação de uma força sobre um objeto pode fazê-lo acelerar, e você vai perceber essa ideia sendo usada de vez em quando neste livro.

As unidades de força que você vê mais comumente são *newtons* — no sistema metro-quilograma-segundos —, de símbolo N, de Isaac Newton (o camarada da queda da maçã pela força da gravidade).

Explorando o movimento circular

As partículas carregadas em campos magnéticos viajam em círculos, de forma que você precisa conhecer um pouco do movimento circular em Física II. A Física I tem muito a dizer sobre o movimento circular. Por exemplo, dê uma olhada na Figura 2-3, onde um objeto está viajando em movimento circular.

A velocidade de um objeto que se move em um círculo acompanha o círculo de sua trajetória — a isso chamamos direção *tangencial*. A força que mantém o objeto que se move em um círculo dirige-se para o centro do círculo — em uma direção que faz um ângulo reto com a velocidade. Por exemplo, quando você gira uma bola em uma corda, a corda pode exercer uma força sobre a bola apenas na direção ao longo de sua extensão, perpendicular à trajetória da bola; isso é o que faz a bola se mover em uma trajetória circular.

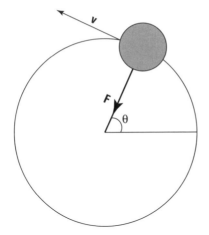

Figura 2-3: Movimento circular.

O ângulo que um objeto que se move em um movimento circular percorre em tantos segundos é sua *velocidade angular*, ω:

$$\omega = \frac{\Delta\theta}{\Delta t}$$

Aqui, o ângulo θ é medido em radianos, de forma que as unidades de velocidade angular são radianos/segundos. (**Observação**: Existem, exatamente 2π radianos em um círculo completo, o que significa que 2π radianos são equivalentes a 360°, ou cada radiano é igual a 360° ÷ 2 graus π).

Se o objeto está se acelerando ou reduzindo sua velocidade, ele está sendo submetido a uma *aceleração angular*, que é dada pelo símbolo α. A aceleração angular é definida como a mudança na velocidade angular (Δω) dividida pelo tempo que esta mudança levou (Δt):

$$\alpha = \frac{\Delta\omega}{\Delta t}$$

As unidades da aceleração angular são radianos/segundo^2.

Em termos circulares, a força torna-se *torque*, com o símbolo **τ** (também um vetor, é claro), onde a magnitude do torque é igual à força multiplicada pela distância e o seno do ângulo entre eles:

$$\tau = Fr\,\text{sen}\,\theta$$

E a contrapartida da massa em termos circulares é o *momento de inércia*, *I*. A lei de Newton, força = massa × aceleração, fica assim em termos circulares:

$$\tau = I\alpha$$

Isto é, o torque = momento de inércia × aceleração angular.

Mesmo a energia cinética linear possui um alter ego no mundo circular, como este:

$$KE = \frac{I\omega^2}{2}$$

Você também pode ter um momento angular, L:

$$L = I\omega$$

Ficando elétrico com circuitos

A Física I apresenta a ideia de circuitos; pelo menos circuitos simples com baterias. As Regras de Resistência e as Leis de Kirchhoff, que revejo nesta seção, formam a base para descrever as correntes e tensões em circuitos. Você precisará dessas regras sempre que trabalhar com os vários tipos de correntes e tensões. Por exemplo, no Capítulo 5, você vai usá-las para um circuito simples com três elementos em série. Você vai encontrar uma descrição mais completa dessas regras em *Física para Leigos*.

De acordo com a lei de Ohm, pode-se determinar a corrente que passa através de um resistor com a equação a seguir, onde I é a corrente medida em ampères, V é a tensão que passa pelo resistor, medida em volts, e R é a resistência do resistor, medida em ohms (Ω):

$$I = \frac{V}{R}$$

Isso ajuda quanto lidamos com resistores individuais, mas o que acontece quando eles estão montados em um circuito como mostra a Figura 2-4? Nela, você pode ver três resistores com resistências de 2Ω, 4Ω e 6Ω. As correntes em cada fio, I_1, I_2 e I_3, são acionadas por duas baterias, que geram tensões de 12 e 6 volts.

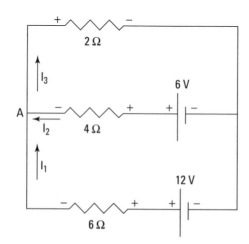

Figura 2-4: Um circuito com duas malhas (loops).

Capítulo 2: Preparando-se para a Física II

Para resolver correntes e tensões, use as Leis de Kirchoff:

- **A Lei das Malhas**: A soma de todas as tensões (ΣV) em um percurso fechado (malha) — qualquer malha no circuito — é zero:

    $\Sigma V = 0$ em um percurso fechado (malha)

- **A Lei dos Nós**: A soma de todas as correntes (ΣI) que entram em qualquer ponto no circuito deve ser igual à soma de todas as correntes que saem desse ponto (isto é, o valor líquido de todas as correntes que entram e saem de qualquer ponto no circuito deve ser igual a zero):

    $\Sigma I = 0$ em qualquer ponto no circuito

34 Parte I: Entendendo os Fundamentos da Física

Parte II
Fazendo Trabalho de Campo: Eletricidade e Magnetismo

A 5ª Onda   Por Rich Tennant

Nesta parte...

Há muito tempo, os físicos têm sido amigos da eletricidade e do magnetismo. Nesta parte, você vai ver tudo sobre campo elétrico, cargas, a força entre as cargas, potencial elétrico, e mais. Você também vai explorar o magnetismo como o campo magnético a partir de um fio condutor, a força entre dois fios condutores, como as partículas carregadas circulam em órbita nos campos magnéticos, e assim por diante. Você vai ver circuitos CA, nos quais campos magnéticos e elétricos trabalham juntos para regenerar a corrente.

Capítulo 3

Carregando Dispositivos com Eletricidade

Neste Capítulo

▶ Entendendo cargas

▶ Examinando as forças elétricas e a Lei de Coulomb

▶ Encontrando campos elétricos

▶ Encontrando o potencial elétrico

▶ Entendendo capacitores e potencial elétrico

*E*ste capítulo é dedicado a coisas que se movem com *rapidez*. É bem possível que seu dia a dia fosse muito diferente sem aparelhos elétricos, desde o computador até a lâmpada elétrica. Mas, a eletricidade é muito mais importante do que isso; é uma interação física fundamental para a forma como todo o Universo funciona. Por exemplo, as reações químicas são todas, basicamente, de natureza elétrica, e, sem a eletricidade, a matéria atômica — o mundo como você o conhece — não poderia existir.

Embora a eletricidade seja parte integrante para a existência de todas as construções complicadas da matéria e da química, ela tem uma natureza bela e simples. Neste capítulo você verá como funcionam a eletricidade estática, os campos elétricos e o potencial elétrico.

Entendendo os Campos Elétricos

De onde vem a carga elétrica? Ela está integrada em toda matéria. Um átomo é composto de um núcleo, formado de prótons e nêutrons, com elétrons em órbita ao seu redor. Os prótons têm carga positiva (+) e os elétrons carga negativa (-). Dessa forma, você tem cargas elétricas dentro de qualquer pedaço de matéria que possa imaginar.

O que você pode fazer com toda essa carga? Podemos separar cargas umas das outras, e, dessa forma, carregar objetos com o excesso de cada uma. Essas cargas separadas exercem forças umas sobre as outras. Nesta seção, eu examino todos esses conceitos — entre outros — sobre cargas elétricas.

Não dá para perdê-la: A carga é conservada

Eis um importante fato sobre cargas: assim como não se consegue destruir ou criar matéria, não se pode criar ou destruir carga. Você tem de trabalhar com a carga que tem.

Como a carga não pode ser criada ou destruída, os físicos dizem que a carga é *conservada*. Isto é, se você tiver um sistema isolado (onde nenhuma carga entra ou sai), a carga líquida do sistema permanece constante.

Observe que a conservação da carga diz que a carga *líquida* permanece constante — isto é, a soma de todas as cargas permanece a mesma. A distribuição real de cargas pode mudar, como quando um canto de um sistema torna-se fortemente carregado negativamente e outro canto torna-se positivamente carregado. Mas a soma total de toda a carga — não importa se estamos falando de todo o universo ou de um sistema menor — permanece a mesma. Se nenhuma carga entra ou sai significa que a carga do sistema permanece constante.

Medindo cargas elétricas

As cargas elétricas são medidas em *coulombs* (C) no sistema MKS, e cada carga de elétron — ou cada carga de próton — é uma pequena quantidade de coulombs. A carga do próton é exatamente tão positiva quanto a carga do elétron é negativa.

A carga elétrica de um próton é chamada *e*, e a carga elétrica de um elétron é *-e*.

Qual é o tamanho de *e*? Acontece que

$$e = 1{,}60 \times 10^{-19} \text{ C}$$

é realmente muito pequeno. Aqui está como os elétrons formam 1 coulomb:

$$\frac{1 \text{ coulomb}}{1{,}60 \times 10^{-19} \text{ coulombs/elétron}} = 6{,}25 \times 10^{18} \text{ elétrons}$$

Assim, existem $6{,}25 \times 10^{18}$ elétrons em 1 coulomb de carga (negativa).

Os opostos se atraem: Forças de atração e repulsão

Um átomo sem carga é composto de tantos elétrons quanto prótons. Eles ficam juntos devido à força de atração mútua desses componentes carregados positiva e negativamente. É por essa razão que substâncias comuns não se desintegram instantaneamente diante de você.

Objetos que têm a mesma carga (- e - ou + e +) se repelem e objetos que têm cargas opostas (+ e -) se atraem (você sempre ouviu que os opostos se atraem, certo?). Por exemplo, dê uma olha na Figura 3-1, onde duas bolinhas de pingue-pongue suspensas estão sendo carregadas de várias maneiras.

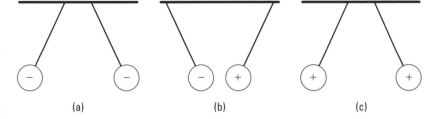

Figura 3-1: Força entre cargas.

(a)　　　(b)　　　(c)

Na Figura 3-1(a), as duas bolinhas de pingue-pongue têm a mesma carga negativa. Elas estão exercendo uma força de repulsão entre si, o que as mantêm separadas. E o mais engraçado é que elas vão permanecer assim indefinidamente, sem necessidade de qualquer ação adicional ou baterias — a carga estática exercida sobre cada bolinha de pingue-pongue permanece ali.

Na verdade, não é totalmente exato que a carga em cada bola de pingue-pongue permanece ali. De fato, a carga está sendo transferida continuamente de objetos carregados para as moléculas de água no ar, que a consomem. Em dias úmidos, os objetos carregados realmente perdem suas cargas mais rapidamente.

Na Figura 3-1(b), as duas bolas de pingue-pongue têm cargas opostas, - e +, de forma que elas se atraem. Observe que caso elas se tocassem, a carga fluiria e as duas bolas de pingue-pongue acabariam ficando com a mesma carga. Caso a carga + seja da mesma magnitude da carga -, isso significa que as bolas acabariam ficando eletricamente neutras e suspensas em linha reta.

Na Figura 3-1(c), as duas bolas de pingue-pongue têm a mesma carga positiva, de forma que, novamente, elas se repelem. A força que repele as duas bolas é a mesma da Figura 3-1(a), supondo que as duas cargas (positiva e negativa) tenham a mesma magnitude (apenas sinais diferentes).

Colocando cargas para trabalhar: A história sobre fotocopiadoras

Muitas áreas da vida moderna dependem das cargas elétricas — e não apenas da eletricidade que flui. A eletricidade estática também tem um papel importante. Por exemplo, tome uma fotocopiadora, que faz cópias por meio de um processo chamado *xerografia* (das palavras gregas *xeros* e *graphos*, que significam "escrita seca").

Eis como uma fotocopiadora funciona: Um tambor com uma superfície que contém o elemento selênio (Se) faz a impressão real — o selênio é usado por causa de suas propriedades elétricas em resposta à luz. O tambor recebe uma carga positiva, distribuída uniformemente sobre sua superfície.

Em seguida, uma imagem do documento a ser copiado é focada no tambor, que gira para captar a luz que está fazendo a varredura ao longo do documento. A imagem forma áreas claras e escuras no tambor — e aqui está a parte complicada: as partes escuras retêm sua carga positiva, mas, graças às propriedades do selênio, as áreas claras tornam-se condutoras, assim, sua carga positiva é conduzida para longe, deixando-as neutras.

Na próxima etapa, toner seco (pó da mesma cor que você está imprimindo — preto, em uma copiadora preto e branco) recebe uma carga negativa e pulverizada sobre o tambor. O toner negativamente carregado adere às áreas positivamente carregadas do tambor (que imitam as áreas escuras do documento), produzindo uma imagem espelhada do documento no toner do tambor.

Em seguida, o tambor é pressionado contra um pedaço de papel em branco e o toner no tambor adere-se ao papel. Depois, o papel é passado por rolos aquecidos para fixar o toner no papel. E aí está sua cópia. Tudo graças à capacidade de cargas opostas se atraírem.

Ficando Totalmente Carregado

Nesta seção, você aprende como passar carga para objetos. Deixe a carga em repouso por um pouco e você vai experimentar uma carga que realmente fará o seu cabelo ficar em pé: a eletricidade estática. Também podemos transferir carga de um objeto para outro, deixando-a fluir de forma tranquila e suave através de fios.

Eletricidade estática: Construindo excesso de carga

Você pode não ser capaz de criar ou destruir cargas, mas pode mudá-las continuamente, criando desequilíbrios dentro de um sistema. Quando você carrega um objeto, continua a adicionar cada vez mais carga a ele, e, caso essa carga não tenha para onde ir, ela ficará acumulada. A *eletricidade estática* é o tipo de eletricidade que se origina desse excesso de carga.

Todos estão familiarizados com a desagradável experiência de andar sobre um tapete e, em seguida, receber uma descarga de uma maçaneta. O que está

Capítulo 3: Carregando Dispositivos com Eletricidade

realmente acontecendo aí? Acontece que seu corpo coleta elétrons excedentes do tapete e, quando entra em contato com a maçaneta, eles fluem para fora de você. Ai!

Os prótons, presos dentro do núcleo, não estão realmente livres para fluir através da matéria, de forma que, quando carregamos alguma coisa, geralmente, são os elétrons que estão se movendo continuamente e se redistribuindo. Quando um objeto está carregado negativamente, os elétrons são adicionados a ele. Quando ele está carregado positivamente, os elétrons são levados, deixando os prótons no lugar onde estão, e o excedente líquido de prótons forma uma carga positiva.

Antes do choque, o excesso de carga é eletricidade estática: É *eletricidade* porque é formada por cargas e *eletricidade estática* porque não está fluindo para lugar nenhum. Quando você recebe uma descarga com eletricidade estática, cada fio de seu cabelo transporta uma parte desse excesso de elétrons. Você poderá desenvolver um novo estilo de penteado, espetado, porque cada fio de cabelo repele o fio vizinho (que tem a mesma carga). Seu cabelo voltará ao normal rapidamente se você tocar em algum objeto para o qual o excesso de elétrons possa fluir. Eles passam rapidamente pelo ponto de contato, e você receberá um choque.

Embora a carga possa fluir através de seus dedos, é mais comum encontrá-la fluindo através de fios em um circuito, onde ela não se acumula. Em circuitos, a carga não se junta e permanece estacionária porque ela está sempre livre para fluir (entretanto, vou lhe mostrar uma exceção a essa ideia na seção posterior "Armazenando Carga: Capacitores e Dielétricos").

Mas, quando a eletricidade fica bloqueada, e ainda assim se acumula — ela não tem por onde escapar —, então temos a eletricidade estática. Se a eletricidade em um circuito é como um rio de eletricidade que se mantém fluindo continuamente (mantido em movimento, digamos, por uma bateria), então a eletricidade estática é como um rio de eletricidade que está represado — mas as cargas continuam a se acumular. Assim, embora as cargas não se acumulem em circuitos, elas realmente se acumulam quando se tem a eletricidade estática.

Verificando métodos de carregamento

Nesta seção, eu abordo duas maneiras de carregar objetos: por contato e por indução. Esses são mecanismos físicos simples que podem ajudá-lo a entender como as cargas se comportam e a maneira como podem ser redistribuídas.

Carregamento por contato

O carregamento por contato é a forma mais simples de carregar objetos — você apenas toca o objeto com algo que esteja carregado e *pronto*. O objeto fica carregado. Não há grande mistério aí.

Por exemplo, dê uma olhada na Figura 3-2 — uma haste carregada negativamente é colocada em contato com uma bola que está originalmente neutra. O resultado? A bola ficará com uma carga negativa. Isso acontece porque os elétrons na haste estão sempre empurrando uns aos outros (porque cargas iguais se repelem), dessa forma, sempre procurando maneiras de se redistribuírem distantes uns dos outros. Quando a haste entra em contato com a bola, alguns dos elétrons aproveitam a oportunidade para escorregar pela haste e passar para a bola. Pronto! A bola fica carregada. (**Observação**: Para que isso aconteça, os elétrons precisam estar livres para fluir através dos materiais, o que é possível se os materiais forem *condutores*. Materiais que não permitem que elétrons fluam através deles são chamados de *isolantes*. Estudaremos os dois tipos de materiais na seção posterior "Considerando o meio: Condutores e isolantes").

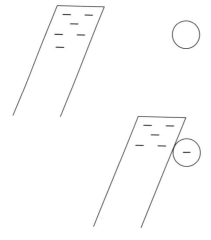

Figura 3-2: Carregamento por contato.

Toque uma haste de vidro negativamente carregada com uma bola de pingue-pongue neutra e a bola vai adquirir uma carga negativa por contato. Mas você pode se perguntar, em primeiro lugar, como carregar a haste de vidro. Podemos fazer isso de várias maneiras, mas a mais antiga e simples é pegar uma haste de vidro e um pedaço de seda e esfregar um no outro. A transferência de elétrons de um material para o outro ocorre devido às forças moleculares entre os dois tipos de material. Materiais diferentes têm propensões diferentes para trocar elétrons — você pode ter observado que uma bexiga e um suéter de lã funcionam bem.

Carregamento por indução

Podemos passar carga para um objeto indiretamente usando a indução. Eis como funciona o carregamento por *indução*: coloca-se uma haste carregada próxima a um objeto neutro. Digamos que a haste esteja carregada negativamente — as cargas negativas (elétrons) no objeto neutro são repelidas para o lado oposto do objeto, deixando uma carga líquida positiva próxima à haste, conforme mostra a Figura 3-3.

Agora vem a parte inteligente: conecta-se a extremidade do objeto ao solo. Conectamos um fio a partir da extremidade do objeto a terra, que age como um imenso reservatório de carga. As cargas negativas — os elétrons —, que estão sendo forçadas para a extremidade do objeto,

Capítulo 3: Carregando Dispositivos com Eletricidade

estão desesperadas para deixá-lo porque a carga na haste os repele. Ao conectar o lado extremo do objeto ao chão com um fio, fornecemos uma rota de fuga a esses elétrons. E os elétrons tomam essa rota de fuga aos milhões e trilhões.

Então você, inteligentemente, desconecta o fio da extremidade do objeto. Os elétrons que queriam escapar já fugiram — e agora não existem outros lugares para onde as cargas podem ir. O resultado é que o objeto fica com uma carga positiva porque esgotamos a maior parte da carga negativa que estava sendo empurrada pela haste. E toda a carga da haste de vidro se manteve.

O resultado é que o objeto fica com a carga oposta à da haste. E a isso chamamos carregamento por indução. Muito legal, não?

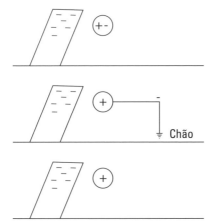

Figura 3-3: Carregamento por indução.

Os para-raios funcionam por indução. Nas nuvens carregadas com eletricidade, as cargas ficam separadas desde a parte superior até a parte inferior da nuvem, de forma que as duas partes ficam fortemente carregadas. Quando acontece um raio, a carga na parte inferior da nuvem está atingindo o solo. Se você tiver um para-raios, a carga forte na parte inferior da nuvem induz a carga oposta no para-raios (que está conectado ao solo). Quando cai um raio, ele é atraído para aquela carga oposta e atinge o para-raios.

Considerando o meio: Condutores e isolantes

Provavelmente, você está familiarizado com os conceitos de condutores elétricos — como o fio de cobre em uma extensão — e isolantes elétricos — como o plástico que reveste os fios elétricos e impede a eletricidade de dar um choque desagradável. Nesta seção, você observa mais de perto os condutores e isolantes em termos físicos.

Digamos que você tenha dois objetos carregados, separados por certa distância. Eles não estão perdendo carga, estão apenas em repouso. Em seguida, você pega um pedaço de borracha e coloca em contato com os dois objetos. O que acontece? Nada, porque a borracha é um *isolante* elétrico, e a eletricidade só é conduzida através da borracha com muita dificuldade.

Agora, digamos que você coloque uma barra de cobre em contato com os dois objetos: imediatamente, a carga fluirá de um objeto para o outro, porque o cobre é um condutor elétrico.

Bons *condutores* elétricos consistem de átomos com os quais os elétrons mais externos não estão fortemente ligados, de forma que podem saltar facilmente de um átomo para outro e fazer parte da corrente elétrica. Os elétrons na órbita mais extrema em torno do núcleo são chamados de *elétrons de valência*, e são eles que podem se destacar dos átomos e vagar livremente pelo condutor. (Interessantemente, os materiais que são bons condutores elétricos, como a maioria dos metais, geralmente também são bons condutores térmicos.)

A *corrente* sempre é definida como a direção do fluxo de cargas positivas, mas, na verdade, são os elétrons que se movem, e, portanto, são eles que transportam a carga elétrica. Neste caso, os elétrons se movem de um objeto carregado negativamente para um objeto carregado positivamente. Mas se você quiser desenhar a direção da corrente, ela vai do objeto carregado positivamente para o objeto carregado negativamente. Historicamente, essa convenção foi adotada antes que as pessoas soubessem que são os elétrons, e não as cargas positivas, que transportam a corrente.

Lei de Coulomb: Calculando a Força entre Cargas

A Lei de Coulomb é uma das mais importantes da Física. Esse é o mesmo Coulomb (Charles-Augustin de Coulomb) de quem a unidade de carga, o *coulomb*, recebeu o nome. Assim você fica sabendo que a Lei de Coulomb deve ser alguma coisa séria.

E é coisa muito séria: as cargas podem se atrair ou se repelir, e a Lei de Coulomb lhe permite calcular a força exata que as cargas de dois pontos separados por uma determinada distância exercem uma sobre a outra. A *carga de um ponto* está toda concentrada em um único ponto, sem área de superfície onde ela possa se distribuir. Elas são as queridinhas dos físicos porque é fácil trabalhar com elas.

Capítulo 3: Carregando Dispositivos com Eletricidade

Digamos que você tenha cargas em dois pontos, com sinais opostos, que se atraem a partir de uma determinada distância r. Qual é a força entre as duas cargas? Coulomb tem a resposta. Sua lei diz que se temos duas cargas, q_1 e q_2, então a força entre elas cargas é

$$F = \frac{kq_1q_2}{r^2}$$

Nessa equação, k é uma constante, e seu valor é $8,99 \times 10^9$ N-m²/C²; q_1 e q_2 são as cargas, em coulombs (C), dos objetos carregados que se atraem ou se repelem; r é a distância entre as cargas; e F é a força eletrostática entre as cargas.

A força é um vetor, de forma que quando você estiver olhando para pontos de carga, a direção da força é sempre ao longo de uma linha entre duas cargas (supondo que haja apenas duas) e

- Uma em direção à outra, se as cargas tiverem sinais opostos (isto é, a força tem um sinal negativo)
- Afastando-se uma da outra, se as cargas tiverem sinais iguais (isto é, a força tem um sinal positivo)

Apresentando Campos Elétricos

Campo elétrico é o campo no espaço criado por cargas elétricas. Quando duas cargas se atraem ou se repelem, seus campos elétricos estão interagindo.

Uma carga pode ser distribuída de várias maneiras. Você tem cargas pontuais, folhas de carga, cilindros de carga e muitas outras configurações. A Lei de Coulomb, que apresentei anteriormente em "A Lei de Coulomb: Calculando a Força entre Cargas", funciona apenas para dois pontos. Assim, de que maneira você lida com forças para outras distribuições de carga? Geralmente, usamos campos elétricos, que eu abordo nesta seção.

Folhas de carga: Apresentando campos básicos

Como você calcula a força para uma folha de carga? Em vez de modificar a Lei de Coulomb para lidar com folhas de carga, você pode simplesmente medir a força que a folha de carga exerce em uma pequena carga de testes positiva. A partir daí, você sabe que força por coulomb a folha de carga é capaz de exercer e quando você tem sua própria carga, que pode ser positiva ou negativa, você pode simplesmente multiplicar a força por coulomb pelo tamanho de sua carga.

A ideia de medir força por coulomb para lidar com cargas não pontuais passou a ser muito popular e tornou-se conhecida como *campo elétrico*. Eis a definição: O *campo elétrico (E)* é a força *(F)* que uma pequena carga de teste sentiria devido à presença de outras cargas, dividido pela carga de teste (q):

$$E = \frac{F}{q}$$

As unidades do campo elétrico são newtons por coulomb (N/C), e o campo elétrico é um vetor. A direção do campo elétrico em qualquer ponto é a força que uma carga de teste *positiva* sentiria.

O que isso quer dizer exatamente? O campo elétrico é simplesmente a força por coulomb que uma carga sentiria em qualquer ponto no espaço. Você divide a carga de teste para deixar apenas newtons por coulomb, que você pode multiplicar pela sua própria carga para determinar a força que ela sentiria.

Por exemplo, digamos que você esteja caminhando sobre um carpete de lã e pega uma carga de eletricidade estática de -1,0 × 10⁻⁶ coulombs. De repente, você encontra um campo elétrico de 5,0 × 10⁶ N/C na direção oposta à qual você está caminhando, conforme mostra a Figura 3-4.

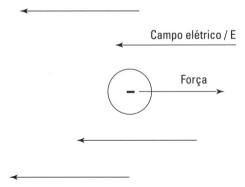

Figura 3-4: A força em uma carga em um campo elétrico.

Que intensidade de força você sente? Bem, o campo elétrico é de 5,0 × 106 newtons por coulomb e você tem uma carga de -1,0 × 10-6 coulombs, de modo que você terá o seguinte:

$$F = qE = (-1{,}0 \times 10^{-6} C)(5{,}0 \times 10^6 N/C) = -5{,}0 \, N$$

Isto é, você sente uma força de 5,0 N, e o sinal negativo significa que a força é na direção oposta à do campo elétrico. Isso corresponde a um pouco mais que 1 libra-força.

Portanto, isso é o que o campo elétrico lhe diz — a quantidade de influência elétrica está em uma determinada região, pronta para provocar uma força sobre qualquer carga que você coloque no campo elétrico.

Observe que o campo elétrico tem uma direção. Como você pode dizer para que lado a força que um campo elétrico provoca empurrará a carga que você coloca no campo elétrico? Você pode fazer isso da maneira mais difícil, com definições formais, ou usar o caminho mais fácil. Eu prefiro este. Pense no campo elétrico como vindo de cargas positivas — isto é, as setas do campo elétrico sempre fazem o seguinte:

- Apontam para o lado oposto de quaisquer cargas positivas que criam o campo elétrico
- Entram em cargas negativas

Você pode sempre pensar em um monte de cargas positivas repousando na base das setas do campo elétrico, e isso lhe diz para que lado a força agirá sobre a carga colocada no campo elétrico. Por exemplo, temos um campo negativo na Figura 3-4 e podemos pensar nas setas do campo elétrico vindo de um grupo de cargas positivas — e como essas cargas se repelem, a força na sua carga vai tomar a direção oposta à base das setas.

Analisando campos elétricos a partir de objetos carregados

Nem todos os campos elétricos vão ser tão educados e uniformemente espaçados como o campo elétrico associado à folha de carga que você observa na Figura 3-4. Por exemplo, qual é o campo elétrico de uma carga pontual?

Digamos que você tenha uma carga pontual Q e uma pequena carga de teste q. Como você calcula a força por coulomb? A Lei de Coulomb vai nos ajudar aqui — conecte as cargas Q e q (para q_1 e q_2) e a distância entre elas para obter o tamanho da força (consulte a seção anterior "A Lei de Coulomb: Calculando a Força entre Cargas" para saber mais sobre esta fórmula):

$$F = \frac{kQq}{r^2}$$

Então, qual é o campo elétrico? Sabemos que $E = F/q$; dessa forma, tudo que temos de fazer é dividir pela sua carga de teste, q, para obter o seguinte:

$$E = \frac{F}{q} = \frac{kQ}{r^2}$$

Assim, o campo elétrico em um dado lugar diminui pelo valor de uma magnitude de r^2, o quadrado da distância de uma carga pontual.

E a direção do campo elétrico? Bem, a força exercida por uma carga pontual é radial (isto é, em direção a ou afastando-se da carga pontual). E o campo elétrico emana de cargas positivas e vai em direção a cargas negativas, de forma que a Figura 3-5 mostra como ficam os campos elétricos para uma carga pontual positiva e para uma carga pontual negativa.

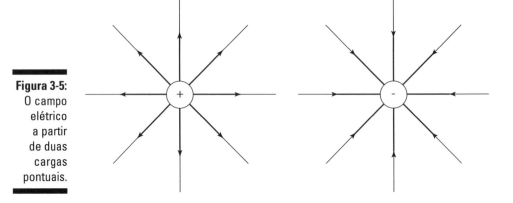

Figura 3-5: O campo elétrico a partir de duas cargas pontuais.

Campos elétricos uniformes: Muita calma com os capacitores de placas paralelas

O campo elétrico entre diversas cargas pontuais não é uma coisa fácil de enfrentar em termos de vetores. Dessa forma, para simplificar as coisas, os físicos inventaram o capacitor de placa paralela, que você pode observar na Figura 3-6.

Um *capacitor de placa paralela* consiste de duas placas condutoras paralelas separadas por uma distância (geralmente pequena). Uma carga $+q$ é espalhada uniformemente sobre uma placa e uma carga $-q$ é espalhada uniformemente sobre a outra. Uma coisa ótima para os propósitos dos físicos porque o campo elétrico a partir de todas as cargas pontuais nessas placas anula todos os componentes, exceto os que apontam entre as placas, conforme você observa na Figura 3-6.

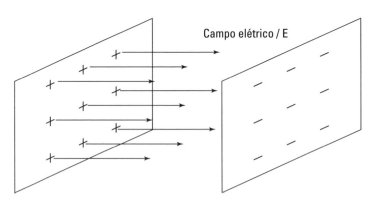

Figura 3-6: O campo elétrico entre placas paralelas carregadas.

Por serem tão espertos, os físicos conseguiram organizar um campo elétrico constante, todos na mesma direção, o que é muito mais fácil para se trabalhar do que o campo de cargas pontuais.

Assim, qual é o campo elétrico entre as placas? Podemos determinar que o campo elétrico (E) entre as placas é constante (enquanto as placas estiverem próximas o suficiente), e em magnitude é igual a

$$E = \frac{q}{\varepsilon_0 A}$$

onde a chamada *permissividade do vácuo* é $8,854 \times 10^{-12}\, C^2/(N\text{-}m^2)$; q é o total da carga em cada placa (uma placa tem carga $+q$ e a outra $-q$); e A é a área de cada placa em metros quadrados.

A equação para o campo elétrico (E) entre as placas de um capacitor de placas paralelas é, muitas vezes, escrita em termo da *densidade de carga*, σ, onde $\sigma = q/A$ (a carga por metro quadrado), e isso faz a equação ficar da seguinte maneira:

$$E = \frac{q}{\varepsilon_0 A} = \frac{\sigma}{\varepsilon_0}$$

Quando lidamos com um capacitor de placas paralelas, a vida torna-se um pouco mais fácil porque o campo elétrico tem valor e direção constantes (a partir da placa + para a placa -), de forma que não temos de nos preocupar sobre o lugar onde estamos entre essas duas placas para encontrar o campo elétrico.

Observe: Digamos, por exemplo, que você coloque uma carga positiva de +1,0 coulomb dentro das placas de um capacitor de placas paralelas, conforme mostra a Figura 3-7.

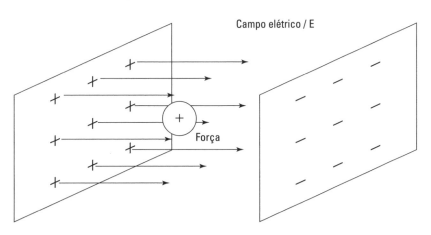

Figura 3-7: Uma carga positiva dentro do campo elétrico entre placas paralelas carregadas.

E também suponhamos que a carga das placas seja $1{,}77 \times 10^{-11}$ coulombs e que a área de cada placa seja 1,0 metro quadrado. Isso nos daria o seguinte resultado para o campo elétrico entre as placas:

$$E = \frac{1.77 \times 10^{-11} \text{C}}{\left(8.854 \times 10^{-12} \text{C}^2/\text{N} \cdot \text{m}^2\right)\left(1.0 \text{ m}^2\right)} \approx 2.0 \text{ N/C}$$

O campo elétrico é uma constante de 2,0 newtons por coulomb. Para encontrar a força sobre a carga de 1,0 coulomb, sabemos que

$F = qE$

E, neste caso, 1,0 C × 2,0 N/C, para um total de 2,0 N — ou aproximadamente 0,45 libras (0,20 kg). Esse cálculo é relativamente simples, porque o campo elétrico entre as placas paralelas é constante — diferentemente do que o campo elétrico seria entre duas cargas pontuais.

Blindagem: O campo elétrico dentro de condutores

Esta seção examina como, em qualquer campo elétrico, podemos encontrar um porto seguro — uma região de campo elétrico igual a zero — com ajuda apenas de um condutor oco.

A Figura 3-8 mostra o corte transversal interno de esfera condutora. Digamos que foram colocadas algumas cargas dentro da bola de metal sólido. Agora, as cargas elétricas sempre geram um campo elétrico e materiais condutores permitem que as cargas fluam livremente em resposta ao campo elétrico; então, o que acontece?

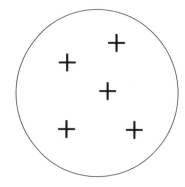

Figura 3-8: Cargas dentro de um condutor.

O campo elétrico gerado pelas cargas implantadas no material condutor empurra outras cargas semelhantes para longe. Como resultado, as cargas se movem continuamente até que estejam tão distantes umas das outras quanto possível. Você pode observar o resultado na Figura 3-9 — as cargas aparecem imediatamente na superfície do condutor — nenhuma carga líquida é deixada no interior do condutor. (**Observação**: Embora este exemplo mostre cargas positivas se movendo, são os elétrons que realmente se movimentam, de forma que a redução de elétrons que aparece na superfície é que cria a carga positiva.)

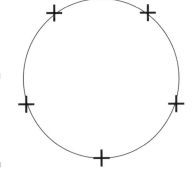

Figura 3-9: Cargas na superfície de um condutor.

Esse tipo de comportamento — o movimento livre das cargas em condutores — é muito útil. Por exemplo, se estivermos no meio de uma região de campo elétrico e não quisermos a presença deste, podemos nos proteger.

Para se *proteger* de um campo elétrico, coloque um recipiente condutor em um campo, conforme mostra a Figura 3-10. O campo elétrico fora do recipiente induz uma carga nele. Mas, como a natureza dos condutores é permitir o fluxo das cargas, se houver carga líquida — ou qualquer caminho para ela se movimentar — o campo elétrico das cargas induzidas e o campo elétrico preexistente se cancelam. O resultado é que não há campo elétrico dentro do recipiente condutor. Você se protegeu do campo elétrico externo. Muito legal.

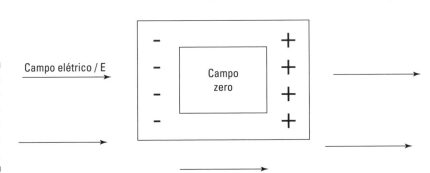

Figura 3-10: Como se proteger de um campo elétrico externo.

Tensão: Percebendo o Potencial

Esta seção analisa um conceito elétrico que, certamente, é familiar: a ideia da *tensão*. Sim, o tipo de tensão que você tem quando conecta algo em uma tomada. O tipo que você obtém quando coloca uma bateria em uma lanterna ou quando você confia em uma bateria de carro para dar partida no seu carro.

Aqui, você vai ver como a tensão se relaciona com a energia elétrica. Enquanto as cargas se movem em campos elétricos, elas podem trocar parte de sua energia de movimento (*energia cinética*) por energia elétrica, e vice-versa. Por exemplo, se você tiver duas cargas opostas juntas, terá de fazer algum trabalho para separá-las, devido à sua atração mútua. Depois que você separou as duas cargas, o trabalho que você fez não desaparece — ele está armazenado na *energia potencial* elétrica entre elas. Esta seção explica como essa ideia se relaciona com a tensão e como a tensão se relaciona com o campo elétrico nos casos especiais de um campo uniforme e o campo ao redor de uma carga pontual.

Entendendo os fatos concretos sobre potencial elétrico

Se tivermos uma massa em um campo gravitacional, ela possui energia potencial. Quando lançamos uma bola para cima, por exemplo, a energia cinética de seu movimento é convertida em energia potencial gravitacional quando ela atinge seu pico, e, em seguida, a energia potencial volta a ser energia cinética no momento em que a bola volta para nós. As forças gravitacionais que agem sobre a bola trabalham e trocam energia cinética e potencial. Como uma força igual age nas cargas em um campo elétrico, podemos falar em energia potencial aqui também. Essa energia potencial é a *energia potencial elétrica*.

O que faz de todas as formas de energia essencialmente a mesma é que todas elas podem ser convertidas em trabalho mecânico. Como você pode se lembrar da Física I, o trabalho feito (W) é o resultado de uma força (F) movimentando um corpo através de uma distância (s), e eles estão relacionados desta forma: $W = Fs$. A energia na interação de uma carga com um campo elétrico é convertida para trabalho quando as forças elétricas movimentam a carga. Para movimentar o dobro de cargas, é preciso o dobro de trabalho para as forças elétricas. O trabalho feito para cada unidade de carga é a *tensão*.

Em Física, a tensão é chamada de *potencial elétrico* (e não *energia potencial elétrica*, que não é por unidade de carga); às vezes, é encurtado para *potencial*. Em vez de usar o termo *tensão*, é mais correto dizer que o potencial elétrico é medido em volts, cujo símbolo é V.

Capítulo 3: Carregando Dispositivos com Eletricidade

Uma tempestade de volts

Durante uma tempestade, as nuvens estão em um potencial elétrico diferente do que está o do solo. O potencial elétrico torna-se demasiadamente grande para o ar e este se "quebra", conduzindo carga elétrica; então, de vez em quando, ocorre um raio entre o solo e as nuvens.

Quantos volts existem entre as nuvens e o solo em uma tempestade? Bastante. É preciso 11.000 volts para produzir uma faísca em 1 centímetro de ar — e há 100.000 centímetros em um quilômetro, a altura típica de uma nuvem durante uma tempestade. Faça as contas.

Tudo bem, eu faço o cálculo: 11.000 volts/centímetro x 100.000 centímetros = 1,1 x 10^9 volts — que são, de fato, muitos volts quando comparado, digamos, a uma tomada de parede que tem 110 volts.

No caso de um campo gravitacional, a força gravitacional move uma massa em direção a um potencial mais baixo — as coisas caem no chão porque elas têm potencial gravitacional mais baixo no solo. Da mesma forma, as forças elétricas movimentam as cargas em direção a um potencial elétrico mais baixo. Quanto mais rápido a energia potencial se desprende naquela direção, maior é a força.

Agora, lembre-se de que o campo elétrico é a força por unidade de carga, e o potencial elétrico é a energia potencial por unidade de carga. Portanto, o campo elétrico é direcionado para o declive (inclinação) do potencial elétrico e tem uma força proporcional à inclinação da rampa.

O potencial elétrico (V) em um determinado ponto no espaço é a energia potencial elétrica de uma carga de teste localizada no ponto de interesse dividida pela magnitude dessa carga de teste, dessa forma:

$$V = \frac{PE}{q}$$

Assim, você pode pensar em potencial elétrico como a energia potencial elétrica por coulomb.

Dessa forma, qual é a diferença de volts entre uma placa de um capacitor de placas paralelas carregadas e outra placa? A diferença é a energia necessária para mover 1 coulomb de carga de uma placa para outra (observe que volts é o mesmo que joules/coulomb).

Verificando qual é o trabalho necessário para movimentar cargas

Digamos que você resolve desmontar o alarme de incêndio de seu apartamento (o que vai deixar o proprietário furioso) e encontra uma bateria de 9,0 volts.

Pegando o voltímetro que você sempre carrega, você mede a voltagem entre os terminais da bateria e encontra exatamente 9,0 volts. Hmm!, você pensa. Qual a quantidade de energia necessária para movimentar um elétron entre os dois terminais — uma diferença no potencial elétrico entre os terminais de 9,0 volts?

Bem, você percebe que 9,0 volts é a mudança na energia potencial por coulomb entre os terminais. E mudança na energia potencial é igual a trabalho. Assim, que quantidade de trabalho é preciso para movimentar um elétron entre os terminais da bateria? Você começa a perceber que o potencial elétrico é

$$\Delta V = \frac{W}{q}$$

o que significa que

$$W = q\Delta V$$

Aqui, W é o trabalho necessário para movimentar a carga q através da diferença de potencial ΔV.

Agora, acrescente alguns números: a carga de um elétron tem o valor minúsculo de $-1,6 \times 10^{-19}$ coulombs, e a diferença de potencial entre os terminais positivo e negativo da bateria é 9,0 volts, assim:

$$W = q\Delta V = (-1.6 \times 10^{-19})(9,0) = -1.4 \times 10^{-18} \text{ J}$$

Portanto, $-1,4 \times 10^{-18}$ joules de trabalho é realizado à medida que o elétron se movimenta entre os dois terminais de uma bateria de 9 volts.

Talvez você se lembre do significado do trabalho negativo que estudou em Física I. O trabalho é negativo porque a energia potencial dos elétrons cai — isto é, a força elétrica realiza o trabalho da movimentação do elétron. A movimentação do elétron na outra direção exigiria uma quantidade igual de trabalho positivo, porque seria necessário movimentá-lo até a quantidade da diferença de potencial, na direção oposta ao campo elétrico.

Descobrindo o potencial elétrico de cargas

Digamos que você tenha uma carga pontual Q. Qual é o potencial elétrico devido a Q estar a uma determinada distância r a partir da carga? Você sabe que o tamanho da força em uma carga de teste q devido à carga pontual é igual ao seguinte (consulte a seção anterior "Analisando campos elétricos a partir de objetos carregados", para maiores detalhes):

$$F = \frac{kQq}{r^2}$$

onde k é uma constante igual a $8,99 \times 10^9$ N-m^2/C^2, Q é a carga pontual medida em coulombs, q é a carga da carga de teste, e r é a distância entre a carga pontual e a carga de teste.

Capítulo 3: Carregando Dispositivos com Eletricidade   **55**

Você também sabe que o campo elétrico em qualquer ponto ao redor de uma carga pontual Q é igual ao seguinte:

$$E = \frac{kQ}{r^2}$$

Assim, próximo ao ponto (quando r é pequena), E é grande e, portanto, o campo é forte. À medida que você se afasta da carga pontual, r aumenta e o campo elétrico torna-se fraco rapidamente.

Suponha que você coloque uma pequena carga de teste q neste campo e tente movimentá-la. A carga de teste vai sentir uma força poderosa próxima à carga pontual, que vai caindo rapidamente à medida que você a afasta. Se a carga de teste for de sinal oposto ao da carga pontual, você terá de realizar algum trabalho para afastá-las. Isso significa que a carga de teste tem uma energia potencial mais baixa próximo à carga pontual (acontece o contrário se as cargas tiverem o mesmo sinal).

Então, qual é o potencial elétrico da carga pontual? A uma distância infinita da carga pontual, você não o sentirá e nem será afetado por ele, assim, podemos estabelecer como zero o potencial de uma carga pontual nessa distância. À medida que aproximamos a carga de teste de um ponto r, que esteja afastado da carga pontual, teremos que somar todo o trabalho realizado e em seguida dividir pelo tamanho da carga de teste. E o resultado disso acaba se tornando tremendamente simples, conforme a seguir:

$$V = \frac{kQ}{r}$$

Assim, o potencial elétrico é grande próximo à carga pontual (quando r for pequena) e diminui a distâncias maiores. A ideia se aplica a todas as cargas pontuais. Então, qual o significado da movimentação em órbita dos elétrons em torno dos prótons em um átomo? Qual deverá ser o trabalho empregado para afastar um elétron de um átomo?

Primeiramente, calcule o potencial elétrico. O tamanho da carga do elétron e do próton é $1,6 \times 10^{-19}$ coulombs. Normalmente, o elétron e o próton estão separados por uma distância igual a $5,29 \times 10^{-11}$ metros. O potencial elétrico é:

$$V = \frac{kQ}{r} = \frac{\left(8,99 \times 10^9 \ \text{N} \cdot \text{m/C}^2\right)\left(1,60 \times 10^{-19} \ \text{C}\right)}{5,29 \times 10^{-11} \ \text{m}} \approx 27,2 \ \text{volts}$$

Assim tão perto do próton, o potencial elétrico é um amplo 27,2 volts. Isso é bastante coisa para uma carga tão pequena!

A quantidade de energia necessária para movimentar um elétron através de 1 volt é chamada um *elétron-volt* (eV). Dessa forma, você pode pensar que seria necessário 27,2 eV de energia para retirar um elétron de um átomo. Mas como o elétron está se movimentando rapidamente, ele já tem alguma energia para contribuir. De fato, o elétron tem tanta energia cinética que é preciso apenas a metade disso, 13,6 eV de energia, para retirar o elétron do átomo.

Ilustrando superfícies equipotenciais para cargas pontuais e placas

Para ilustrar o potencial elétrico, podemos desenhar *superfícies equipotenciais*; isto é, superfícies que têm o mesmo potencial em cada ponto. O desenho de superfícies equipotenciais nos dá uma ideia do aspecto do potencial elétrico de uma carga ou de uma distribuição de cargas. Por exemplo, em uma superfície equipotencial, o potencial poderia ser sempre 5,0 volts ou 10,0 volts.

Como o potencial de uma carga pontual depende da distância que você está dela, as superfícies equipotenciais para uma carga pontual são um conjunto de esferas concêntricas. Observe a seguir como elas se pareceriam:

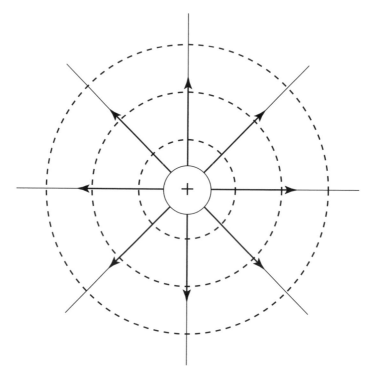

Figura 3-11: Linhas tracejadas mostrando superfícies equipotenciais a partir de uma carga pontual.

Considere agora as superfícies equipotenciais entre as placas de um capacitor de placas paralelas (consulte a seção anterior "Campos elétricos uniformes: Muita calma com capacitores de placas paralelas" para saber mais sobre esses dispositivos). Se você começar na placa carregada negativamente e se afastar uma distância s em direção à placa carregada positivamente, sabe que:

$$V = \frac{qs}{\varepsilon_0 A}$$

Em outras palavras, as superfícies equipotenciais aqui dependem exclusivamente da distância que você está entre as duas placas. Você pode observar isto na Figura 3-12, que mostra duas superfícies equipotenciais entre as placas do capacitor de placas paralelas. **Dica**: isso é análogo ao potencial gravitacional próximo ao solo, que aumenta em proporção à altura. Ambos são casos de campos uniformes nos quais o campo é o mesmo em cada ponto.

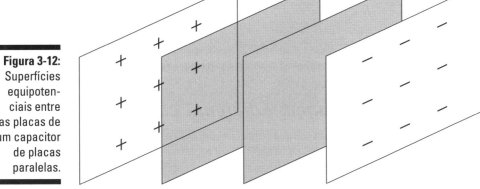

Figura 3-12: Superfícies equipotenciais entre as placas de um capacitor de placas paralelas.

Armazenando Carga: Capacitores e Dielétricos

Um *capacitor*, em termos gerais, é algo que armazena carga. Eu abordei capacitores de placas paralelas anteriormente neste capítulo, mas um capacitor não precisa ter a forma de duas placas paralelas — quaisquer dois condutores separados por um isolante formam um capacitor, independentemente da forma. Um *dielétrico* aumenta a quantidade de carga que um capacitor pode armazenar. Esta seção aborda como os capacitores e dielétricos trabalham juntos.

Verificando a quantidade de carga que os capacitores podem armazenar

Qual a quantidade de carga realmente armazenada em um capacitor? Isso depende de sua *capacitância, C*. A quantidade de carga armazenada em um capacitor é igual a sua capacitância multiplicada pela tensão no capacitor:

$$q = CV$$

Parte II: Fazendo Trabalho de Campo: Eletricidade e Magnetismo

A unidade MKS para capacitância C é coulombs por volt (C/V), também chamada de *farad*, F. Para um capacitor de placas paralelas, o que se segue é verdadeiro (consulte a seção anterior para maiores detalhes):

$$V = \frac{qs}{\varepsilon_0 A}$$

Como $q = CV$, sabemos que $C = q/V$, e podemos resolver a equação anterior para obter o seguinte:

$$C = \frac{q}{V} = \frac{\varepsilon_0 A}{s}$$

Essa é a capacitância para um capacitor de placas paralelas, cujas placas tenham, cada uma, área A e estejam separadas por uma distância s.

Armazenagem adicional com os dielétricos

Um *dielétrico* é um semi-isolante que permite a um capacitor armazenar mais carga; ele funciona através da redução do campo elétrico entre as placas. Observe a Figura 3-13. Quando você aplica um campo elétrico entre as duas placas, você induz alguma carga oposta no dielétrico, que se opõe ao campo elétrico aplicado. O resultado líquido é que o campo elétrico dentro do dielétrico (que preenche área entre as placas) fica reduzido, permitindo ao capacitor armazenar mais carga.

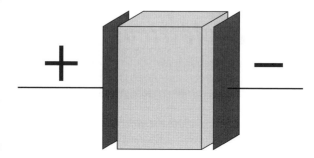

Figura 3-13: Usando um dielétrico entre as placas de um capacitor de placas paralelas.

Se você preencher o espaço entre as placas em um capacitor de placas paralelas com um dielétrico, a capacitância do capacitor de placas paralelas passa a ser a seguinte:

$$C = \frac{\kappa \varepsilon_0 A}{s}$$

O dielétrico aumenta a capacitância do capacitor pelo mesmo valor da *constante dielétrica*, κ, que é diferente para cada dielétrico. Por exemplo, a constante dielétrica da *mica*, um mineral comumente usado, é 5,4; dessa forma, os capacitores que usam mica aumentam sua capacitância por um fator de 5,4. A constante dielétrica de um vácuo é 1,0.

Calculando a energia de capacitores com dielétricos

Como um capacitor armazena carga, ele pode agir como uma fonte de corrente elétrica, como uma bateria. Assim, em termos de capacitância e tensão, qual a quantidade de energia armazenada em um capacitor?

Bem, quando carregamos um capacitor, acumulamos a carga final q em um potencial médio V_{med} (usamos o potencial médio porque o potencial aumenta à medida que acrescentamos mais carga). Assim, a energia armazenada é:

$$\text{Energia} = qV_{med}$$

Isso levanta a questão, é claro, de sabermos exatamente o que é V_{med}. Como a tensão é proporcional à quantidade de energia em um capacitor (porque $q = CV$), V_{med} é a metade da carga final. Ou, olhando por outro lado, à medida que carregamos um capacitor a partir de zero até sua tensão final, a tensão aumenta linearmente, de modo que a tensão média é a metade da tensão final:

$$V_{med} = \frac{1}{2}V$$

Colocando o valor da V_{med} na equação da energia e fazendo a substituição $q = CV$, obtemos a seguinte equação:

$$\text{Energia} = \frac{1}{2}CV^2$$

Para um capacitor de placas paralelas com um dielétrico, a capacitância é:

$$C = \frac{\kappa\varepsilon_0 A}{s}$$

Assim, a energia em um capacitor de placas paralelas com um dielétrico nele é:

$$\text{Energia} = \frac{1}{2}\frac{\kappa\varepsilon_0 A}{s}V^2$$

E é isso — essa é a energia armazenada em um capacitor que tenha um dielétrico nele (a energia é dada em joules nessa equação). Agora podemos perceber porque os dielétricos são considerados uma boa ideia quando lidamos com capacitores — eles multiplicam a capacitância e a energia armazenada em um capacitor em muitas vezes.

60 **Parte II: Fazendo Trabalho de Campo: Eletricidade e Magnetismo**

Capítulo 4

A Atração do Magnetismo

Neste Capítulo

▶ Entenda como funciona o magnetismo

▶ Analise as forças magnéticas em cargas em movimento

▶ Descubra forças magnéticas em fios

▶ Gere campos magnéticos com correntes em fios

Diz a lenda, que há mais de 2.000 anos, Magnos, um pastor grego, estava caminhando com seu rebanho quando percebeu que os pregos de seus sapatos tinham ficado presos a uma pedra de forma inexplicável — e foi assim que o magnetismo foi descoberto. Milhares de anos de mistério somente tiveram uma explicação científica nos últimos cem anos.

Neste capítulo, você vai explorar o entendimento do magnetismo pelos físicos. Você vai saber por que os imãs permanentes (como aquele que ficou preso no sapato de Magnos) atraem alguns materiais aparentemente não magnéticos (como o prego de ferro do sapato de Magnos). Você vai ver como o magnetismo não é realmente uma coisa nova, desconhecida, mas apenas um aspecto diferente da eletricidade. E vai poder calcular exatamente o tamanho de uma força magnética e sua direção. Vai compreender a influência magnética de correntes elétricas e verificar que estas são uma fonte de magnetismo.

Com todo esse conhecimento, surgiram todos os tipos de dispositivos úteis, como os motores elétricos, alto-falantes, campainhas, e até aparelhos médicos sofisticados de formação de imagem. É por essa razão que eu também analiso alguns usos práticos de imãs e do magnetismo. Por exemplo, eu explico como uma bússola funciona ao se movimentar sob a influência magnética da rotação do ferro fundido no centro da Terra. E, finalmente, você vai saber o que faz aqueles objetos se fixarem à porta de sua geladeira.

Tudo sobre Magnetismo: Ligando Magnetismo e Eletricidade

A coisa mais importante que você precisa saber sobre magnetismo é: ele está intimamente relacionado à eletricidade (que eu abordo no Capítulo 3). O magnetismo e a eletricidade são apenas aspectos diferentes da mesma coisa — dois lados da mesma moeda. De fato, onde há eletricidade fluindo, há também magnetismo, porque este surge da corrente elétrica.

Nesta seção, eu analiso que existem correntes mesmo em imãs permanentes porque os elétrons estão em movimento nos átomos dos imãs. Eu também explico as forças de atração e repulsão em funcionamento nos imãs, exatamente como as forças entre cargas elétricas. Finalmente, eu lhe darei uma definição formal de *campo magnético,* que une magnetismo e carga elétrica.

Loops dos elétrons: Entendendo os imãs permanentes e materiais magnéticos

Mesmo em imãs em barras ou imãs de geladeira, a eletricidade está, de fato, fluindo. Cada átomo naquele imã de geladeira tem um grupo de elétrons circundando um núcleo, e esses elétrons formam uma corrente elétrica. Isso já está claro — o magnetismo em imãs permanentes surge dessas minúsculas órbitas onde os elétrons estão continuamente circulando. Os "loops", ou laços da corrente, formam um campo magnético, fazendo com que os átomos se comportem como imãs muito pequenos.

Na maioria do tempo, esses minúsculos campos magnéticos estão apontando para diferentes direções, conforme você observa na Figura 4-1(a), de forma que eles não têm muita importância. Entretanto, em um imã permanente, esses imãs pequenos, de nível atômico, estão muito mais alinhados, conforme mostra a Figura 4-1(b). Quando esses pequenos imãs na matéria se alinham, acaba surgindo um magnetismo que é possível medir — e o imã permanece magnetizado. É por essa razão que chamamos esses imãs (que não possuem nenhuma potência elétrica externa) de *imãs permanentes.* Esse alinhamento é a única diferença entre um imã permanente e um imã não permanente.

Alguns materiais estão no meio-termo entre esses opostos. Por exemplo, todos os átomos quando agem como imãs pequenos podem começar apontando para direções aleatórias — imagine que os elétrons estejam orbitando em planos orientados de forma aleatória. Mas, quando colocamos esse material próximo a um imã, os átomos são forçados a girar e a se alinharem ao imã. Em seguida, a influência magnética de cada átomo se acumula, de forma que o material torna-se magnético. Mas, quando distanciamos o material do imã, os átomos relaxam e voltam às suas orientações aleatórias e o material deixa de ser magnético. A esse material damos o nome de *paramagnético*. Dois paramagnéticos não se ligarão, mas poderão se ligar a um imã permanente.

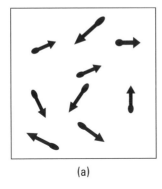
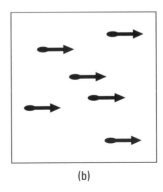

Figura 4-1: Microimãs em matéria, não alinhados e alinhados.

(a) (b)

Em outro tipo de material, como o ferro, os átomos estão organizados em pequenas regiões alinhadas, chamadas *domínios*. Cada domínio é magnético, mas o material tem muitos domínios que são orientados de forma aleatória. Quando você coloca esse material perto de um imã, os domínios são forçados a se alinhar e o material passa a ser magnético. Mas, nesse caso, se você afastar o material, os domínios permanecem alinhados e o pedaço de ferro permanece magnético! Esse tipo de material é conhecido como *ferromagnético*.

Os *eletroimãs* são imãs não permanentes que funcionam apenas quando temos a eletricidade fluindo. Eu analiso esses imãs mais adiante, na seção "Indo à Fonte: Obtendo Campos Magnéticos a partir da Corrente Elétrica".

De norte a sul: Tornando-se polarizado

A eletricidade apresenta dois lados: positivo e negativo. O campo elétrico vai do lado mais para o lado menos (consulte o Capítulo 3 para mais detalhes). De forma semelhante, o magnetismo envolve *polos magnéticos*. E, da mesma forma que o campo elétrico vai das cargas + para as cargas -, o campo magnético vai de um polo para outro — do *norte* para o *sul*.

Os nomes dos polos magnéticos originam-se do uso popular de imãs em bússolas — os Polos Norte e Sul são usados na navegação. O polo Norte de um imã permanente aponta automaticamente para a direção norte da Terra.

O campo magnético é geralmente desenhado como um conjunto de linhas — isto é, linhas de campos magnéticos, da mesma forma que o campo elétrico é desenhado como linhas de campo elétrico. A Figura 4-2 mostra as linhas de campos magnéticos que vão do polo norte ao polo sul de um imã permanente.

A Terra magnética

A Terra é um imenso ímã, como qualquer pessoa que tenha uma bússola já sabe — é só observar a agulha de sua bússola que aponta sempre para o norte magnético. Quando você muda de local, a agulha da bússola encontra o norte magnético para você novamente. Infelizmente, o norte magnético não coincide com o Polo Norte da Terra — isto é, o norte geográfico, onde o eixo de rotação da Terra atravessa sua superfície. A figura a seguir mostra como o polo norte geográfico da Terra está deslocado em relação ao polo norte magnético.

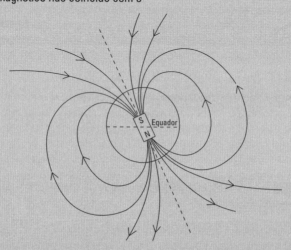

Observe como o polo magnético na figura está marcado como *S*. Isso não é nenhum erro de digitação — polos magnéticos opostos se atraem, de forma que, para atrair o *norte* da agulha em sua bússola, o polo que fica exatamente abaixo da superfície no "polo magnético norte" da Terra é realmente um polo sul, e não um polo norte. Mas, diferentemente da maneira como rotulamos um ímã em barra, o Polo Sul real da Terra é sempre chamado seu Polo Norte — e isso graças às bússolas.

A distância do Polo Norte geográfico ao polo norte magnético da Terra é relativamente grande — o polo norte magnético atualmente fica próximo à Ilha Ellesmere no norte do Canadá. Na verdade, a posição do polo norte magnético da Terra tem se desviado do seu curso ao longo dos anos. Os desvios anuais do polo magnético são consideráveis: atualmente ele está se movimentando a uma taxa de mais de 40 quilômetros por ano. O nosso campo magnético é mantido por movimentos de rotação do ferro fundido nas profundezas da Terra, no núcleo exterior líquido do planeta, permitindo o desvio do curso do polo magnético.

Portanto, qual é a distância entre o polo magnético e o polo geográfico? Essa distância é medida pelo *ângulo de declinação*. Esse ângulo varia, dependendo da posição que você se encontra na Terra, mas ele pode ser medido. Por exemplo, na cidade de Nova York, o ângulo de declinação é aproximadamente de 12°. Você pode descobrir muito mais sobre o campo magnético da Terra, com dados atuais e muitos links interessantes, nos sites da Web do Geological Survey of Canada (gsc.nrcan.gc.ca/geomag) e o United States Geological Survey (geomag.usgs.gov), ambos com conteúdo em inglês.

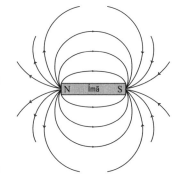

Figura 4-2: Campo magnético de um ímã permanente.

Observe que o campo magnético de um ímã, como esse da Figura 4-2, não é muito constante ou uniforme — assim como o campo elétrico de duas cargas pontuais também não é uniforme.

Se quisermos encontrar um campo magnético uniforme, geralmente selecionamos um local entre os dois polos de um ímã forte, como mostra a Figura 4-3. Você também pode criar um campo magnético uniforme usando as espirais de corrente, conforme eu vou explicar mais adiante em "Somando "loops": Construindo campos uniformes com solenoides".

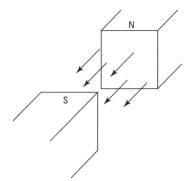

Figura 4-3: Um campo magnético uniforme entre dois polos.

Definindo campo magnético

O magnetismo e a eletricidade estão tão interconectados que *campo magnético* é definido em termos da intensidade da força que ele exerce em uma carga de teste positiva. O símbolo M já havia sido usado (ele significa magnetização de um material), de forma que o campo magnético acabou ficando com o símbolo B. A definição formal de um campo magnético, a partir do ponto de vista físico é a seguinte:

$$B = \frac{F}{qv\,\mathrm{sen}\,\theta}$$

Aqui, B é a magnitude do campo magnético e F é a magnitude da força na carga q, que está se movimentando com a velocidade v, a um ângulo de θ em relação à direção do campo magnético.

No sistema MKS, a unidade do campo magnético é a *tesla*, cujo símbolo é T. No sistema CGS, usamos o *gauss*, cujo símbolo é G. Podemos relacionar os dois da seguinte forma:

$$1{,}0 \text{ G} = 1{,}0 \times 10^{-4} \text{ T}$$

Continuando: Forças Magnéticas sobre Cargas

As correntes elétricas e campos magnéticos estão intimamente ligados. Não só as correntes elétricas produzem os campos magnéticos, mas os campos magnéticos também exercem forças nas cargas elétricas que se movem nas correntes.

Observe que uma carga tem de estar se movimentando para que um campo magnético possa exercer uma força sobre ela: sem movimento, não há força sobre a carga.

Nesta seção, eu vou lhe mostrar como calcular a intensidade e a direção da força magnética em uma carga em movimento. Também explico como a direção dessa força pode garantir que campos magnéticos não realizem nenhum trabalho. Para finalizar, você poderá ver por que a direção da força faz com que as partículas carregadas se movimentem em círculos em um campo magnético.

Descobrindo a magnitude da força magnética

Para obter números com magnetismo, temos que começar a pensar em termos de vetores. Imagine que você tenha uma carga elétrica se movimentando com a velocidade $\boldsymbol{v}$. Essa carga está sujeita a um campo magnético, $\boldsymbol{B}$. E, é claro, precisamos do vetor $\boldsymbol{F}$ para a força resultante.

Como podemos determinar a força real, em newtons, em uma partícula carregada que se movimenta através de um campo magnético? A força é proporcional à magnitude da carga e à magnitude do campo magnético. Também é proporcional ao componente da velocidade da carga que é *perpendicular ao campo magnético*. Em outras palavras, se a carga estiver se movimentando ao longo da direção do campo magnético, paralelo a ele, não haverá *força* nessa carga. Se a carga estiver se movimentando em um ângulo reto em relação ao campo magnético, a força estará no seu máximo.

Colocando tudo isso junto, teremos a equação para a magnitude da força em uma carga em movimento, onde θ é o ângulo (entre 0° e 180°) entre os vetores ***v*** e ***B***:

$F = qvB \operatorname{sen} \theta$

Por exemplo, imagine que você esteja levando consigo uma carga de 1,0 coulomb e experimenta uma força do campo magnético da Terra. O campo magnético da Terra na superfície é de, aproximadamente, 0,6 gausses, ou $6,0 \times 10^{-5}$ teslas. Quanto mais rápido você se movimenta com sua carga, maior é a força que sente. Agora imagine que você a leva para dar uma volta em um carro de corrida. Direto na pista, a aproximadamente 224 milhas por hora, ou 100 metros por segundo. Que força você sentirá em sua carga a essa velocidade na direção perpendicular ao campo? Sabemos que a magnitude da força é dada por:

$F = qvB \operatorname{sen} \theta$

Agora vamos colocar os números. Então, quando calculamos, fica assim:

$F = qvB \operatorname{sen} \theta$

$= (1,0 \text{ C})(100 \text{ m/s})(6,0 \times 10^{-5} \text{ T}) \operatorname{sen} 90°$

$= 6,0 \times 10^{-3} \text{ N}$

A força na carga é $6,0 \times 10^{-3}$ newtons, que é menor que o peso de um clipe.

Encontrando a direção com a regra da mão direita

Vamos dizer que você tenha uma carga *q*, movimentando-se a uma velocidade ***v***, sem nenhuma preocupação. Se essa carga entrar em um campo magnético ***B***, haverá uma força sobre ela. Podemos observar a direção da força magnética na carga em movimento na Figura 4-4.

Podemos usar a regra da mão direita quando quisermos encontrar a força que está agindo sobre uma carga. Existem duas versões - use a que achar mais fácil:

- Coloque os dedos de sua mão direita aberta na direção do campo magnético, o vetor **B** na figura, e seu polegar direito na direção da velocidade da carga, **v**; então a força em uma carga positiva se prolonga a partir da palma de sua mão (consulte a Figura 4-4(a)). Para uma carga negativa, inverta a direção da força.

- Coloque os dedos de sua mão direita na direção da velocidade da carga, **v**; em seguida, dobre os dedos fechando sua mão com o menor ângulo possível (menos de 180°), até que seus dedos fiquem na direção do campo magnético, **B**. Seu polegar direito vai apontar na direção da força (observe a Figura 4-4(b)). Para uma carga negativa, inverta a direção da força.

Faça uma tentativa com os dois métodos para garantir que a direção da força está correta.

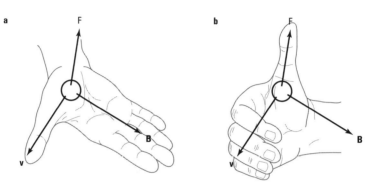

Figura 4-4: A força em uma carga em um campo magnético e as regras da mão direita associadas.

Uma direção preguiçosa: Verificando como os campos magnéticos evitam o trabalho

Os campos magnéticos são preguiçosos: Eles não trabalham em partículas carregadas que se movimentam através deles — pelo menos não pela definição física de trabalho. Dessa forma, em um campo magnético, uma partícula carregada não ganha ou perde energia potencial ou cinética.

Quando temos um campo elétrico, a situação é bem diferente. Nesse caso, o campo elétrico empurra a carga *na direção* do movimento ou na *direção contrária*. E esta é a definição da Física de trabalho:

$$W = Fs \cos \theta$$

onde F é a força aplicada, s é a distância na qual ela é aplicada e θ é o ângulo entre a força e a direção do movimento. De fato, daí surgiu toda a ideia de potencial elétrico (a *tensão*) — a quantidade de trabalho realizada sobre uma carga dividida pelo tamanho da carga:

$$V = \frac{W}{q}$$

Para o trabalho realizado por um campo magnético, o problema é a definição de trabalho: $W = Fs \cos \theta$. A questão aqui é que, em um campo magnético, a força e a direção do movimento são sempre perpendiculares um ao outro — isto é, $\theta = 90°$ (consulte a seção anterior). E, $\cos 90° = 0$, então, o trabalho realizado por um campo magnético em uma carga em movimento, $W = Fs \cos \theta$, é automaticamente zero.

É isso mesmo — o trabalho realizado por um campo magnético sobre uma carga em movimento é zero. É por esse motivo que não se fala em potencial magnético (seria isso talvez *volts magnéticos?*) para corresponder com potencial elétrico.

Tudo isso é devido à definição física de trabalho — o trabalho muda a energia cinética ou potencial de um sistema (ou a energia é perdida para o calor), e nada disso acontece com os campos magnéticos. Entretanto, a *direção* da partícula carregada realmente muda — não a velocidade da partícula, mas sua direção.

Entrando em órbita: Acompanhando partículas carregadas em campos magnéticos

A direção e a magnitude da força em um campo magnético influenciam o caminho que uma carga elétrica toma. A direção da força faz com que a carga se movimente em círculos, e a magnitude da força afeta o tamanho do raio desse círculo. Nesta seção, eu vou analisar o movimento orbital das cargas em campos magnéticos.

Chegando à curva

Quando se tem um campo elétrico (consulte o Capítulo 3), sabemos em que direção as cargas elétricas vão se movimentar nele — ao longo das linhas do próprio campo. Por exemplo, tomemos um capacitor de placas paralelas: os elétrons vão se movimentar entre as placas ao longo das linhas do campo elétrico, em direção à placa positiva. Os prótons farão o mesmo, só que se movimentarão na direção da placa negativa.

A situação muda quando se trata de um campo magnético, e não um campo elétrico. Nesse caso, a força será perpendicular à direção do movimento. Para mostrar melhor a trajetória da carga, os físicos geralmente desenham o campo magnético como se estivéssemos olhando diretamente para ele.

Como você pode saber em que direção o campo magnético está indo? A maneira como os físicos mostram a direção são estas:

- ✔ **Afastando-se de você**: Caso você veja uma porção de X, o campo magnético vai em direção (entrando) à página. Esses vários X representam o final das setas dos vetores que podem ser vistas (imagine-se olhando para o final de uma seta real, com a extremidade voltada para você).
- ✔ **Em sua direção**: Pontos com círculos ao redor supostamente representam setas que vêm na sua direção, e, nesse caso, o campo está se aproximando de você.

Observe a Figura 4-5, que mostra a direção que uma carga positiva em movimento vai seguir. A carga positiva movimenta-se ao longo de uma linha reta, sem mudar de direção, até que ela penetra em um campo magnético que está entrando na página (representado pelos X). Então, aparece uma força sobre a carga formando com ela um ângulo reto, desviando-a de sua direção, como você pode observar na figura.

Observação: Esse é um bom momento para testar seu entendimento sobre a regra da mão direita da força magnética (consulte a seção anterior "Encontrando a direção com a regra da mão direita"). Empregue-a para a velocidade e o campo magnético que você vê na Figura 4-5 — você concorda com a direção da força resultante?

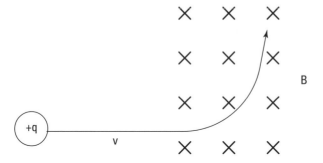

Figura 4-5: Uma carga positiva sendo empurrada para um campo magnético.

Andando em círculos

Aqui está um ponto interessante: Para que lado você será empurrado, supondo que você é uma partícula carregada movimentando-se em um campo magnético? O campo magnético é sempre perpendicular à direção do movimento (conforme mostra a Figura 4-4, neste capítulo). E não importa a direção que a partícula carregada tome, a força exercida sobre ela será sempre perpendicular ao seu movimento.

Esta é a marca registrada do movimento circular: A força é sempre perpendicular à direção do movimento. Portanto, partículas carregadas atuando em campos magnéticos movimentam-se em círculos.

Consulte a Figura 4-6 para entender a situação. Nela, uma carga positiva está se movimentando para a esquerda em um campo magnético. Os pontos com círculos ao redor nos dizem que o campo magnético B está vindo em nossa direção, saindo da página. Usando a regra da mão direita, podemos dizer qual a direção da força resultante — para cima quando a carga positiva está na mesma posição que na Figura 4-6.

O que acontece? A carga responde a essa força para cima movimentando-se para cima. E como a força devido ao campo magnético é sempre perpendicular à direção do movimento, a força também muda a direção.

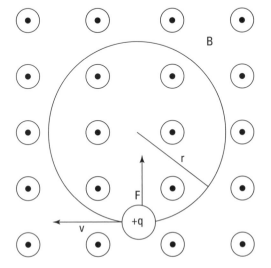

Figura 4-6: Em um campo magnético, uma carga positiva movimenta-se em círculos.

Calculando o raio da órbita

Vamos supor que você queira saber o raio da órbita da partícula carregada movimentando-se em um campo magnético. Como a força é sempre perpendicular à direção do movimento, temos o movimento circular. E da Física I, temos a seguinte equação para a força necessária para manter um objeto em movimento circular:

$$F = \frac{mv^2}{r}$$

E, aqui, a magnitude da força sobre uma partícula carregada movimentando-se em um campo magnético:

$F = qvB \operatorname{sen} \theta$

Como v é perpendicular à B neste caso, θ é igual a 90°; portanto, sen θ é igual a 1, o que significa que teremos o seguinte:

$F = qvB$

Agora vamos igualar as duas equações da força — para o movimento circular e para a partícula carregada no campo magnético:

$$qvB = \frac{mv^2}{r}$$

Reorganizando essa equação, teremos esta nova versão para o raio:

$$r = \frac{mv}{qB}$$

Isso é ótimo — ela dá o raio da direção da partícula carregada em um campo magnético, dada sua massa, carga e velocidade. Essa é uma das equações do magnetismo que você deve ter sempre em mente.

Observe a seguinte relação entre o raio e campo magnético, massa e velocidade:

- **Campo magnético B**: quanto mais forte for o campo magnético, será a força — e, portanto, menor o raio da partícula carregada.
- **Velocidade v**: quanto maior a velocidade da partícula carregada, mais difícil será cercá-la; quanto maior a massa, maior o raio do círculo no qual ela viaja.
- **Massa m**: quanto maior a massa da partícula carregada, mais difícil será desviar seu caminho; assim, quanto maior a massa, maior o raio do círculo no qual ela viaja.

Observe como a equação reflete essas ideias: o campo magnético B está no denominador da fração, de forma que quando o aumentamos, temos uma resposta menor para r; m e v estão no numerador, assim, quando aumentamos qualquer um dos dois, temos um r maior.

Que tal observar isso na prática? Experimente alguns números. Digamos, por exemplo, que você tenha um grupo de elétrons movimentando-se a $1{,}0 \times 10^6$ metros por segundo. Você não quer perturbar os vizinhos, então decide construir um recipiente de contenção magnética para segurar os elétrons, forçando-os a permanecer em uma órbita circular. Ao verificar sua conta bancária, percebe que tem dinheiro suficiente para construir um recipiente de confinamento magnético de $r = 1{,}0$ centímetro (mesmo assim, a dona do apartamento fica desconfiada, mas ela já aprendeu que os físicos, algumas vezes, precisam de equipamentos incomuns).

Assim, que campo magnético será necessário para manter seus elétrons em uma órbita onde $r = 1{,}0$ centímetro? Sabemos que:

$$r = \frac{mv}{qB}$$

Um elétron possui uma massa de $9,11 \times 10^{-31}$ quilogramas e uma carga de $1,6 \times 10^{-19}$ coulombs. Inserindo os números para elétrons movimentando-se a $1,0 \times 10^6$ metros por segundo, temos:

$$0,010 \text{ m} = \frac{(9,11 \times 10^{-31} \text{kg})(1,0 \times 10^6 \text{m/s})}{(1,6 \times 10^{-19} \text{C})B}$$

Reorganizando essa equação e calculando B obtemos a seguinte resposta:

$$B = \frac{(9,11 \times 10^{-31} \text{kg})(1,0 \times 10^6 \text{m/s})}{(1,6 \times 10^{-19} \text{C})(0,010 \text{m})} \approx 5,7 \times 10^{-4} \text{ T}$$

Esse é um campo magnético bem modesto — não muito maior do que o campo magnético da Terra. Não é preciso mesmo muita força para empurrar um elétron. (Isso é um alívio, porque caso você precisasse de um campo magnético de vários teslas, os talheres da dona do apartamento, que são de aço e banhados em prata, poderiam acabar presos ao teto.)

A equação

$$r = \frac{mv}{qB}$$

não se aplica se a partícula carregada estiver se movimentando a uma velocidade próxima à velocidade da luz, $v \approx 3,0 \times 10^8$ metros por segundo, porque os efeitos relativistas assumem o controle, o que vai afetar a massa e o raio orbital da partícula carregada. Eu vou analisar a relatividade especial no Capítulo 12.

Selecionando átomos com um espectrômetro de massa

Os *espectrômetros de massa*, que são máquinas que determinam quais elementos químicos vão compor uma amostra que está sendo analisada, dependem das órbitas nos campos magnéticos. Um espectrômetro de massa aquece a amostra que queremos analisar, ionizando alguns dos átomos. Os átomos, individualmente ionizados, recebem uma carga líquida, *e* (da mesma magnitude que a carga do elétron), e esses átomos são acelerados por meio de um potencial elétrico, *V,* que lhes fornece energia cinética. Os átomos ionizados penetram um campo magnético, *B,* e giram com o raio, *r*. Podemos pegá-los com um detector e o posicionamento do detector vai informar o raio para os átomos ionizados — e, conhecendo o raio, o potencial elétrico e o campo magnético, podemos determinar a massa dos átomos e, consequentemente, identificá-los.

Assim, dado *r, e,* e *B,* podemos encontrar a massa *m*. O potencial elétrico de aceleração, *V,* fornece uma energia cinética a cada

(continua)

átomo ionizado, e a energia adicionada pelo potencial elétrico deverá ser igual à energia cinética acrescentada a cada íon, da seguinte forma:

$$eV = \frac{1}{2}mv^2$$

Resolvendo essa equação para a velocidade, v, temos:

$$v = \left(\frac{2eV}{m}\right)^{1/2}$$

O raio da curvatura do íon no campo magnético é:

$$r = \frac{mv}{eB}$$

E, colocando m nessa equação temos:

$$m = \frac{reB}{v}$$

Como acabamos de encontrar v igual a $\left(\frac{2eV}{m}\right)^{1/2}$, podemos substituir v:

$$m = \frac{reB}{\left(\frac{2eV}{m}\right)^{1/2}}$$

Elevando ao quadrado os dois lados da equação, temos:

$$m^2 = \frac{r^2 e^2 B^2}{\left(\frac{2eV}{m}\right)}$$

Movendo os dados usando um pouco de álgebra, obtemos a massa do átomo ionizado:

$$m = \frac{er^2}{2V}B^2$$

E aí está — a próxima vez que se deparar com um espectrômetro de massa, você saberá como calcular as massas dos átomos em cada amostra que colocar nele.

Chegando ao Fio Elétrico: Forças Magnéticas em Correntes Elétricas

Você pode ser um daqueles raros físicos que não tem uma porção de elétrons movendo-se rapidamente pela casa a $1,0 \times 10^6$ metros por segundo. Pode pensar que a discussão anterior sobre partículas carregadas em campos magnéticos não se aplica realmente a você. Mas, certamente, você tem cabos elétricos espalhados pela casa — e o que são cabos elétricos senão fios através dos quais as cargas se movimentam? Nesta seção, você vai verificar as forças que os campos magnéticos exercem sobre as cargas em movimento nos fios elétricos.

Da velocidade para a corrente: Obtendo a corrente na fórmula da força magnética

Para encontrar a força magnética sobre um fio elétrico em um campo magnético, podemos começar com a fórmula para cargas individuais. Observe a equação para a força sobre uma carga elétrica em movimento em um campo magnético:

$$F = qvB \operatorname{sen} \theta$$

Queremos exprimir essa equação de tal forma que, em vez de usar a velocidade de partículas carregadas, v, usemos a corrente elétrica, I. Como podemos obter a corrente elétrica a partir dessa equação? A *corrente* é a carga, q, dividida pela quantidade de tempo, t, que uma carga recebe ao alcançar um determinado ponto:

$$I = \frac{q}{t}$$

Dividimos a equação para a força pelo tempo, e a multiplicamos pelo tempo, o que realmente não muda a equação. Obtivemos o seguinte:

$$F = \frac{q}{t}(vt)B\operatorname{sen}\theta$$

Observe que agora temos q/t — ou corrente, neste caso. Então, temos o seguinte para a equação da força em termos de corrente:

$$F = I(vt)B \operatorname{sen} \theta$$

Ok, então quanto é $I(vt)B \operatorname{sen} \theta$? Podemos dizer que é uma espécie de mistura — corrente e velocidade juntas. Mas, se pensarmos melhor, o termo vt é exatamente a velocidade das partículas carregadas que formam a corrente multiplicada pelo tempo medido — e tempo vezes a velocidade é igual a uma distância. Então, substituímos vt por L, a distância em que as partículas carregadas viajam no tempo t.

Então, a força exercida sobre um fio de comprimento L, transportando uma corrente I, em um campo magnético de intensidade B, onde L faz um ângulo θ em relação a B:

$$F = ILB \operatorname{sen} \theta$$

Legal! Que tal um exemplo? Observe a Figura 4-7, que mostra uma corrente elétrica I, em um campo magnético B. Em Física, a *corrente* flui na mesma direção do fluxo de cargas positivas (essa convenção foi definida antes que os cientistas soubessem que eram as cargas negativas — os elétrons — que realmente corriam para fazer a corrente fluir). Isso significa que podemos aplicar a regra da mão direita à situação que você vê na Figura 4-7 — apenas considere a direção de I como a direção em que uma carga positiva está viajando. (Para a regra da mão direita, consulte a seção anterior "Descobrindo a direção com a regra da mão direita".)

Tudo bem, e se a corrente I for igual a 1,0 ampère e o campo magnético, B, for igual a 5 teslas? A força magnética sobre um fio transportando essa corrente aumenta na proporção de seu comprimento. Para cada metro de fio, qual seria a força resultante? Começamos com a fórmula para a força:

$$F = ILB \operatorname{sen} \theta$$

Em seguida, vamos dividir pelo comprimento, L, para encontrar a força por metro:

Força/metro = $IB \operatorname{sen} \theta$

Figura 4-7: A força sobre uma corrente em um campo magnético e a regra da mão direita associada.

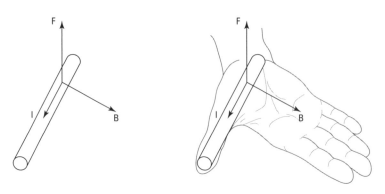

Na Figura 4-7, θ é 90° e, como sen 90° é igual a 1, temos o seguinte caso:

Força/metro = IB

$= (1{,}0\,A)\,(5{,}0\,T) = 5{,}0\,N/m$

Assim, temos um resultado de 5,0 newtons por metro, que corresponde a aproximadamente 1/3 de uma libra por pé — algo para se ter em mente caso você tenha cabos elétricos passando por um campo magnético de 5,0 teslas (que, reconhecidamente, é bastante raro).

Torque: Dando um toque na corrente dos motores elétricos

Os cientistas descobriram que os campos magnéticos exercem forças sobre fios elétricos e inventaram os motores elétricos. A partir daí, vieram as lavadoras e secadoras elétricas, limpadores de para-brisas em carros, elevadores, portas automáticas em supermercados, refrigeradores e muito mais (não nessa ordem, é claro). Como você pode perceber, a vida sem os motores elétricos seria muito inconveniente. Esta seção vai ajudá-lo a ver o que faz os motores elétricos funcionarem, em termos de eletricidade e magnetismo — pelo menos de uma forma básica.

Grandes correntes

Nos grandes laboratórios de Física, onde os cabos podem conter imensas correntes (corrente direta, não alternada), podemos observar algo curioso: quando um cabo é composto de filamentos de fio, esses fios criam um campo magnético que age sobre os outros fios no cabo. O resultado líquido é que o cabo se contrai a olhos vistos, ficando cada vez mais fino à medida que os campos magnéticos agem sobre as correntes.

Verificando como os motores funcionam

A Figura 4-8 mostra um motor elétrico, exposto em seus componentes básicos. Existem dois imãs permanentes, de polaridades opostas, em cada lado do motor. Isso gera um campo magnético uniforme no espaço entre os polos norte e sul. Nesse campo magnético, colocamos um loop (laço) de fio, que está livre para girar sobre seu eixo na figura. Uma bateria é conectada ao loop, de forma que uma corrente possa fluir através do fio na direção mostrada pelas setas marcadas com a letra *I*.

O loop do fio está conectado à bateria por uma nova conexão chamada *comutador*. Esse pequeno dispositivo inteligente é uma parte vital do motor porque ele garante que a corrente esteja sempre fluindo na direção mostrada no diagrama, mesmo após o loop ter girado meia volta. Ele sempre conecta o lado do loop que está mais próximo ao polo norte do imã ao terminal positivo da bateria e vice-versa, enquanto deixa o loop livre para girar.

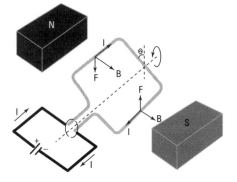

Figura 4-8: Forças, corrente e campo magnético em um motor elétrico.

Como o loop está transportando a corrente, ele experimenta uma força no campo magnético. Eu moldei o loop como um retângulo para tornar o cálculo da força que ele experimenta um pouco mais fácil.

Dois lados do loop são paralelos ao eixo de rotação, e dois são perpendiculares a ele. Os fios perpendiculares não têm uma função aqui porque a força que eles experimentam é dirigida ao longo do eixo de rotação, de forma que eles não produzem nenhum torque. Além disso, eles são iguais e opostos em tamanho, portanto, não há força líquida entre eles.

Mais interessantes são as duas partes do circuito, que correm paralelas ao eixo de rotação e (que está sempre a um ângulo de 90° em relação ao campo magnético). O lado esquerdo do loop do fio é forçado para baixo, e o lado direito para cima (você pode usar a regra da mão direita para confirmar se as direções das forças na Figura 4-8 estão corretas). Isso resulta em uma força giratória — isto é, um *torque* - que faz o loop do fio rodar. Se você conectar o loop a um eixo, ele vai provocar a rotação do eixo — e você poderá usar essa força giratória para todos os tipos de coisas.

Calculando a força giratória

Qual é a intensidade da força giratória fornecida por um motor elétrico? O *torque*, como você pode se lembrar da Física I, é uma força de torção com o símbolo τ. Sua fórmula é a seguinte:

$$\tau = Fr \operatorname{sen} \theta$$

onde *F* é a força aplicada, *r* é a distância em que a força age desde o ponto de viragem (ou *pivot*) e θ é o ângulo entre *F* e *r*.

Em um motor elétrico, um circuito da corrente é imerso em um campo magnético, *B*, e esse campo cria a força, *F*, em cada fio que corre paralelo ao eixo de rotação (conforme você pode observar na Figura 4-8). O torque em cada fio é a força *(F = ILB)*; multiplicada pela distância, *d*, a força age desde o pivot multiplicado pelo seno do ângulo. Como existem dois torques, correspondentes aos dois lados do loop, o torque total, τ, é igual ao seguinte:

$$\tau = ILB\left(\frac{1}{2}d\operatorname{sen}\theta + \frac{1}{2}d\operatorname{sen}\theta\right) = ILBd\operatorname{sen}\theta$$

O produto *dL* é a altura multiplicada pela largura do loop do fio — isto é, a *área* do loop. Dessa forma, se a área for *A*, a equação para o torque em um loop de fio fica assim:

$$\tau = IAB \operatorname{sen} \theta$$

De fato, os motores elétricos não são realmente feitos de um único loop de fio — eles são feitos de bobinas de fios. Assim, em vez de um loop, teremos, na verdade, *N* loops, onde *N* é o número de bobinas de fio. Teremos a seguinte equação para o torque:

$$\tau = NIAB \operatorname{sen} \theta$$

Esse é o torque total em uma bobina de *N* loops de fio; cada um transportando a corrente *I*, de área transversal *A*, em um campo magnético *B*, a um ângulo θ, conforme mostra a Figura 4-8.

Na aula de Física, geralmente nos perguntavam qual seria o torque máximo para tais e tais bobinas em tais e tais campos magnéticos. Caso você se depare com uma situação como essa e precise encontrar o torque máximo, isso ocorre quando a bobina faz um ângulo reto com o campo magnético: θ = 90°, de forma que o sen θ = 1, ou

$$\tau = NIAB$$

Vamos colocar alguns números aí. Temos uma bobina com 200 voltas, uma corrente de 3,0 amps, uma área de 1,0 metro quadrado e um campo magnético de 10,0 teslas. Qual é o torque máximo possível? Colocando isso na equação:

$$\tau = NIAB = (200)(3,0A)(1,0m^2)(10,0T) = 6,0 \times 10^3 \text{ N-m}$$

Assim, temos um torque máximo de 6.000 newtons/metros, um valor muito grande — um carro geralmente gera apenas 150 newtons/metros.

Indo à Fonte: Obtendo Campos Magnéticos a partir da Corrente Elétrica

As seções anteriores neste capítulo concentraram-se em como campos magnéticos exercem forças sobre cargas ou correntes em movimento, sem se preocupar, primeiramente, sobre a origem do campo. Nesta seção, você vai descobrir a fonte desse campo magnético. Agora, você vai ver o relacionamento entre eletricidade e magnetismo tornar-se completo.

Colocando de forma simples, assim como as cargas elétricas são a fonte de campos elétricos, que exercem forças sobre outras cargas elétricas, as correntes elétricas são uma fonte de campos magnéticos, que exercem forças sobre outras correntes elétricas.

No Capítulo 3, eu tomo alguns arranjos simples de carga (a carga pontual e o capacitor de placas paralelas) e analiso os campos elétricos resultantes. Agora, nesta seção, eu tomo alguns arranjos simples de corrente (um fio reto, um loop e um tubo de corrente chamado *solenoide*) e verifico os campos magnéticos resultantes. Você também vai ver como pode usar essa ideia para fazer *eletroímãs* — ímãs que você pode ligar e desligar com um interruptor.

Produzindo um campo magnético com um fio reto

Para entender como uma corrente elétrica produz um campo magnético, primeiramente, observe o campo magnético a partir de um único fio, como mostra a Figura 4-9. Por que começar por aqui? Quando você sabe o que o campo magnético é a partir de um único fio de corrente, você estará livre de muitos problemas. Você poderá dividir distribuições mais complexas da corrente em diversos fios únicos — e, em seguida, somar os campos magnéticos de fios como vetores, para obter o resultado total.

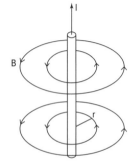

Figura 4-9: O campo magnético a partir de um único fio de corrente.

Montando a fórmula para campo magnético a partir de um único fio

Quando fazemos medições físicas de um campo magnético a partir de um único fio, verificamos que o campo magnético, *B*, diminui inversamente proporcional a distância r (1/r). Portanto, obtemos essa relação (onde ∝ significa *proporcional* a):

$$B \propto \frac{1}{r}$$

Do que mais pode o campo magnético depender? Bem, que tal da própria corrente, *I*? Evidentemente, se dobrarmos a corrente, obteremos duas vezes o campo magnético, correto? Sim, é dessa forma que funciona, conforme confirmado pela medição. Assim temos o seguinte:

$$B \propto \frac{I}{r}$$

Isso é tudo que precisamos.

A constante de proporcionalidade, por motivos históricos, é escrita como $\mu_o/(2\pi)$, o que significa que, finalmente, temos o resultado a seguir para o campo magnético, a partir de um único fio:

$$B = \frac{\mu_o I}{2\pi r}$$

Observe que a constante $\mu_o = 4\pi \times 10^{-7}$ T·m/A.

A regra da mão direita: encontrando a direção do campo a partir de um fio

O campo magnético ***B***, é um vetor. Se tivermos um campo magnético, a partir da corrente em um único fio, que direção toma o campo ***B***? Há outra regra da mão direita que aplicamos para essa situação. Se você colocar o polegar da mão direita na direção da corrente, os dedos dessa mão vão se dobrar na direção do campo magnético: Em qualquer ponto, a direção para a qual seus dedos apontam é a direção do campo magnético, conforme mostra a Figura 4-10.

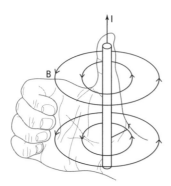

Figura 4-10: A regra da mão direita mostra a direção da corrente em um fio e o campo magnético resultante.

Capítulo 4: A Atração do Magnetismo **81**

Tente isto: Imagine que você tem dois fios paralelos. Observe que a força entre dois fios será na direção um do outro caso a corrente nos dois esteja na mesma direção; e afastando um do outro caso a corrente em cada fio esteja em direções opostas.

Calculando o campo magnético a partir de fios em linha reta

Vamos acrescentar alguns números? Vamos supor que temos uma corrente de 10 ampéries e queremos medir o campo magnético a 2,0 centímetros, a partir do centro do fio. Qual será a intensidade do campo B? Aqui está a fórmula:

$$B = \frac{\mu_o I}{2\pi r}$$

Acrescentando os números, temos:

$$B = \frac{\mu_o I}{2\pi r} = \frac{\left(4\pi \times 10^{-7}\,\text{T·m/A}\right)\left(10\,\text{A}\right)}{2\pi\left(0,020\,\text{m}\right)} \approx 1,0 \times 10^{-4}\,\text{T} = 1,0\,\text{G}$$

Portanto, temos 1,0 gauss, um pouco mais do que o campo magnético da Terra, que é de aproximadamente 0,6 gauss.

Esse foi um exemplo rápido — vamos fazer outro, um pouco mais difícil? Imaginemos que você tenha dois fios paralelos, com corrente I em cada um deles, seguindo na mesma direção. Os fios estão separados por uma distância r. Qual é a força no Fio 1, a partir do campo magnético vindo do Fio 2?

Sabemos que a força no Fio 1, que está transportando a corrente I, no campo magnético B, é a seguinte (para consultar de onde vem esta fórmula, verifique a seção anterior "Da velocidade para a corrente: Obtendo a corrente na fórmula da força magnética"):

$$F = ILB$$

Tudo bem, mas o que é B? É o campo magnético do Fio 2, medido na posição do Fio 1. Como os fios estão separados por uma distância r e o Fio 2 está transportando a corrente I, seu campo magnético no local do Fio 1 será o seguinte:

$$B = \frac{\mu_o I}{2\pi r}$$

Substituindo essa expressão para B na equação $F = ILB$, temos o resultado seguinte:

$$F = \frac{\mu_o I^2 L}{2\pi r}$$

E a força por unidade de comprimento? É F/L, portanto:

$$\frac{F}{L} = \frac{\mu_0 I^2}{2\pi r}$$

Agora vamos tentar com alguns números. Pense que temos dois fios paralelos, com a corrente I fluindo na mesma direção — a corrente I é de 10 ampères e a distância, r, entre os fios é de 2,0 centímetros. Assim, temos:

$$\frac{F}{L} = \frac{\mu_0 I^2}{2\pi r} = \frac{(4\pi \times 10^{-7}\,\text{T·m/A})(10\,\text{A}^2)}{2\pi (0,020\,\text{m})} \approx 1,0 \times 10^{-3}\,\text{N/m}$$

A força no Fio 1, a partir do Fio 2, é de $1,0 \times 10^{-3}$ newtons por metro. Observe que a força no Fio 2, a partir do Fio 1, é da mesma magnitude.

O centro das atenções: Encontrando campos magnéticos a partir de loops de corrente

Imagine que você tem um circuito de corrente, como o que você vê na Figura 4-11. O campo magnético a partir de um único laço (loop) de fio (mesmo que ele tenha várias voltas) não é constante ao longo dos diversos pontos no espaço.

Essa variação no campo magnético é um problema sério porque a equação real para o campo magnético, a partir de um circuito da corrente, é muito complicada. Assim, os físicos fazem o que gostam de fazer — eles simplificam. Nesse caso, a simplificação assume a forma de medir o campo magnético exatamente no centro do circuito. (Na próxima seção você vai perceber que colocando vários loops juntos para formar um tubo de corrente também suaviza o campo magnético.)

Aqui, comece por observar que o campo magnético no centro de um loop de corrente é igual ao seguinte:

$$B = N \frac{\mu_0 I}{2R}$$

onde N é o número de voltas no loop, I é a corrente no loop, e R é o raio do loop.

Qual é a direção do campo B no centro do loop do fio? Você adivinhou, — existe uma regra da mão direita para isso. Para aplicar essa regra, dobre os dedos de sua mão direita em torno do loop na direção da corrente. Seu polegar direito aponta na direção que o campo B aponta no centro do loop.

Capítulo 4: A Atração do Magnetismo

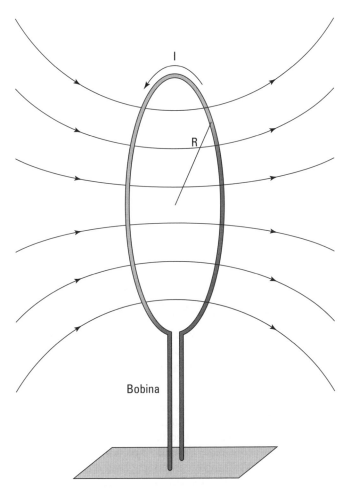

Figura 4-11: O campo magnético a partir de um loop da corrente.

Vamos inserir alguns números. Digamos que você tem um loop de 200 voltas de fio e um raio de 10 centímetros. Que corrente você precisa para obter o equivalente ao campo magnético da Terra, 0,6 gauss, no centro?

Coloque os números, certificando-se, primeiramente, de converter de gausses para teslas (1,0 G = 1,0 × 10⁻⁴ T) e de centímetros para metros. Teremos o seguinte:

$$B = N\frac{\mu_o I}{2R}$$

$$6,0 \times 10^{-5}\,\text{T} = \frac{(200)(4\pi \times 10^{-7}\,\text{T·m/A})I}{2(0,10\,\text{m})}$$

Calculando I, para encontrar a resposta:

$$I = \frac{2(0,10 \text{ m})(6,0 \times 10^{-5} \text{ T})}{(200)(4\pi \times 10^{-7} \text{ T} \cdot \text{m/A})} \approx 4,8 \times 10^{-2} \text{ A}$$

Você precisaria de $4,8 \times 10^{-2}$ ampères neste loop da corrente para imitar o campo magnético da Terra.

Munido de todo esse conhecimento, você poderá entender como um eletroímã funciona. Um eletroímã é simplesmente feito de um loop de fio com várias voltas, geralmente enrolado ao redor de um pedaço de ferro para concentrar o campo. Quando a corrente flui, esse dispositivo produz um campo magnético. Portanto, você não precisa escavar a Terra para encontrar rochas magnéticas — você pode fazer um ímã que funcione apenas com o apertar de um botão.

Somando loops: Construindo campos uniformes com solenoides

Um dos maiores problemas com loops de corrente é que o campo magnético não é constante ao longo dos diversos pontos no espaço, e é por essa razão que os físicos falam em termos de campo magnético no centro de um loop.

Para contornar o problema, podemos juntar diversos loops de corrente, separados por uma pequena distância um do outro, para criar um *solenoide*. Isso nos dá um campo magnético uniforme — assim como capacitores de placas paralelas (consulte o Capítulo 3 para informações sobre capacitores de placas paralelas). Como o campo magnético torna-se constante em um solenoide? Quando colocamos diversos loops próximos uns dos outros, como na Figura 4-12(a), os efeitos de suas bordas se anulam, e obtemos um campo magnético uniforme, como mostra a Figura 4-12(b).

Qual é a magnitude do campo magnético de um solenoide? Se o comprimento de um solenoide for grande comparado a seu raio, teremos esta equação para o campo magnético:

$$B = \mu_o nI$$

onde n é o número de loops do fio no solenoide por metro — isto é, o número de voltas por metro — e I é a corrente em cada volta.

E a direção do campo magnético? Isso é fácil: Podemos usar a regra da mão direita para loops da corrente (consulte a seção anterior) para descobrir a direção do campo magnético em um solenoide. Dê uma olhada na Figura 4-12 para confirmar se você está certo.

Capítulo 4: A Atração do Magnetismo

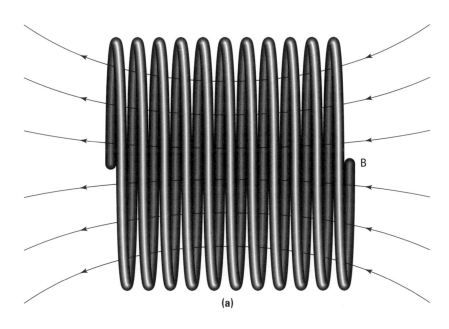

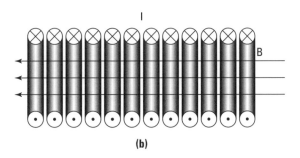

Figura 4-12: Um solenoide produz um campo magnético uniforme.

Vejamos um exemplo: Suponhamos que você esteja fazendo algumas experiências e precisa de um campo magnético de 1,395 teslas. Qual a quantidade de corrente que você precisará, usando um solenoide de 3.000 loops de 1 centímetro, para obter este campo?

Comece resolvendo para a corrente, I:

$$I = \frac{B}{\mu_o R}$$

Agora, insira os números. Observe que como você tem 3.000 loops de 1 centímetro, você usa 300.000 — ou $3,0 \times 10^5$ loops por metro — como seu valor para n:

$$I = \frac{B}{\mu_o n} = \frac{1,395 \text{ T}}{\left(4\pi \times 10^{-7} \text{T·m/A}\right)\left(3,00 \times 10^5\right)} \approx 3,70 \text{ A}$$

Em outras palavras, você precisa de aproximadamente 3,70 ampères, que não é algo muito significativo.

86 Parte II: Fazendo Trabalho de Campo: Eletricidade e Magnetismo

Capítulo 5

Corrente e Tensão Alternadas

● ●

Neste Capítulo

▶ Corrente e tensão alternadas

▶ Corrente alternada em um resistor, capacitor ou indutor

▶ Impedância e Ressonância

▶ Diodos e semicondutores

● ●

Em Física I, você trabalha com circuitos de corrente contínua ou direta (CC), onde a corrente é conduzida por uma bateria. Aqui, você vai estudar a corrente alternada (CA) em circuitos. As coisas ficam mais ativas, porque você estará lidando com *tensões alternadas*, o que significa que a tensão em qualquer fio muda de positiva para negativa e vice-versa, regularmente.

Você pode se perguntar por que a corrente alternada é algo tão difícil. Muitos tipos de circuitos, incluindo aqueles que você ajusta para receber sinais, seriam impossíveis sem a corrente alternada. Mas esta corrente, na verdade, teve início quando as pessoas começaram a enviar eletricidade através de linhas de energia. A corrente contínua, que não se alterna, podia percorrer apenas uma pequena distância antes que a resistência dos fios a superasse. A corrente alternada, entretanto, pode ir muito mais longe, sem nenhum problema (na verdade, isso ajuda a regenerá-la através de campos elétricos e magnéticos alternados). É por essa razão que as linhas de força sempre transportam corrente alternada.

Você vai estudar três tipos de elementos do circuito neste capítulo: resistores, capacitores e indutores. Cada um deles reage de forma diferente à corrente alternada. Vai ser um passeio e tanto, e eu serei o guia durante todo o trajeto; portanto, agora é só relaxar e aproveitar.

Circuitos e Resistores CA: Resistindo ao Fluxo

Os resistores são os componentes mais fáceis de se controlar quando lidamos com circuitos CA. Talvez porque os resistores não se importam nem um pouco se a corrente através deles é alternada ou não — eles reagem da mesma maneira às tensões diretas e alternadas.

Um *resistor* é um elemento do circuito que, literalmente, resiste à corrente até certo ponto. Ele funciona da seguinte forma: Conforme expliquei no Capítulo 3, quando há uma diferença de potencial em um metal, por exemplo, o campo elétrico induz uma corrente, fazendo os elétrons carregados negativamente fluírem. À medida que os elétrons fluem, abrem caminho, e, ao passarem pelos átomos, colidem com eles, encontrando uma resistência ao seu progresso. A seguir alguns pontos importantes:

- Quanto maior a diferença de potencial que colocamos no metal, mais forte é o campo elétrico e maior a corrente.
- Quanto maior a resistência do resistor, menor a corrente que teremos para uma determinada diferença de potencial ao longo dela.

Em um resistor *ideal*, a corrente é proporcional à diferença de potencial. O tamanho da diferença de potencial necessário para fazer 1 unidade de corrente fluir é chamado de *resistência*.

Nesta seção, você vai estudar como corrente, tensão e resistência se relacionam através da lei de Ohm para circuitos CA. Também explicarei como a tensão e a corrente mostram graficamente quando existe um resistor em um circuito CA.

Verificando a lei de Ohm para tensão alternada

A corrente através de um resistor está relacionada à tensão ao longo dele pela lei de Ohm:

$$I = \frac{V}{R}$$

I é a corrente, *V* a tensão, e *R* é a resistência medida em ohms (Ω). Portanto, se soubermos a tensão ao longo de um resistor, podemos encontrar a corrente que passa através dele. Simples. Agora, leve esse cenário da corrente direta para a corrente alternada. Para fazer isso, passamos de baterias — isto é, fontes de tensão constante — para fontes de tensão alternada.

A tensão a partir de uma fonte de tensão alternada não é constante — ela geralmente varia como uma onda senoidal. Você pode observar o aspecto da tensão a partir de uma fonte de tensão alternada na Figura 5-1. A *tensão de pico* — isto é, a tensão máxima — é igual a V_0.

Esta é a fórmula para a tensão a partir de uma fonte de tensão alternada em função do tempo:

$$V = V_0 \operatorname{sen}(2\pi f t)$$

Aqui, V_0 é a tensão máxima e *f* é a frequência da fonte de tensão alternada. A *frequência* é medida em hertz, cujo símbolo é Hz. A frequência é o número de ciclos completos (de pico a pico ao longo da onda senoidal, por exemplo) que ocorre por segundo.

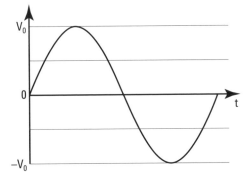

Figura 5-1: Tensão alternada.

Como essa tensão alternada afeta a lei de Ohm? Não muito — a lei de Ohm apenas fica assim:

$$I = \frac{V_0}{R}\text{sen}(2\pi ft)$$

Podemos reescrever a lei de Ohm em termos de corrente máxima, I_0 dessa maneira (porque $V_0 = I_0 / R$). A lei de Ohm para um circuito CA:

$$I = \frac{V_0}{R}\text{sen}(2\pi ft) = I_0 \text{sen}(2\pi ft)$$

Calculando a média: Usando o valor eficaz da corrente e da tensão

Quando examinamos circuitos CA, geralmente não trabalhamos em termos de tensões e correntes máximas, V_0 e I_0; em vez disso, falamos em termos do *valor eficaz* de tensões e correntes, V_{rms} e I_{rms}. Qual é a diferença?

O *valor eficaz* é uma maneira de tratar circuitos com tensões alternadas da mesma forma que trataria circuitos com tensões diretas, não alternadas. Por exemplo, a energia dissipada na forma de calor em um circuito com tensão não alternada é:

$$P = IV$$

E a energia dissipada em um circuito com tensão alternada:

$$P = I_0 V_0 \text{sen}^2(2\pi ft)$$

Não exatamente a mesma coisa, não é? Dessa forma, os físicos falam em termos de *energia média* dissipada por um circuito com uma fonte de corrente alternada — isto é, a média no decorrer do tempo. É uma forma de lidar com circuitos de tensão alternada da mesma forma que circuitos conduzidos por bateria. A média de tempo de $\text{sen}^2(2\pi ft)$ é ½, o que é apropriado; assim, a energia média dissipada por um circuito de tensão alternada é:

$$P_{med} = \frac{I_o V_o}{2}$$

Também podemos escrever da seguinte forma:

$$P_{med} = \frac{I_o}{\sqrt{2}} \frac{V_o}{\sqrt{2}}$$

E é dessa equação que se originam I_{rms} e V_{rms}, porque também podemos escrevê-la assim:

$$P_{med} = I_{rms} V_{rms}$$

onde $I_{rms} = \frac{I_o}{\sqrt{2}}$ e $V_{rms} = \frac{V_o}{\sqrt{2}}$.

I_{rms} e V_{rms} são a corrente máxima e a tensão máxima, respectivamente, divididas pela raiz quadrada de 2.

Permanecendo em fase: Conectando resistores a fontes de tensão alternada

Vamos dizer que você conecte uma fonte de tensão alternada a um resistor, como mostra a Figura 5-2. O círculo ao redor do símbolo ~ representa uma fonte de tensão alternada, e o ziguezague representa o resistor.

Figura 5-2: Símbolos para uma fonte de tensão alternada conectada a um resistor com resistência R.

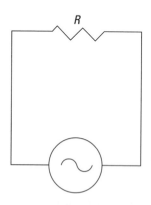

A tensão em um resistor é a tensão fornecida pela fonte de tensão alternada, de forma que a corrente através de um resistor, em um tempo t, é dada pela lei de Ohm:

$$I = \frac{V_o}{R}\operatorname{sen}(2\pi ft) = I_o \operatorname{sen}(2\pi ft)$$

Observe que se elevarmos ao quadrado ambos os lados deste relacionamento corrente/tensão e tomarmos a média (lembre-se de que a média do $\operatorname{sen}^2(2\pi ft)$ é ½), então temos a relação entre a média quadrada da tensão e da corrente. Se fizermos raiz quadrada, teremos a seguinte relação entre a raiz quadrada média da tensão e da corrente através de um resistor:

$$V_{rms} = I_{rms} R$$

Essa é a raiz quadrada média equivalente da lei de Ohm em um circuito CA.

Você pode consultar um gráfico da corrente e da tensão através de um resistor na Figura 5-3. Observe que a corrente e a tensão através de um resistor se elevam e diminuem ao mesmo tempo. Isso significa que a corrente e a tensão em um resistor estão *em fase*. (Entretanto, a corrente e as tensões através de capacitores e indutores não se espelham — isto é, elas não estão em fase, como você vai verificar mais adiante neste capítulo.)

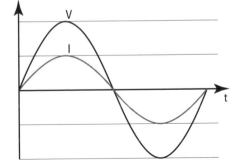

Figura 5-3: Tensão e corrente alternada em um resistor.

Circuitos e Capacitores CA: Armazenando Carga em Campos Elétricos

Um *capacitor* é um dispositivo que armazena carga quando aplicamos uma tensão sobre ele. Você já pode ter visto capacitores no Capítulo 3, na forma de duas placas paralelas. Quanto mais carga nós colocamos sobre as placas, maior será a diferença potencial entre elas.

Geralmente, para qualquer tipo de capacitor, a quantidade de carga armazenada para cada unidade de diferença potencial é chamada de *capacitância* (medida em *farads*, unidade assim chamada em homenagem a Michael Faraday). A tensão através de um capacitor (*V*) que tenha capacitância *C* está relacionada à quantidade de carga armazenada nela (*Q*), conforme a equação a seguir:

$$V = \frac{Q}{C}$$

Como um capacitor reage à tensão alternada? É o que você vai ver nesta seção.

Apresentando a reatância capacitiva

Vamos supor que você conecte um capacitor a uma fonte de tensão alternada, como mostra a Figura 5-4 (o símbolo para um capacitor são duas barras verticais, que representam as placas de um capacitor de placas paralelas).

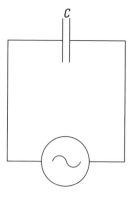

Figura 5-4: Uma fonte de corrente de tensão alternada conectada a um capacitor com capacitância *C*.

A tensão relaciona-se com a corrente quando temos um capacitor e uma fonte de tensão alternada da seguinte forma:

$$V_{rms} = I_{rms} X_c$$

onde V_{rms} e I_{rms} são a *raiz quadrada média* da tensão e corrente (a tensão e corrente máximas divididas pela raiz quadrada de 2 — consulte a seção anterior "Calculando a média: Usando a raiz quadrada média da corrente e da tensão" para maiores detalhes). Aqui, X_c é chamado de *reatância capacitiva* e é equivalente à resistência, *R*, na relação entre a raiz quadrada média da tensão e corrente para o resistor (consulte a seção anterior "Permanecendo em fase: Conectando resistores a fontes de tensão alternadas"). X_c é medido em ohms (Ω), assim como R, e é igual ao seguinte:

$$X_c = \frac{1}{2\pi fC}$$

onde f é a frequência da fonte de tensão alternada, e C é a capacitância do capacitor, medida me farads (F).

Podemos pensar na *reatância capacitiva* como a resistência efetiva que o capacitor coloca no caminho da fonte da tensão alternada, como R para resistores.

Observe que a reatância capacitiva depende da frequência, o que não acontece com a resistência. Quando a frequência (*f*) está baixa, a reatância capacitiva (*Xc*) é grande, e quando a frequência é alta, a reatância capacitiva é pequena. (A equação mostra esse relacionamento colocando *f* no denominador da fração).

Por que a reatância capacitiva é alta quando a frequência é baixa e baixa quando a frequência é alta? Intuitivamente, podemos pensar nisso da seguinte forma: quando a frequência é alta, o capacitor não tem muito tempo entre as inversões da tensão para acumular nova carga, assim, ele não muda muito a tensão através dele. Quando a frequência é baixa, o capacitor tem mais tempo para acumular carga durante cada ciclo e pode, dessa forma, alterar mais sua tensão.

Vamos colocar alguns números? Por exemplo, você tem um capacitor de 1,50 μF (onde μF é um microfarad, ou 10^{-6} F) e você o conecta a uma fonte de tensão cuja V_{rms} = 25,0 volts. Qual será a I_{rms} se a frequência da fonte de tensão for 100 hertz?

Primeiramente, calcule a reatância capacitiva:

$$X_c = \frac{1}{2\pi fC} = \frac{1}{2\pi(100 \text{ Hz})(1{,}50 \times 10^{-6} \text{ F})} \approx 1{,}060 \ \Omega$$

Assim, a reatância capacitiva é 1,060 ohms. Agora, vamos colocar isso em funcionamento, calculando I_{rms}. Sabemos que $V_{rms} = I_{rms} X_c$, assim,

$$I_{rms} = \frac{V_{rms}}{X_c}$$

Coloque os números e resolva:

$$I_{rms} = \frac{25{,}0 \text{ V}}{1{,}060 \ \Omega} \approx 2{,}36 \times 10^{-2} \text{ A}$$

E agora temos a corrente — $2{,}36 \times 10^{-2}$ ampères. Se a frequência fosse maior, a reatância capacitiva seria mais baixa; assim, a corrente seria mais alta (porque a reatância capacitiva é a resistência efetiva).

Saindo de fase: A corrente leva a tensão

Quando você tem um capacitor em um circuito CA, as ondas senoidais da corrente e da tensão estão *fora de fase* — isto é, elas estão deslocadas no tempo, uma em relação à outra. Podemos ver a tensão aplicada como uma função do tempo na Figura 5-5 — assim como a corrente real que flui no circuito.

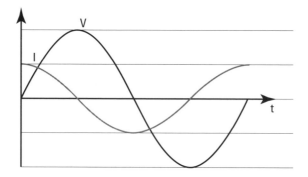

Figura 5-5: Corrente e tensão alternada em um capacitor.

Observe que com um capacitor, a corrente *vai à frente da* tensão — isto é, a corrente alcança seu pico antes da tensão. De fato, a corrente tem uma vantagem em relação à tensão de exatamente 90°, ou π/2 radianos — ou seja, um quarto do círculo. Assim, quando você estiver colocando em um gráfico a corrente e a tensão a partir de um capacitor em um circuito de tensão alternada, lembre-se de que a corrente vai à frente.

Por que a corrente alcança seu pico antes da tensão? A resposta é simples se pensarmos na maneira como um capacitor funciona. A corrente acumula carga no capacitor, logo, enquanto a corrente for positiva, a tensão do capacitor aumenta. Quando a corrente estiver diminuindo em magnitude, ela ainda será positiva durante certo tempo; portanto, a carga ainda está sendo adicionada ao capacitor e a tensão continua a aumentar. Somente quando a corrente mudar de direção e ficar negativa é que a carga começa a sair do capacitor, provocando a diminuição da tensão. Dessa forma, a tensão alcança seu pico depois da corrente.

De fato, se a tensão aplicada for $V = V_o \,\text{sen}(2\pi ft)$, então a corrente, que está à frente da tensão à π/2 radianos, é a seguinte — observe que seu argumento (entre parênteses) alcança um valor específico antes da tensão porque estamos adicionando π/2 a 2πft:

$$I = I_o \,\text{sen}\left(2\pi ft + \frac{\pi}{2}\right)$$

Usando um pouco de trigonometria, ela fica assim:

$$I = I_o \cos(2\pi ft)$$

Assim você pode ver que se a tensão vai como o seno, a corrente vai como o cosseno. Elas estão fora de fase.

Preservando a energia

Aqui está uma coisa surpreendente: A energia média dissipada pelo capacitor é *zero*. Por quê? Bem, a energia usada por um componente elétrico é $P = IV$. E para um resistor, onde a corrente e a tensão estão em fase, temos o seguinte:

$$P = I_o V_o \operatorname{sen}^2(2\pi ft)$$

Entretanto, para um capacitor, por a corrente e a tensão estarem a 90° fora de fase, a equação da energia é a seguinte:

$$P = I_o V_o \operatorname{sen}(2\pi ft) \cos(2\pi ft)$$

O tempo médio do sen($2\pi ft$) cos($2\pi ft$) é zero (porque esse produto gasta a mesma quantidade de tempo positivo e negativo), de forma que a energia média usada por um capacitor é zero:

$$P_{med} = 0$$

Isso significa que não há perda de energia para o ambiente, como calor (como acontece com um resistor), e, de fato, o capacitor gasta a mesma quantidade de tempo recarregando o circuito, quanto retirando energia dele. O capacitor recarrega a energia do circuito (quando este está descarregado) e sua energia cai; e ele ganha energia quando está sendo carregado e sua tensão aumentando).

Circuitos e Indutores CA: Armazenando Energia em Campos Magnéticos

Assim como os capacitores armazenam energia em um campo elétrico (isto é, as cargas estão separadas por alguma distância, dando origem a um campo elétrico), os indutores armazenam energia — mas agora, ela é armazenada em um campo magnético. Por exemplo, um solenoide (consulte o Capítulo 4) é um indutor, porque quando conduzimos através dele surge um campo magnético — e isso consome energia. De fato, o símbolo elétrico para um indutor é exatamente este: um *solenoide* ou loops de corrente, como você pode observar no circuito na Figura 5-6.

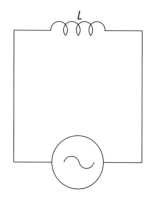

Figura 5-6: Acrescentando um indutor com indutância *L* a um circuito.

Os indutores fazem o mesmo tipo de coisa que os capacitores: Eles alteram a corrente relativa à tensão, a partir de uma fonte de tensão alternada. Entretanto, em vez de estar à frente em relação a $\pi/2$, a corrente está atrasada em relação a $\pi/2$.

Para um capacitor (consultar a seção anterior), a tensão é uma função da capacitância e a carga armazenada em uma placa (a carga armazenada em uma placa é igual em magnitude, mas de sinal oposto à carga armazenada na outra placa):

$$V = \frac{Q}{C}$$

Um relacionamento semelhante existe para indutores, conforme você vê nesta seção. Aqui, eu vou mostrar como os indutores produzem uma tensão baseada no conceito da lei de Faraday. Para isso, vou apresentar o conceito de fluxo magnético, que acontece quando um campo magnético passa através de um loop de fio. Eu também explico como a reatância indutiva, assim como a reatância capacitiva, se opõe a uma corrente alternada — só que desta vez, a tensão está à frente da corrente.

Lei de Faraday: Entendendo como os indutores funcionam

Michael Faraday (de quem *farads*, as unidades de capacitância, receberam seu nome) apresentou a *lei de Faraday*, que diz o seguinte:

> Quando um indutor sofre uma mudança no fluxo magnético, ele produz uma tensão que tende a resistir à mudança.

O que significa isso? Esta seção explica a física por trás dos indutores, começando com a ideia de fluxo magnético.

Apresentando o fluxo: Campo magnético vezes a área

Quando um campo magnético passa através de um loop de fio, diz-se que há um *fluxo magnético* sobre a área do loop. Você pode ver como isso funciona na Figura 5-7. Nesse caso, um campo magnético uniforme (*B*) está passando através de um loop de fio com área *A*, que está orientada a um ângulo θ em relação ao campo magnético.

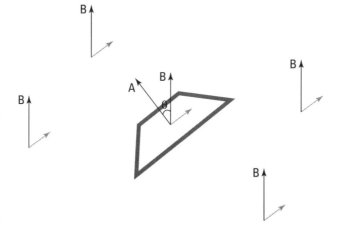

Figura 5-7:
Fluxo magnético através de um loop de fio

Aqui é onde a coisa fica estranha: Na Física, as áreas são frequentemente representadas por vetores, e eles apontam diretamente para fora da superfície plana, cuja área eles representam. Em outras palavras, o vetor *B* na Figura 5-7 deveria ser familiar — ele é apenas o campo magnético. Mas, o vetor área, *A*, é novo — ele é o vetor que é perpendicular ao loop do fio, e sua magnitude tem o mesmo valor numérico da área do loop.

O *fluxo magnético* é a força do campo magnético multiplicada pelo componente do vetor-área, paralelo ao campo *B*. Em outras palavras, o fluxo magnético é a força do campo magnético multiplicada por uma área. Quando o campo magnético for paralelo ao vetor-área, o fluxo magnético, cujo símbolo é Φ, é *BA*. Por outro lado, quando *B* for perpendicular a *A*, não há linhas de campo passando pelo loop do fio, e o fluxo é zero. Colocando tudo isso junto, o fluxo magnético será, em termos de *B*, *A* e θ, o ângulo entre eles:

$$\Phi = BA \cos \theta$$

Induzindo uma tensão para manter o status quo

A lei de Faraday diz que, se um fluxo magnético muda, ele induz uma tensão ao redor do loop; e que a tensão cria uma corrente de maneira a se opor à mudança pela criação de seu próprio campo magnético.

Por exemplo, vamos dizer que o campo magnético está diminuindo em força. O loop do fio quer manter as coisas da maneira como estão, então ele resiste à mudança. O loop do fio cria uma tensão em si que faz a corrente fluir — e essa corrente cria um campo magnético.

O campo magnético é criado de forma a preservar o status quo; assim, a corrente flui de forma a acrescentar campo magnético ao campo magnético aplicado — isto é, o campo magnético aplicado está diminuindo, então a corrente ao redor do loop flui para criar mais campo magnético para substituir o que está sendo diminuído. (O indutor não consegue manter a corrente fluindo para sempre — ela morre rapidamente, mas enquanto dura, ela cria um campo magnético para suplementar o que está diminuindo.)

Você pode observar o resultado na Figura 5-8, que mostra a maneira como a corrente fluiria se o campo magnético *B* estivesse diminuindo. (**Dica**: Aqui está a chance para mostrar sua habilidade com a regra da mão direita, do Capítulo 4. Verifique que a direção da corrente induzida, na Figura 5-8, fluiria conforme mostrado para adicionar mais campo magnético ao campo magnético aplicado, que está diminuindo).

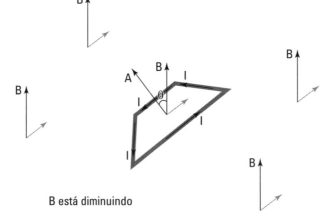

Figura 5-8: Uma corrente induzida em um loop de fio.

B está diminuindo

Calculando a tensão induzida usando a mudança no fluxo magnético

Como é a tensão induzida em torno de um loop de fio relacionado à mudança no fluxo magnético? A tensão é a seguinte:

$$V = -N\frac{\Delta\Phi}{\Delta t}$$

Isto é, a tensão induzida é igual ao número de voltas no loop do fio (N), multiplicado pela mudança no fluxo ($\Delta\Phi$), dividido pelo tempo no qual a mudança no fluxo ocorre (Δt). O sinal negativo aqui é para lembrá-lo de que a tensão induzida age de forma a se opor à mudança no fluxo.

Capítulo 5: Corrente e Tensão Alternadas

Vamos inserir alguns números aqui. Vamos dizer que temos um solenoide que consiste de 40 voltas de fio, cada uma com uma área de $1,5 \times 10^{-3}$ metros quadrados. Um campo magnético de 0,050 tesla está perpendicular a cada loop de fio (que é, $\theta = 0°$). Um décimo de segundo depois, $t = 0,10$s, o campo magnético aumentou para 0,060 tesla. Qual é a tensão induzida no solenoide?

Comece pelo cálculo da mudança no fluxo por um período de um décimo de segundo. O fluxo para cada volta de fio é:

$$\Phi = BA \cos \theta$$

Portanto, o fluxo original através de cada volta de fio é esse, tendo em conta que $\theta = 0°$ e o campo B original é B_o:

$$\Phi_o = B_o A$$

Inserindo os números, teremos o seguinte:

$$\Phi_o = (0,050 \text{ T})(1,5 \times 10^{-3} \text{ m}^2) = 7,5 \times 10^{-5} \text{ Wb}$$

Wb significa *weber*, a unidade MKS do fluxo magnético; é igual a 1 T-m².

E o fluxo magnético final é igual a isso, onde B_f é o campo magnético final:

$$\Phi_f = B_f A$$

Inserindo os números, temos o seguinte:

$$\Phi_o = (0,060 \text{ T})(1,5 \times 10^{-3} \text{ m}^2) = 9,0 \times 10^{-5} \text{ Wb}$$

Assim, a mudança no fluxo é

$$\begin{aligned} \Delta \Phi &= \Phi_f - \Phi_o \\ &= 9,0 \times 10^{-5} \text{ Wb} - 7,5 \times 10^{-5} \text{ Wb} \\ &= 1,5 \times 10^{-5} \text{ Wb} \end{aligned}$$

Essa mudança ocorre em 0,10 segundos, e acontece em todas as 40 voltas do solenoide; assim, a equação $V = -N \frac{\Delta \Phi}{\Delta t}$ torna-se:

$$V = -40 \frac{1,5 \times 10^{-5} \text{ Wb}}{0,10 \text{ s}} = -6,0 \times 10^{-3} \text{ V}.$$

Aí está — a tensão que o solenoide cria para se opor à mudança no fluxo magnético é de 6,0 mV (milivolts). É aí está o ponto de partida da tensão induzida — ela decai exponencialmente com o tempo.

Calculando a tensão induzida usando a mudança na corrente:

A tensão induzida por indutor é a seguinte:

$$V = -N\frac{\Delta \Phi}{\Delta t}$$

Entretanto, se tivermos um *indutor elétrico* — isto é, um componente em um circuito —, geralmente nós não falamos em termos de mudança no fluxo dentro desse componente. Em vez disso, falamos sobre alteração na corrente através do indutor, porque isso faz mais sentido no contexto de circuitos do que falar de fluxo magnético.

Como podemos relacionar a corrente ao solenoide e fluxo magnético? Inserindo $\Phi = BA \cos \theta$, teremos o seguinte:

$$V = -N\frac{\Delta(BA \cos\theta)}{\Delta t}$$

E para um solenoide, $B = \mu_o nI$; onde n é o número de loops do fio no solenoide por metro — isto é, o número de voltas por metro — μ_o é $4\pi \times 10^{-7}$ T·m/A, e I é a corrente em cada volta (consulte o Capítulo 4 para maiores detalhes). Além disso, como você tem apenas um solenoide, com n voltas por metro, então $N = 1$. Então podemos escrever a tensão como:

$$V = -\frac{\Delta(\mu_o nIA \cos\theta)}{\Delta t}$$

Se a corrente for a única coisa que se altera em um indutor que faça parte de um circuito elétrico, temos o seguinte:

$$V = -\frac{\mu_o nA \cos\theta \, \Delta I}{\Delta t}$$

Colocamos μo*nA* cos θ em um número — a *indutância* do indutor, cujo símbolo é *L*, e cujas unidades são *henries* (que meu amigo Henry pensa que é uma boa ideia). Assim, temos esta equação para ligar a tensão induzida à alteração na corrente com o decorrer do tempo:

$$V = -L\frac{\Delta I}{\Delta t}$$

Esse é o resultado que você esperava — a indutância conecta a alteração na corrente com o passar do tempo à sua tensão induzida. E assim todos os indutores que você vê em circuitos são rotulados com sua indutância em henries (H).

Apresentando a reatância indutiva

Para um resistor, a tensão e a corrente relacionam-se da seguinte forma: $V_{rms} = I_{rms} R$. E, para um capacitor, temos $V_{rms} = I_{rms} X_c$, onde X_c é a reatância capacitiva:

$$X_c = \frac{1}{2\pi f C}$$

Não deve surpreender que, para um indutor, temos outra fórmula que relaciona *o valor médio quadrático* da tensão e da corrente — a tensão e corrente máximas divididas pela raiz quadrada de 2 (para saber mais detalhes, consulte a seção anterior "Calculando a média: Usando a média da raiz quadrada da corrente e da tensão"):

$$V_{rms} = I_{rms} X_L$$

Onde X_L é a *reatância indutiva* — isto é, a resistência efetiva do indutor: $X_L = 2\pi f L$.

Observe que a reatância capacitiva fica maior quando a frequência da tensão aplicada fica baixa, mas a reatância indutiva fica maior quando a frequência fica maior — o contrário dos capacitores. Por que isso acontece? Porque os indutores agem de maneira a se opor a qualquer mudança nos campos magnéticos dentro deles. E, quanto mais rapidamente a tensão aplicada mudar, maior a mudança no fluxo dividido pelo tempo — o que significa que a tensão induzida pode ficar muito grande quando chegamos a uma frequência muito alta.

Observe um exemplo que usa a reatância indutiva. Vamos dizer que temos um indutor com uma indutância de $L = 3{,}60$ mH (milihenries), e aplicamos uma tensão com o valor da média quadrática de 25,0 volts nesse indutor, a 100 hertz. Qual é a corrente induzida no indutor? Iniciando com $V_{rms} = I_{rms} X_L$, vemos que:

$$I_{rms} = \frac{V_{rms}}{X_L}$$

Sabemos que V_{rms}, assim, para calcular X_L:

$$X_L = 2\pi f L$$

Inserindo os números, temos o seguinte:

$$X_L = 2\pi (100 \text{ Hz})(3{,}60 \times 10^{-3} \text{ H}) \approx 2{,}26 \ \Omega$$

E inserindo esse número na equação para I_{rms} temos a resposta:

$$I_{rms} = \frac{25{,}0 \text{ V}}{2.26 \ \Omega} \approx 11{,}1 \text{ A}$$

E, assim, temos uma corrente induzida bem robusta de 11 ampères.

Ficando para trás: A corrente se atrasa em relação à tensão

Como se comporta a corrente em um indutor, quando aplicamos uma tensão alternada? Você pode observar o resultado na Figura 5-9, que mostra um gráfico da corrente e da tensão em um indutor em função do tempo. Observe que aqui, a corrente "fica atrasada" em relação à tensão — o comportamento oposto ao de um capacitor, onde corrente se adianta em relação à tensão. Quando a corrente se atrasa em relação à tensão, esta atinge seu pico antes da corrente.

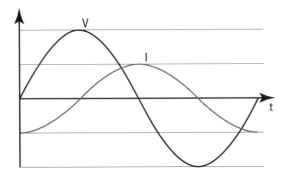

Figura 5-9: A corrente se atrasa em relação à tensão em um indutor.

Por que a corrente fica atrás da tensão em um indutor? É por causa da seguinte relação:

$$V = -L\frac{\Delta I}{\Delta t}$$

Observe que essa equação significa que a tensão é maior quando a corrente está se alterando mais rapidamente, porque a tensão é diretamente proporcional à taxa de mudança na corrente. Assim, quando a corrente é mais íngreme — quando está se alterando de negativa para positiva — é quando está se alterando mais rapidamente, e a tensão atinge seu ponto mais alto. Inversamente, quando a corrente é plana, ela não está se alterando muito e a tensão vai para zero.

Como era de se esperar, a corrente fica atrás da tensão por exatamente 90° — isto é, $\pi/2$ em radianos. Portanto, se a tensão é $V = V_o \operatorname{sen}(2\pi ft)$, então a corrente, que está atrás da tensão por 90°, tem a seguinte forma:

$$I = I_o \operatorname{sen}\left(2\pi ft - \frac{\pi}{2}\right)$$

Usando um pouco de trigonometria, isso se torna o seguinte:

$$I = -I_o \cos(2\pi ft)$$

Isso significa que para um indutor, a energia tem a seguinte fórmula, porque a corrente e a tensão estão 90° fora de fase:

$$P = -I_o V_o \operatorname{sen}(2\pi ft) \cos(2\pi ft)$$

Observe que, assim como para um capacitor, o tempo médio de $\operatorname{sen}(2\pi ft) \cos(2\pi ft)$ é zero; portanto, a energia média usada por um indutor é zero:

$$P_{med} = 0$$

A Corrida Corrente-Tensão: Colocando Tudo Junto em Circuitos RLC em Série

Vamos supor que você coloque um resistor, um capacitor e um indutor juntos, no mesmo circuito. O circuito na Figura 5-10 é chamado *circuito RLC em série* — série porque todos os componentes estão conectados em série, um após o outro (a mesma corrente tem de fluir através de todos eles); e *RLC* porque é um circuito resistor-indutor-capacitor (algumas vezes chamado *circuito RCL*). Observe que o comportamento deste circuito não depende da ordem dos elementos do circuito, assim, RLC ou CLR daria no mesmo.

Por que a ordem de um resistor, indutor e capacitor não importa em um circuito? Considere a diferença de potencial em cada elemento: no resistor, a diferença potencial depende apenas da corrente; em um indutor, ela depende apenas da taxa de mudança da corrente; e no capacitor, ela depende apenas da soma da corrente no decorrer do tempo (isto é, a carga). Portanto, a diferença de potencial em cada elemento depende apenas da corrente, e a mesma corrente flui através de cada elemento em série, não importando a ordem em que estejam.

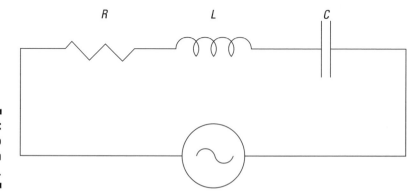

Figura 5-10: Circuito RLC em série.

Todos os componentes estão lutando uns contra os outros sobre se a diferença de potencial conduz ou se atrasa — o capacitor quer que a corrente conduza a tensão, o indutor quer que corrente retarde a tensão, e o resistor quer que a tensão e a corrente estejam em fase. Quem vai vencer? Esta seção vai lhe dizer onde colocar suas apostas.

Impedância: Os efeitos combinados de resistores, indutores e capacitores

Anteriormente neste capítulo, você viu o relacionamento do valor médio quadrático entre corrente e tensão para o resistor, o indutor e o capacitor. Quando temos um circuito que combina vários elementos, como resistores, capacitores e indutores, dessa forma, há uma relação similar para o circuito como um todo. O valor médio quadrático da tensão através de um circuito, por unidade do valor médio quadrático da corrente, é chamado *impedância*.

Diagramas de fasor: Destacando a corrente e tensão alternadas

Para lidar com o problema de tensões alternadas em um circuito RLC, temos uma nova ferramenta: o *diagrama de fasor*. Neste diagrama, representamos as diversas quantidades alternadas como uma seta que gira no decorrer do tempo — veja como isso funciona na Figura 5-11:

- A seta (*fasor*) à esquerda representa a tensão alternada V, com amplitude V_o. O comprimento da seta é V_o.
- O ângulo da seta, a partir da horizontal, θ, é chamado de *fase*.

Se você permitir que esta seta, inicialmente horizontal, gire em uma frequência constante f, então a fase será θ = 2πft. Como você pode observar na Figura 5-11, se projetarmos horizontalmente a partir do fasor no tempo t, teremos o valor V_o sen θ, que é exatamente uma tensão alternada. Podemos representar a corrente da mesma forma, com sua própria seta. Se a corrente conduz a tensão em 90°, por exemplo, então seu fasor (seta) é girado em mais 90° no sentido horário.

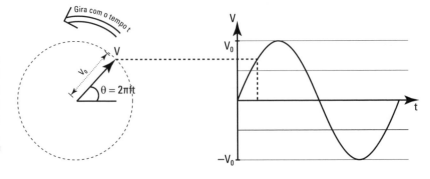

Figura 5-11: Um diagrama de fasor da tensão alternada.

Adicionando fasores e encontrando a impedância

Na Figura 5-12(a), podemos ver três fasores que representam a tensão através de um resistor (V_R), um indutor (V_L) e um capacitor (V_C), em um circuito. Nesta figura, eles são mostrados no tempo *t*, quando a fase da tensão através do resistor é θ = 2π*ft*. Observe que a tensão através de um indutor conduz a tensão através de um resistor em 90°, e o capacitor tem um atraso de 90°.

Figura 5-12:
(a) Ângulos relativos de tensões no resistor, indutor e capacitor.
(b) A tensão total através do resistor, indutor e capacitor.

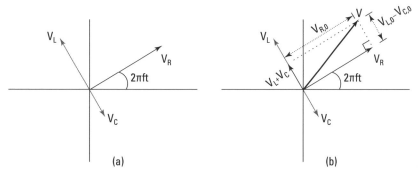

A *diferença potencial total* através de todos os elementos do circuito, *V*, é a soma da diferença potencial através de cada elemento. Dessa forma, para encontrar *V*, acrescente os fasores usando a adição de vetores (consulte o Capítulo 2 para informações sobre a adição de vetores). Agora, como *V*L e *V*C estão sempre 180° fora de fase, eles simplesmente apontam em direções opostas, de forma que sua soma é um novo vetor cujo comprimento é a diferença na amplitude dessas duas tensões.

A direção deste novo fasor ($V_L + V_C$) ainda está 90° a partir de V_R, porque acrescentamos dois fasores que estão ambos 90° do fasor de V_R. Para obter a soma total, adicione V_R a esse novo fasor. Você pode ver a soma das tensões na Figura 5-12(b). Como os fasores estão em ângulos retos, podemos usar o teorema de Pitágoras para encontrar o comprimento resultante. O comprimento quadrado da soma das diferenças dos potenciais é:

$$V_0^2 = (V_{R,0})^2 + (V_{L,0} - V_{C,0})^2$$

Onde V_0, $V_{R,0}$ e $V_{C,0}$ são as amplitudes das tensões.

Agora, se usarmos a relação entre a amplitude V_0 e a média quadrática da tensão V_{rms}, podemos usar isso para escrever o valor da média quadrática total da tensão como:

$$V_{rms}^2 = V_{R,rms}^2 + (V_{L,rms} - V_{C,rms})^2$$

onde $V_{R,rms}$, $V_{L,rms}$, e $V_{C,rms}$ são os valores quadráticos médios das tensões através do resistor, do indutor e do capacitor respectivamente.

Para simplificar essa equação, vamos admitir que as equações a seguir são verdadeiras (observe que como a corrente flui através de todos os componentes em série, apenas uma corrente, I_{rms}, aparece no circuito):

- $V_{R,rms} = I_{rms} R$
- $V_{C,rms} = I_{rms} X_C$
- $V_{L,rms} = I_{rms} X_L$

Portanto, podemos colocar as equações juntas e calcular V_{rms}:

$$V_{rms}^2 = I_{rms}^2 [R^2 + (X_L - X_C)^2]$$
$$V_{rms} = I_{rms} [R^2 + (X_L - X_C)^2]^{1/2}$$

Agora estamos chegando a algum lugar — temos V_{rms} em termos de I_{rms}. Esta equação tem a forma:

$$V_{rms} = I_{rms} Z$$

Onde $Z = [R^2 + (X_L - X_C)^2]^{1/2}$. Legal. Agora ligamos V_{rms} a I_{rms} com essa nova quantidade, Z. Z é chamado de *impedância* de todo o circuito RLC em série, e funciona como a resistência efetiva de todo o circuito RLC.

Determinando a quantidade de adiantamento ou atraso

Para um circuito RLC em série, $V_{rms} = I_{rms} Z$ (consulte a seção anterior para descobrir de onde surgiu esta equação). Ela conecta V_{rms} e I_{rms} em termos de suas magnitudes. Mas, quem adianta mais — tensão ou corrente? E por quanto?

Observe o gráfico que mostra as tensões como vetores. Na Figura 5-13, eu acrescentei I (que está em fase com a tensão através do resistor, assim ela se sobrepõe a V_R) como um vetor mais escuro, desenhado sobre V_R.

A questão de saber se a tensão ou a corrente está na frente fica assim: "Qual é o ângulo θ (conforme mostra a figura) entre V e I?" Aqui está o porquê:

- Se esse ângulo for positivo, o resultado líquido dos três componentes é que a tensão está adiantada em relação à corrente.
- Se esse ângulo for negativo, a tensão está atrasada.

Capítulo 5: Corrente e Tensão Alternadas

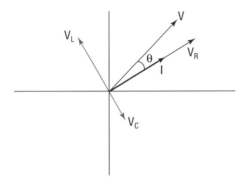

Figura 5-13:
O ângulo entre *I* e *V*.

De acordo com a figura, a tangente deste ângulo é

$$\tan\theta = \frac{V_{L,0} - V_{C,0}}{V_{R,0}}$$

$$= \frac{V_{L,rms} - V_{C,rms}}{V_{R,rms}}$$

$$= \frac{I_{rms}X_L - I_{rms}X_C}{I_{rms}R}$$

Observe que na segunda linha, eu usei o fato de que o valor da média quadrática de tensão é a amplitude dividida pela raiz quadrada de 2; em seguida, eu cancelei a raiz quadrada de 2 da parte superior e inferior da fração. Cancelando I_{rms} na última linha, temos

$$\tan\theta = \frac{X_L - X_C}{R}$$

Vamos tomar o inverso da tangente, $\tan^{-1}$, para encontrar θ.

$$\tan\theta = \frac{X_L - X_C}{R}$$

Esse é o ângulo pelo qual a tensão lidera ou fica atrás da corrente através dos três elementos. Se $\theta = 0°$, a tensão está em fase com a corrente — os efeitos do indutor anulam os do capacitor. Se for positivo, o indutor está ganhando; se for negativo, o capacitor está na frente.

Calculando o valor da média quadrada da corrente

Vamos colocar alguns números? Vamos dizer que temos um circuito que consiste de um resistor de 148 ohms, um capacitor de 1,50 microfarads e um indutor de 35,7 milihenries. O circuito é conduzido por uma fonte de tensão alternada com uma média quadrática de tensão de 35 volts a 512 hertz. Qual é a média quadrática da corrente através do circuito, e por quanto a corrente lidera ou se atrasa em relação à tensão?

108 Parte II: Fazendo Trabalho de Campo: Eletricidade e Magnetismo

Comece calculando a reatância do capacitor e do indutor:

- ✔ **Capacitor**: $X_C = \dfrac{1}{2\pi f C} = \dfrac{1}{2\pi\left(512 \text{ Hz}\right)\left(1,50\times10^{-6} \text{ F}\right)} \approx 207 \text{ }\Omega$

- ✔ **Indutor**: $X_L = 2\pi f L = 2\pi(512 \text{ Hz})(35,7 \times 10^{-3} \text{ H}) \approx 115 \text{ }\Omega$

A impedância é

$$Z = [R^2 + (X_L - X_C)^2]^{1/2}$$

Inserindo os números para resistência, reatância indutiva e reatância capacitiva:

$$Z = [148 \text{ }\Omega^2 + (115 \text{ }\Omega - 207 \text{ }\Omega)^2]^{1/2} \approx 174 \text{ }\Omega$$

E como $I_{rms} = \dfrac{V_{rms}}{Z}$, teremos a seguinte resposta para a corrente:

$$I_{rms} = \frac{35,0 \text{ V}}{174 \text{ }\Omega} = 0,201 \text{ A}$$

Quantificando a liderança ou o atraso

Agora, a média quadrática da corrente lidera ou está atrás da tensão? Neste exemplo, a reatância capacitiva (207 ohms) é maior que a reatância indutiva (115 ohms), assim, pode-se dizer que o capacitor vence aqui e a tensão está atrás da corrente. Mas por quanto?

Tome a seguinte equação:

$$\tan\theta = \frac{X_L - X_C}{R}$$

Agora coloque os números. Como a resistência é de 148 ohms, temos:

$$\tan\theta = \frac{115 \text{ }\Omega - 207 \text{ }\Omega}{148 \text{ }\Omega} \approx -0,62$$

Tome o inverso da tangente para encontrar o ângulo:

$$\theta = \tan^{-1}(-0,62) \approx -32°$$

E você tem — a tensão realmente fica atrás da corrente, exatamente como em um capacitor.

Experiências de Pico: Calculando a Corrente Máxima em um Circuito RLC em Série

Anteriormente neste capítulo, o resistor, o capacitor e o indutor tinham valores fixos, assim como a tensão aplicada. Mas, todas essas coisas podem variar: podemos usar componentes elétricos que permitem variar sua resistência, sua capacitância, indutância e tensão — mesmo a frequência dessa tensão. Se vamos variar qualquer coisa em um circuito RLC, a variação da frequência é a escolha mais comum. Esta seção vai mostrar como calcular a frequência na qual você obtém a corrente máxima.

Anulando a reatância

Quando deixamos várias quantidades variarem em um circuito RLC, a quantidade de corrente através do circuito muda. Como $V_{rms} = I_{rms} Z$, onde $Z = [R^2 + (X_L - X_c)^2]^{1/2}$, teremos o seguinte:

$$I_{rms} = \frac{V_{rms}}{Z}$$

Observe que a corrente através do circuito (I_{rms}) vai atingir um máximo quando Z, a impedância, atinge um mínimo — isto é, quando Z está no seu menor valor. Como $Z = [R^2 + (X_L - X_c)^2]^{1/2}$, a impedância vai atingir seu mínimo valor quando a reatância indutiva se iguala à reatância capacitiva.

$$X_L = X_c$$

Nesse ponto, $Z = R$.

Observe que, neste caso, quando o circuito está em ressonância e os efeitos do indutor e do capacitor se anulam, a corrente e a tensão estão em fase.

Calculando a frequência de ressonância

A frequência na qual a corrente atinge seu valor máximo é chamada de *frequência de ressonância*. Na frequência de ressonância, os efeitos do capacitor e do indutor se anulam, deixando o resistor como o único elemento efetivo no circuito.

Ressonância: Recebendo grandes vibrações

A *ressonância* não é apenas uma característica de circuitos elétricos; é uma característica geral de sistemas oscilantes — pêndulos, e mesmo pontes e arranha-céus, podem experimentá-la. O sistema oscilante atua com uma amplitude especial quando conduzido a uma determinada frequência, como quando aplicamos uma tensão CA, de frequência *f*, para um circuito, ou quando um terremoto sacode um arranha-céu.

Se você quiser fazer as coisas oscilarem ao máximo, não é preciso aplicar a frequência mais alta possível. O sistema tende a oscilar a uma determinada frequência natural, e se impulsioná-lo nessa frequência, você terá a maior resposta — isto é, a *frequência de ressonância*. Existe uma frequência especial no circuito que oferece a maior corrente de amplitude se for aplicada uma tensão a ela. (A propósito, quando alguém for projetar um arranha-céu, certifique-se de que a frequência de ressonância dele seja diferente da frequência na qual os terremotos sacodem.)

Qual é a frequência de ressonância para um determinado circuito RLC? Você sabe que

$$X_C = \frac{1}{2\pi f C} \quad \text{e} \quad X_C = 2\pi f L$$

Na frequência de ressonância f_{res}, as reatâncias indutiva e capacitiva são iguais, de forma que a equação a seguir é verdadeira:

$$2\pi f_{res} L = \frac{1}{2\pi f_{res} C}$$

Reorganizando essa equação e calculando a frequência, teremos:

$$f_{res}^2 = \frac{1}{(2\pi)^2 LC}$$

$$f_{res} = \frac{1}{2\pi (LC)^{1/2}}$$

E aí está — essa é a frequência na qual a corrente atinge seu valor máximo para quaisquer valores L e C.

Semicondutores e Diodos: Limitando a Direção da Corrente

Um dos maiores saltos da idade tecnológica aconteceu quando as pessoas começaram a combinar o resistor e o capacitor com alguns novos elementos do circuito, a partir de materiais que eram semicondutores. A combinação foi poderosa. Esses circuitos, que combinavam dispositivos resistores, capacitores e semicondutores, eventualmente, se tornaram miniaturizados nos *circuitos integrados*, ou "microchips", que formam a base para vários

Capítulo 5: Corrente e Tensão Alternadas **111**

dispositivos que mudaram a vida das pessoas — mais notavelmente o computador. (Assim, a próxima vez que alguém reclamar que está passando muito tempo no computador, diga a ele que você está trabalhando com física.)

Nesta seção, primeiramente, vou apresentar os semicondutores para que você entenda suas propriedades especiais. Em seguida, vou dar um exemplo de um elemento de circuito feito a partir deles: o *diodo*. Esse dispositivo simples permite que a corrente passe através dele em apenas uma direção — ele é efetivamente uma válvula unidirecional para a corrente elétrica.

Adicionando uma "droga": a fabricação de semicondutores

O silício (Si) normal tem uma estrutura cristalina, com quatro elétrons por átomo e participam da ligação das mesmas. Esses elétrons estão nas órbitas mais externas do átomo de silício, e, como são importantes na criação da estrutura cristalina, eles não estão disponíveis para conduzir a eletricidade — dessa forma, o silício normal é um isolante.

Mas, se você for esperto, pode introduzir pequenas quantidades de impurezas (como por exemplo, uma parte em um milhão) que fornecem ao silício propriedades condutoras. A seguir estão dois tipos de semicondutores que você pode criar:

✔ **Semicondutores Tipo N:** A adição de alguns átomos de fósforo (P) permite ao silício conduzir eletricidade. O fósforo tem cinco elétrons em sua órbita mais externa, de forma que quando "*dopamos*" o silício com o fósforo, os átomos de fósforo se juntam à estrutura cristalina do silício que liga cada átomo a seus vizinhos usando quatro elétrons. Isso significa que um elétron do fósforo é deixado de lado — e esse elétron está livre para perambular.

O silício "dopado" resultante é chamado *semicondutor tipo n* porque as cargas que transportam a corrente nele — os elétrons que vieram do fósforo — são negativas.

✔ **Semicondutores Tipo P:** Por outro lado, podemos dopar o silício com outros elementos, como o boro (B), que tem apenas três elétrons externos por átomo. Quando o boro se liga à estrutura cristalina do silício, fica faltando um elétron, de forma que criamos uma "lacuna" no número de elétrons.

Essa lacuna pode se mover de um átomo para outro — e cada uma produz uma carga positiva, porque ela é formada a partir de um déficit de elétrons. Como as lacunas (isto é, os lugares localizados onde falta um elétron) podem se movimentar através do semicondutor, os transportadores de carga nesse tipo de silício "dopado" são positivos. Quando temos um material com lacunas móveis, ele é chamado de semicondutor *tipo p*, porque os transportadores de carga são positivos.

E esse é todo o encanto dos semicondutores — além de transportadores (elétrons) de carga negativa, também podem transportar cargas positivas (as lacunas).

Corrente unidirecional: a criação de diodos

Podemos criar *diodos* — válvulas de corrente unidirecional — colocando um semicondutor tipo *p* próximo a um semicondutor tipo *n* (consulte a seção anterior para informações sobre tipos de semicondutores). No caso da parte superior da Figura 5-14, a tensão é aplicada com a tensão positiva conectada a um semicondutor tipo *p*, e a tensão negativa é conectada ao semicondutor tipo *n*.

Nesse caso, a carga flui livremente através da junção entre os semicondutores tipo *p* e tipo *n;* porque as lacunas positivas à esquerda são repelidas pelo terminal positivo e vão para a direita, e os elétrons à direita são repelidos pelo terminal negativo e vão para a esquerda. As lacunas e os elétrons se encontram na junção e os elétrons preenchem as lacunas — assim, a corrente pode fluir. O terminal negativo fornece mais elétrons para esse processo, mas eles são removidos pelo terminal positivo, criando mais lacunas.

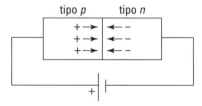

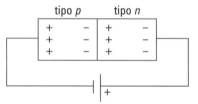

Figura 5-14: Diodos semicondutores em funcionamento.

Por outro lado, se invertermos os terminais da bateria, nenhuma corrente fluirá através do diodo, como mostra a parte inferior da Figura 5-14. Isso acontece porque, neste caso, a bateria afasta os transportadores de carga móveis da junção. Como você pode observar na figura, as lacunas positivas vão para a esquerda no semicondutor tipo *p* — para longe da junção — e os elétrons no semicondutor tipo *n* vão para a direita, também para longe da junção.

O que sobra na junção são cargas negativas imóveis no material tipo *p* e as cargas positivas imóveis no material tipo *n*. Essas cargas não se movimentam, de forma que elas criam um campo elétrico que neutraliza o campo elétrico criado pela bateria — com o resultado líquido que a corrente fica interrompida.

Parte III
Pegando Ondas: Sonoras e Luminosas

A 5ª Onda — Por Rich Tennant

"Isso é o que chamamos de efeito Doppler."

Nesta parte...

Nesta parte, você vai estudar as ondas, especialmente as sonoras e luminosas. Você terá muitas informações sobre ondas sonoras e passará alguns capítulos estudando ondas luminosas, incluindo o que acontece quando elas atingem espelhos, lentes e diamantes, e passam por fendas. O comportamento das ondas luminosas é um dos tópicos favoritos dos físicos e nesta parte você vai saber por quê.

Capítulo 6
Explorando Ondas

Neste Capítulo

▶ Examinando o papel das ondas na movimentação da energia

▶ Estudando as propriedades e partes das ondas

▶ Fazendo uma representação gráfica das ondas e descrevendo ondas de forma matemática.

▶ Entendendo o comportamento das ondas

As ondas estão em toda a parte — ondas de água, ondas sonoras, ondas luminosas, até mesmo ondas em cordas de pular. (As ondas no cabelo daquela atriz famosa também podem ser levadas em consideração? Não neste capítulo.) As ondas são um tópico tão grande em Física II que eu vou lidar com elas nos próximos cinco capítulos. De fato, até a matéria viaja em ondas e está sujeita aos mesmos tipos de efeitos como as ondas luminosas, incluindo a reflexão (consulte o Capítulo 12 para detalhes sobre esse comportamento surpreendente).

Neste capítulo, você vai investigar exatamente o que são ondas e como elas funcionam — e como descrevê-las matematicamente (os físicos adoram descrever coisas matematicamente). Você vai trabalhar com fórmulas e poder fazer alguns gráficos também. Eu completo o assunto descrevendo um comportamento típico das ondas. Mais adiante, nos Capítulos de 7 a 11, você vai trabalhar com tipos específicos de ondas: Sonoras e luminosas.

A Energia se Movimenta: Fazendo Onda

O entendimento das ondas começa com a habilidade de reconhecer suas características. Aqui estão algumas características-chave das ondas que você pode descobrir apenas prestando atenção às ondas de água:

▶ **Uma onda é uma perturbação que viaja.** As ondas não ocorrem quando uma superfície, como a água, está calma. Vamos supor que você e alguns amigos estejam em um veleiro em um lago quando uma lancha passa, fazendo seu barco balançar. Primeiramente, você percebe que a superfície do lago agora está repleta de ondas e ondulações. A água foi perturbada pela lancha, e essa perturbação foi enviada para todo o lago. Quando um lago está calmo, não há ondas; quando um lago é perturbado, há ondas. Assim, algo deve perturbar a água para criar ondas na água. A coisa que é perturbada por uma onda é chamada de o *meio*.

✔ **Uma onda transfere energia.** Todas as ondas transferem energia. De fato, as ondas são um dos meios principais para se obter energia do Ponto A para o Ponto B. Continuando com o exemplo anterior, você percebe que seu barco está indo para cima e para baixo, na esteira da lancha. O levantamento do barco consome energia — elevar o barco acrescenta energia potencial a ele. As ondulações da água nas ondas têm energia potencial e cinética.

✔ **Uma onda não provoca transporte em massa do meio subjacente (se houver).** À medida que a onda se movimenta, o meio balança, ou *oscila*, em relação à sua posição em repouso, mas não muda no geral — é isso que eu quero dizer com "não há transporte em massa". Cada parte do meio oscila sobre seu estado de repouso sem alterar no geral.

Por exemplo, vamos supor que você está observando uma folha na superfície do lago, indo para cima e para baixo com cada onda que passa. Embora possa parecer que as ondas estejam se afastando do seu barco, a folha não está se movendo para qualquer lugar, exceto para cima e para baixo. Isso acontece porque a água não está se movimentando pelo lago — e sim, a onda. A onda parece se movimentar para o próximo "pedaço" de água, depois para o próximo, e assim por diante, sem fazer qualquer parte da água se movimentar pelo lago. Isto é, não há movimento em *massa* da água. Nenhuma massa de água está se movendo pelo lago; cada onda apenas movimenta sucessivas regiões de água para cima e para baixo enquanto ela passa.

As *ondas* — essas perturbações viajantes que transportam energia — podem ser de dois tipos: Transversais e longitudinais. O tipo depende da direção na qual a perturbação de energia está viajando. Este seção estuda os dois tipos.

Para cima e para baixo: Ondas transversais

Uma *onda transversal* se movimenta para cima e para baixo, criando picos de movimento. O movimento deste tipo de perturbação de onda é perpendicular à direção na qual a onda está se movimentando. Se você já passou pela experiência de ter o cabo do aspirador de pó preso enquanto aspirava e puxou o cabo para soltá-lo, você observou uma onda transversal em ação. Quando puxou o cabo para cima e para baixo para liberá-lo, as ondas viajaram para cima e para baixo no cabo, algo parecido com a Figura 6-1.

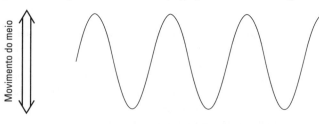

Figura 6-1: Uma onda transversal.

Para trás e para frente: Ondas longitudinais

Nas *ondas longitudinais*, o movimento da perturbação da onda é paralelo à direção na qual a onda está viajando. À medida que as diferentes partes do meio balançam para frente e para trás, na direção da movimentação da onda, elas se esmagam e se alongam ciclicamente, juntamente com a onda. Os físicos chamam um esmagamento do meio de *compressão* e o alongamento de *descompressão*.

Esse tipo de onda pode viajar apenas em um meio que pode ser alongado e esmagado — isto é, um meio *elástico*. Por exemplo, uma mola pode suportar compressão e descompressão ao longo de seu comprimento, mas uma corda não. A Figura 6-2 representa uma onda longitudinal em ciclos repetitivos de compressão e descompressão, ou *pulsos*.

A maioria dos objetos é elástica até certo ponto, de forma que você envia *pulsos* através deles. Os pulsos no ar são conhecidos como *sons*, que transportam energia de perturbações distantes para seus ouvidos. Eu analiso os sons no Capítulo 7.

Figura 6-2: Uma onda longitudinal.

Propriedades das Ondas: Entendendo o que Faz as Ondas Vibrarem

Todas as ondas, não importa em que direção elas estejam se movimentando, têm partes e propriedades específicas, como períodos e frequência. Nesta seção, você vai descobrir os detalhes das propriedades e partes básicas de uma onda. Você também vai estudar todas as partes de uma onda relacionadas matematicamente, assim como a representação gráfica de uma onda.

Examinando as partes de uma onda

Para entender as ondas, você precisa conhecer muito bem a terminologia. (De que outra maneira você pode discutir ondas com seus colegas físicos em treinamento?) Observe a Figura 6-3, que mostra algumas partes importantes de uma onda. As subseções seguintes tratam destas partes com mais detalhes.

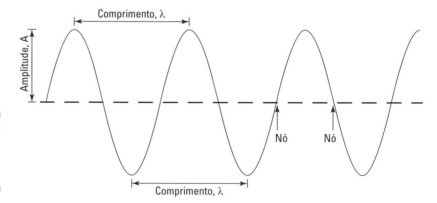

Figura 6-3:
As partes de uma onda

Comprimento da onda

A distância entre um ponto de uma onda e o próximo ponto equivalente — como entre picos vizinhos ou entre depressões consecutivas (os pontos mais baixos de uma onda) — é conhecida como o *comprimento de onda* de uma onda. Para uma onda longitudinal, o comprimento de onda é a distância de uma compressão até a próxima.

Os *nós* são locais específicos onde a onda cruza o eixo; existem sempre dois nós por comprimento de onda. As partes do meio que se encontram nos nós das ondas estão em suas posições, de repouso.

O símbolo para o comprimento de onda é λ. Geralmente medimos a distância de um comprimento de onda em metros — a menos que estejamos lidando com ondas luminosas, que são normalmente medidas em uma unidade muito menor chamada *nanômetros* (nm), que são bilionésimos de um metro.

Amplitude

Uma onda é uma perturbação que viaja, e a *amplitude* da onda nos diz qual é o tamanho dessa perturbação. A amplitude representa coisas diferentes, dependendo se estamos trabalhando com ondas transversais ou longitudinais. A amplitude de uma onda transversal é uma medida da distância desde o eixo até o pico, ou desde o eixo até uma depressão (que devem ter a mesma distância). Em outras palavras, a amplitude é uma medida da altura da onda (observe a Figura 6-3). Geralmente, a amplitude de uma onda é a metade da distância do pico até a depressão.

Para ondas longitudinais, como as ondas sonoras, a amplitude corresponde à pressão em cada pulso. Eu explico a amplitude das ondas sonoras no Capítulo 7.

O símbolo para a amplitude é *A*, mas as unidades de medida para a amplitude variam, dependendo do tipo de onda que estamos lidando. Por exemplo, a amplitude para uma onda de água na superfície de um lago é medida em unidades de distância (como metros ou pés) porque estamos tentando saber qual a altura da onda. A amplitude de uma onda luminosa, por outro lado, que se alterna entre campos magnéticos e elétricos, pode ser medida em teslas e volts por metro (embora a amplitude seja quantidades realmente minúsculas de ambos).

Períodos e ciclos

As ondas são *periódicas*, alternando e repetindo em uma determinada quantidade de tempo, como você pode observar na Figura 6-3. Se formos de uma parte de uma onda para a mesma parte novamente — como de pico para pico em uma onda transversal ou de compressão para compressão em uma onda longitudinal — passamos por um *ciclo*. Em outras palavras, se você vir cinco picos ou compressões passarem, saberá que cinco ciclos de ondas foram concluídos.

O tempo que leva para concluir um ciclo é chamado de *período* da onda. Portanto, se você vir um pico de uma onda transversal, espere um momento, e veja outro pico, agora você sabe que um período se passou. Medimos períodos (símbolo *T*) em segundos.

Frequência

A *frequência* mede o número de vezes em que alguma coisa acontece por segundo. A frequência da onda é medida em ciclos por segundo. E como os ciclos são apenas números, isso significa que a unidade por frequência é s^{-1}. É claro que s^{-1} tem outro nome, mais comum: *Hertz* (símbolo Hz).

O símbolo para a frequência é *f*. Para calcular a frequência, apenas tire o 1 do período (*T*), da seguinte forma:

$$f = \frac{1}{T}$$

Assim, por exemplo, uma onda que tenha um período de 1/100 segundos, tem uma frequência de 100 ciclos por segundo, ou 100 Hz.

Relacionando matematicamente as partes de uma onda

É muito bom saber as partes e propriedades das ondas, mas você também precisa saber trabalhar com elas. E é aí que entra a matemática. Aplicando um pouco de matemática àquilo que você sabe sobre ondas, você estará em uma posição para dizer mais sobre elas. Por exemplo, você pode dizer a alguém a velocidade em que uma determinada onda viaja, ou pode calcular o comprimento da onda. Esta seção vai lhe mostrar como.

Obtendo uma fórmula geral para a velocidade da onda

A *velocidade* é a distância percorrida, dividida pelo tempo que levou para percorrer esta distância, portanto, a velocidade de uma onda é simplesmente a distância que um pico percorre, dividido pelo tempo que isso levou para acontecer. Em outras palavras, você divide o comprimento da onda pelo período, da seguinte maneira:

$$v = \frac{\lambda}{T}$$

Como a frequência f, é $1/T$, podemos escrever a equação básica para calcular a velocidade da onda assim:

$$v = \lambda f$$

Uma curta mensagem de nossos patrocinadores: Calculando o comprimento de onda de um sinal de rádio

Vamos colocar alguns números na fórmula geral da velocidade da onda. Vamos dizer que você está ouvindo uma estação de rádio, 1230 AM. Qual é o comprimento de onda desse sinal de rádio?

A frequência da onda é 1230, mas 1230 o quê? As frequências AM são medidas em kHz (kilohertz), assim, essa frequência de $1,230 \times 10^3$ Hz, ou $1,23 \times 10^6$ Hz.

Como $v = \lambda f$, podemos reorganizar a fórmula para calcular o comprimento da onda:

$$\lambda = \frac{v}{f}$$

Tudo que você precisa agora é a velocidade do sinal de rádio. Os sinais de rádio viajam à velocidade da luz ($v \approx 3,00 \times 10^8$ metros por segundo), então, vamos acrescentar os números e resolver:

$$\lambda = \frac{3,00 \times 10^8 \text{m/s}}{1,23 \times 10^6 \text{Hz}} \approx 244 \text{ m}$$

Portanto, o comprimento da onda é de aproximadamente 244 metros, ou 800 pés. A próxima vez que você estiver ouvindo rádio em uma frequência de 1230 kHz, pode dizer que está ouvindo com um comprimento de onda de 800 pés. Ou se você realmente quiser fundir sua cuca, pense no sinal de rádio com um comprimento de onda de 800 pés que chega até você 1,23 milhões de vezes por segundo. Uau!

Uma situação tensa: Calculando a velocidade de uma onda transversal

Algumas vezes, podemos dizer mais do que simplesmente $v = \lambda/T$ — podemos calcular a velocidade da onda para uma determinada situação usando propriedades do próprio sistema. Por exemplo, caso você tenha um fio sob tensão, você pode calcular a velocidade das ondas na corda tendo apenas a força da tensão, a massa da corda e seu comprimento.

Na verdade, você não precisa saber a massa e o comprimento da corda — precisa apenas saber a massa por unidade de comprimento, µ, que é:

$$\mu = \frac{m}{L}$$

onde *m* é a massa em quilogramas e *L* é o comprimento em metros.

À tensão *F* (onde *F* significa força), a velocidade das ondas transversais no cordão fica assim:

$$v = \left(\frac{F}{\mu}\right)^{1/2}$$

Que faz sentido — quanto mais forte a tensão (maior será *F*), mais rapidamente as ondas viajam, e quanto mais pesado o cordão (maior será µ), mais vagarosamente as ondas viajam.

Vamos dizer que sua corda pese 20 gramas por metro, e está sob uma tensão de 200 newtons. Qual será a velocidade de viagem da onda transversal na corda se você arrancá-la? Sabemos que $v = (F/\mu)^{1/2}$, basta agora colocar os números (depois de converter para quilogramas) e resolver:

$$v = \left(\frac{200 \text{ N}}{0,020 \text{ kg/m}}\right)^{1/2}$$
$$= \left(1,0 \times 10^4 \text{ m}^2/\text{s}^2\right)^{1/2} = 100 \text{ m/s}$$

Portanto, a velocidade da onda transversal é de 100 metros por segundo.

Ficando atento ao seno: Gráficos de ondas

Representar graficamente uma onda nos dá uma ideia de como uma onda muda com o passar do tempo. Quando fazemos um gráfico de uma onda, seja ela transversal ou longitudinal, estamos realmente representando a magnitude da perturbação. Essa pode ser a magnitude do deslocamento da corda ou a magnitude da pressão da água pulsante. Como estamos representando graficamente a magnitude, podemos fazer os gráficos das ondas transversais e longitudinais como ondas senoidais.

Considere a correlação entre as ondas senoidais e ondas transversais: as ondas transversais (o tipo que criamos quando chicoteamos a corda para cima e para baixo) se parecem exatamente com ondas senoidais. E há uma boa razão para isso — elas são ondas senoidais.

As ondas longitudinais são pulsos na direção do movimento, o que significa que elas não se parecem com ondas senoidais. Mas, se representarmos graficamente a magnitude da perturbação ao longo de uma onda longitudinal — com pulsos e tudo — vamos descobrir que uma onda longitudinal, a partir de uma fonte contínua, é parecida com uma onda senoidal.

Imagine uma longa sucessão de ondas longitudinais viajando através da água. Cada pulso corresponde a um pico de uma onda senoidal, e o espaço entre pulsos corresponde a uma depressão. Portanto, nesse caso, quando representamos a pressão sobre onda devido a uma onda longitudinal que passa, temos realmente uma onda senoidal (e, é claro, a fonte da onda cria ondas longitudinais normais).

Nesta seção, eu vou explicar como representar graficamente uma onda senoidal que descreve de forma precisa uma onda física.

Criando uma onda senoidal básica

Portanto, do que precisamos exatamente para representar graficamente uma onda real? Primeiramente, temos de saber quais são seus eixos. Como estamos medindo a magnitude da perturbação criada pela onda, o eixo vertical é o deslocamento (y). E como queremos saber por quanto tempo essa perturbação ocorre, o eixo horizontal é o tempo (t).

Queremos completar um ciclo da onda senoidal que estamos desenhando em um ciclo da onda real. Um único ciclo de uma onda ocorre em um período, e um único ciclo de uma onda senoidal ocorre em 2π radianos. Isso significa que em um período, queremos que a onda senoidal passe por 2π radianos, conforme mostra a Figura 6-4. Podemos usar a seguinte expressão para a onda senoidal:

$$y = \text{sen}\left(\frac{2\pi t}{T}\right)$$

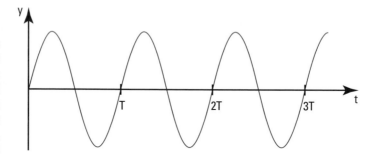

Figura 6-4: A onda senoidal básica com período T.

Observe que quando $t = 0$, $y = 0$. E, quando, $t = T$, temos $y = \text{sen}(2\pi)$, que é igual a 0.

Podemos obter a frequência na equação com uma pequena substituição, porque podemos relacionar um período de onda com a frequência da seguinte forma (conforme eu expliquei na seção anterior "Frequência"):

$$f = \frac{1}{T}$$

Substituindo *f* na expressão para a onda senoidal a fim de escrever a expressão como:

$$y = \text{sen}(2\pi ft)$$

Ajustando a equação para representar uma onda real

A equação da onda $y = \text{sen}(2\pi ft)$ é boa, mas, provavelmente, vamos precisar alongá-la ou mudar o gráfico, de modo que ela possa representar de forma precisa a onda real. Caso contrário, o gráfico não fornecerá qualquer informação sobre a força da onda ou em que posição ela estava no gráfico quando começamos a fazer as medições.

Queremos que a onda representada graficamente tenha sua própria amplitude, *A*, para mostrar o tamanho da perturbação — um pouco complicado para gerenciar porque as ondas senoidais oscilam entre -1 e 1. Multiplicamos a onda senoidal por *A*, para obtermos o seguinte:

$$y = A\,\text{sen}(2\pi ft)$$

Evidentemente, o deslocamento da onda não precisa estar em 0 quando *t* = 0. Na Figura 6-5, a onda começa em um valor diferente de zero quando *t* = 0, vamos precisar ajustar a expressão da onda para levar essa mudança em consideração. Boa notícia: Podemos ajustar o *argumento* senoidal (o valor de onde estamos tomando o seno) por um ângulo, chamado o *ângulo de fase*, para fazer a onda representada em um gráfico corresponder ao comportamento da onda real.

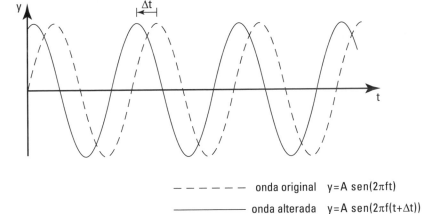

Figura 6-5: Uma onda compensada

– – – – – – onda original   y=A sen(2πft)
———— onda alterada   y=A sen(2πf(t+Δt))

Veja aqui como adicionar um ângulo de fase à expressão para uma onda (observe que θ pode ser negativo ou positivo):

$$y = A\,\text{sen}(2\pi ft + \theta)$$

Podemos também escrever essa equação em termos de uma mudança de tempo, Δt. Veja como:

$$y = A\ \text{sen}(2\pi ft(t + \Delta t))$$

Isso significa que a onda original é deslocada no tempo, de forma que um pico, originalmente acontecendo no tempo t, agora ocorre no tempo Δt mais cedo na onda deslocada.

Observe que se $\theta = \pi/2$, teremos uma onda de cosseno:

$$y = A\ \text{sen}\left(2\pi ft + \frac{\pi}{2}\right) = A\ \cos(2\pi ft)$$

Se deslocarmos a onda por um período completo, ela vai ficar exatamente como a original. Você pode verificar que isso é verdade porque já sabe isso a partir da trigonometria básica que $\text{sen}(x + 2\pi) = \text{sen}(x)$. Assim, se deslocarmos a onda em $\Delta t = T$, ela ficará assim:

$$y = A\ \text{sen}(2\pi f(t + \Delta t))$$
$$= A\ \text{sen}(2\pi ft + 2\pi fT)$$
$$= A\ \text{sen}(2\pi ft + 2\pi)$$
$$= A\ \text{sen}(2\pi ft)$$

e temos a onda original de volta.

Quando as Ondas Colidem: O Comportamento das Ondas

A maioria das ondas não consegue se movimentar para sempre sem atingir alguma coisa — algum objeto, ou talvez outra onda — e é isso que torna o comportamento interessante no mundo real. Por exemplo, quando ondas luminosas se movimentam através de lentes de vidro as ondas se curvam, e, a partir daí, foram criados os óculos, telescópios e binóculos. Abaixo estão alguns comportamentos importantes das ondas:

- **Refração:** Quando as ondas penetram em um material diferente, elas podem alterar seu comportamento — mudar o comprimento de onda, por exemplo, ou alterar sua direção. As ondas luminosas têm esse comportamento em lentes e prismas, as ondas de água fazem a mesma coisa nas ondas sólidas e rasas quando se movimentam do ar para o vidro. Esse processo é chamado de *refração* da onda, e eu trato da refração de ondas luminosas no Capítulo 9.

- **Reflexão:** Quando as ondas atingem algo, como quando as ondas luminosas atingem um espelho, elas fazem o ricochete, um processo conhecido como *reflexão*. As ondas sonoras podem refletir a partir da superfície de paredes; as ondas de rádio

Capítulo 6: Explorando Ondas 125

podem refletir a partir de camadas da atmosfera. Os sinais de TV podem refletir a partir de prédios e assim por diante. Você pode descobrir muito mais sobre a reflexão no Capítulo 10.

✔ **Interferência:** As ondas também podem bater umas nas outras, e quando isso acontece, elas interferem — e o processo resultante é chamado *interferência*. Por exemplo, você pode ter visto que as ondulações de duas pedras jogadas em um lago se sobrepõem — e o resultado é chamado de *padrão de interferência*. As amplitudes das ondas podem se somar ou se anular. Você vai poder descobrir muito mais sobre interferência em ondas luminosas no Capítulo 11.

126 Parte III: Pegando Ondas: Sonoras e Luminosas

Capítulo 7

Agora Ouça Isto: A Palavra no Som

Neste Capítulo

▶ Explorando a natureza do som

▶ Determinando a rapidez com que o som se move através de líquidos e sólidos

▶ Acrescentando intensidade de som e decibéis ao quadro

▶ Observando o comportamento das ondas sonoras

O som está ao nosso redor — o som da fala, o som de folhas farfalhando, o som do tráfego e até *O Som da Música*. O som viaja em ondas perfeitas, longitudinais (isto é, a perturbação da onda movimenta-se na mesma direção que a onda; consulte o Capítulo 6 para maiores detalhes). Dessa forma, as ondas sonoras são um tema perfeito para os físicos.

Você vai ter uma visão geral do som neste capítulo — como ele funciona, o que ele pode fazer e o que não pode — começando com um olhar para as ondas sonoras como vibrações. Em seguida, você vai explorar ideias como a velocidade do som, ruído, ecos e mais.

Vibrando Apenas Para Ser Ouvido: Ondas Sonoras como Vibrações

O som é uma vibração no meio através do qual o som está viajando — ar, água, metal ou mesmo pedra. Mas, não é apenas uma vibração qualquer, é uma vibração *causada por* uma vibração. Um objeto que vibra faz o ar ao redor dele vibrar também, e essas vibrações se propagam para longe do objeto vibratório através do ar.

Vamos dizer que estejamos lidando com o *diafragma* em um alto-falante (que é a parte que vibra) e ele está vibrando furiosamente, emitindo músicas em alto volume. Cada vez que o diafragma empurra o ar, ele comprime o ar ao ser redor. Isso cria uma *condensação* no ar. Esse tipo de condensação é uma região pequena, de alta pressão no ar — uma pulsação local. Logo que o diafragma do alto-falante cria a condensação, essa condensação começa a viajar pelo o ar.

Reciprocamente, quando o diafragma recua, esse movimento cria uma região pequena, de baixa pressão, conhecida como *rarefação*, no ar ao redor do diafragma. Assim como acontece com a condensação, logo que a rarefação é criada, ela começa a viajar para longe do alto-falante pelo ar. Essas condensações e rarefações alternadas viajam pelo ar como uma onda longitudinal — de forma muito parecida com os pulsos, que podemos enviar através de uma mola quando comprimimos e descomprimimos rapidamente uma de suas extremidades.

E assim temos: O som é realmente uma onda longitudinal que viaja através do ar em uma série de condensações e rarefações — isto é, *pulsos*. Na Figura 7-1, eu ampliei a coluna de ar que sai do alto-falante, de forma que as moléculas de ar pudessem ficar visíveis. Observe como as moléculas de ar estão juntas nas condensações e espalhadas nas rarefações.

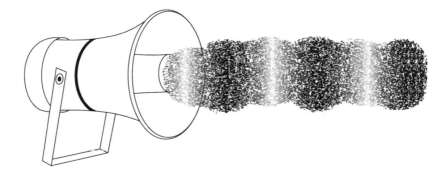

Figura 7-1: Pulsos em uma onda de som aleatória.

A música normal é composta de várias ondas sonoras diferentes, de forma que as pulsações que chegam do alto-falante têm amplitudes e frequências diferentes. Quando essas ondas penetram nos ouvidos, a oscilação do ar faz o tímpano vibrar e o cérebro interpreta esses sons como tendo altura e intensidade. Aqui está como a amplitude e frequência de uma onda sonora afetam aquilo que ouvimos:

- **Amplitude:** Se uma onda sonora que penetra em nossos ouvidos tiver uma amplitude grande, então ouviremos um som mais alto.
- **Frequência:** Se uma onda sonora que penetra em nossos ouvidos tiver uma alta frequência, vamos ouvir um som estridente. Mas isso pode variar de pessoa para pessoa porque a sensibilidade dos ouvidos das pessoas varia com relação à frequência diferente de sons.

O ouvido humano pode ouvir uma ampla variedade de frequências sonoras. Recém-nascidos, por exemplo, podem ouvir de 20 herts (Hz) até uma frequência surpreendente de 20.000 Hz. À medida que envelhecemos, não conseguimos ouvir a faixa superior tão bem. Um adulto, por exemplo, pode ouvir até 14.000 Hz. Sons com uma frequência mais alta que 20.000 Hz são chamados de *ultrassônicos*; os sons com uma frequência mais baixa que 20 Hz são chamados de *infrassônicos*.

Quando temos um som que sai de um alto-falante em um tom puro e firme, as condensações e rarefações têm a mesma força, e elas são todas uniformemente espaçadas, como mostra a Figura 7-2. A figura mostra as ondas de condensações e rarefações de moléculas (não o tamanho real). Você pode ver que as moléculas estão deslocadas para frente e para trás, elas passam por ciclos de alta e baixa pressão. Nos locais onde as moléculas estão espremidas em uma condensação, a pressão é alta, e quando elas estão esticadas em uma rarefação, a pressão é baixa — a flutuação das ondas está representada no gráfico a seguir:

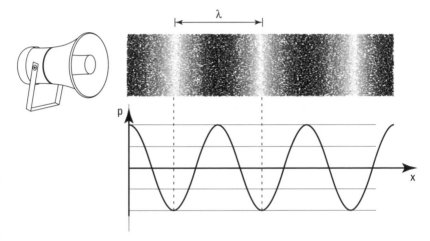

Figura 7-2: Um tom constante.

Quando temos um único tom vindo de um alto-falante, podemos falar de comprimento de onda do som, λ, e de sua frequência, f. Ondas sonoras regulares, como a da Figura 7-2, têm tantos ciclos por segundo, quanto é sua frequência.

Aumentando o Volume: Pressão, Potência e Intensidade

A altura, ou o volume, no qual você ouve um som é um resultado direto da *amplitude* da onda sonora — isto é, a quantidade de pressão em cada pulsação em uma onda sonora. Quanto maior a amplitude da pressão, maior o volume.

O volume é realmente uma medida subjetiva; um som pode parecer mais alto para uma pessoa do que para outra, dependendo se a pessoa ouve bem ou não. Mas, em física, usamos medidas objetivas, como a amplitude da pressão e a intensidade do som, para falar sobre o "boom" sônico que sacudiu sua janela ou sobre o concerto de rock que continua martelando seus ouvidos.

LEMBRE-SE

A amplitude e a intensidade do som estão relacionadas da seguinte forma: Criar uma onda sonora consome energia, e criar uma onda contínua consome um fluxo de energia ao longo do tempo: *Potência*. À medida que uma onda se propaga e se espalha no espaço circundante, essa potência se espalha sobre uma área maior e o som pode se tornar mais fraco com a distância. A quantidade de energia que flui através de uma unidade de área é sua *intensidade*. Menor intensidade faz com que menos energia seja introduzida em seus ouvidos por segundo — e com menos potência de som entrando em seus ouvidos, a onda terá menor amplitude porque uma onda com menor amplitude consome menos energia. É por isso que os sons se tornam mais silenciosos com a distância.

Nesta seção, eu vou discutir a amplitude, potência e a intensidade das ondas sonoras. A intensidade está relacionada a decibéis, uma forma de comparar sons objetivamente, portanto, vou tratar de decibéis aqui também.

Sob pressão: Medindo a amplitude das ondas sonoras

Se quisesse medir a amplitude da pressão das ondas sonoras (ou se algum professor maluco dissesse para você fazer isso), você poderia começar com a situação na Figura 7-3. Nela, um alto-falante está emitindo um som de tom puro através de um tubo que tem muitos medidores de pressão na parte superior. (Um *som de tom puro* é composto de apenas uma frequência, de forma que ele é um *som de frequência única*.) Usando esta situação, podemos medir a amplitude da onda sonora viajante, fotografando as marcações de todos os medidores de pressão ao mesmo tempo. Esse instantâneo também poderá lhe dizer que a pressão em toda onda forma uma onda senoidal que viaja à direita.

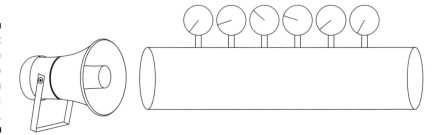

Figura 7-3: Medindo a pressão do som em uma onda sonora.

Vamos supor que o alto-falante na Figura 7-3 esteja definido para criar uma onda de frequência única, com o volume aproximado da fala humana, e você precisa encontrar a amplitude máxima. A pressão é medida em *pascals* (Pa), e a pressão atmosférica é de $1,01 \times 10^5$ Pa ao nível do mar. A amplitude da pressão máxima da fala humana é de aproximadamente $3,0 \times 10$-2 Pa, ou uma amplitude surpreendente de $3,0 \times 10$-7 atmosferas. Esta é a sensibilidade do ouvido humano. A fala humana, que pode soar muito alta, é, na verdade, composta de pulsações (pulsos) de ar muito fracas. Dessa forma, a amplitude da pressão de uma onda sonora da fala humana é relativamente pequena.

Embora o som seja uma onda longitudinal, podemos representar graficamente sua amplitude de pressão como uma onda senoidal, porque estamos medindo o deslocamento no ar (é exatamente como a amplitude de uma onda transversal em uma corda, porque o que medimos aí é o deslocamento real da corda). Para uma onda sonora, as condensações formam os picos da onda senoidal e as rarefações formam as depressões.

Apresentando a intensidade do som

As ondas sonoras transferem uma perturbação em um meio desde sua origem até um observador. Isso significa que a energia é transferida a partir da origem para algum alvo. Folhas farfalhando na rua transferem uma quantidade relativamente pequena de energia, mas alguns sons são tão poderosos que podem causar danos. "Booms" sônicos, por exemplo, são tão fortes que podem quebrar janelas.

Então, qual a quantidade de energia transferida por uma onda sonora em um determinado período de tempo? Essa é uma medida de *potência*, que é medida em watts (W). A potência é apenas a energia dividida pelo tempo:

$$P = \frac{E}{t}$$

De fato, o que é geralmente medido é a potência por unidade de área a alguma distância da origem do som, como mostra a Figura 7-4. Essa quantidade, a potência dividida pela área, é a *intensidade* da onda sonora. A intensidade sonora é medida em watts por metro, e a equação que permite encontrá-la é a seguinte:

$$I = \frac{P}{A}$$

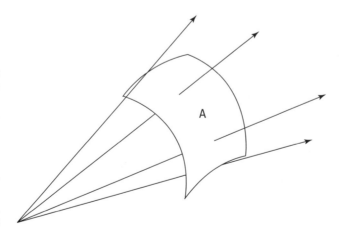

Figura 7-4: A intensidade do som é a potência de uma onda sonora dividida pela área.

Nesta seção, você calcula a intensidade do som e verifica como ela se relaciona a decibéis.

A intensidade do som em termos de potência total de uma onda sonora

A intensidade de uma onda sonora é diferente, dependendo da distância que estamos da origem do som. Isso acontece porque o som se expande em uma esfera a partir da sua origem, e a potência de uma onda sonora é distribuída sobre toda a área dessa esfera. A equação a seguir mostra como a área da superfície da esfera (A) aumenta à medida que você se afasta da origem do som — isto é, à medida que o raio aumenta:

$$A = 4\pi r^2$$

Onde r é sua distância a partir da origem do som.

Conhecendo a potência total de uma onda sonora quando ela sai da fonte, P_{total}, e sabendo que a onda sonora pode expandir em uma esfera, podemos escrever a intensidade como uma função de r, da seguinte forma:

$$I = \frac{P_{total}}{4\pi r^2}$$

Assim, a intensidade de uma onda sonora cai por um fator de 4 (ou 2^2) cada vez que dobramos sua distância a partir da origem do som.

Por exemplo, vamos dizer que temos uma fonte sonora que emite $3,8 \times 10^{-5}$ watts de potência sonora. Qual é a intensidade sonora a 1 metro da origem do som? Bem, a potência total da energia sonora que a fonte emite é $3,8 \times 10^{-5}$ watts. Com $r = 1,0$ metro, temos:

$$I = \frac{P_{total}}{4\pi r^2}$$
$$= \frac{3,8 \times 10^{-5} \text{ W}}{4\pi (1,0 \text{ m})^2} \approx 3,0 \times 10^{-6} \text{ W/m}^2$$

Assim, a intensidade do som a 1 metro é $3,0 \times 10^{-6}$ watts por metro quadrado. Essa é a intensidade aproximada do som da fala humana.

Medindo os sons em decibéis

Os *decibéis* são uma comparação de uma intensidade de som em relação a uma intensidade de referência em uma escala logarítmica. Em português claro, isso significa que os decibéis nos dizem o quanto um som é mais alto ou mais suave do que um som padrão, como o *limiar da audição* (esse é o som de referência que os físicos geralmente usam).

A seguir está a equação para decibéis de uma intensidade especial de som:

$$\beta = 10 \, \log\left(\frac{I}{I_o}\right)$$

Capítulo 7: Agora Ouça Isto: A Palavra no Som *133*

onde *log* refere-se ao logaritmo de base 10 (está na sua calculadora); I_o refere-se ao som de referência com o qual você está comparando (geralmente o limiar da audição, $1,0 \times 10^{-12}$ W/m²); e I é a intensidade do som que você está medindo. A abreviação para decibéis é dB.

Agora vamos colocar alguns números representativos aqui. A Tabela 7-1 relaciona algumas medidas comuns de decibéis a 1 metro de distância da origem, comparadas ao som do limiar da audição humana.

Tabela 7-1	Intensidade e Decibéis de Sons Comuns	
Som	*Intensidade*	*Decibéis*
Limiar da audição	$1,0 \times 10^{-12}$ W/m2	0 dB
Folhas farfalhando	$1,0 \times 10^{-11}$ W/m2	10 dB
Sussurro	$1,0 \times 10^{-10}$ W/m2	20 dB
Conversa normal	$3,2 \times 10^{-6}$ W/m2	65 dB

Vamos dizer que você tem um cortador de grama movido a gasolina, que faz um barulho muito alto, e que você quer saber exatamente qual é a altura desse som. Medimos a intensidade do som a 1 metro do cortador de grama como $6,9 \times 10^{-2}$ W/m², assim, quando colocamos alguns números na fórmula $\beta = 10 \log(I/I_o)$, temos:

$$\beta = 10 \ \log\left(\frac{I}{I_o} \right)$$

$$\beta = 10 \ \log\left(\frac{6,9 \times 10^{-2} \ \text{W/m}^2}{1,0 \times 10^{-12} \ \text{W/m}^2} \right)$$

$$\beta \approx 108 \ \text{dB}$$

Seu cortador de grama gera aproximadamente 108 dB a uma distância de 1 metro da origem do som. É melhor você começar a usar protetor de ouvidos quando for usá-lo.

Calculando a Velocidade do Som

O som, quando se propaga pelo ar, move-se muito rapidamente, mas ele pode ser ainda mais rápido, dependendo do meio através do qual ele está se movendo (outro gás, um líquido ou um sólido). Evidentemente, a única maneira de saber o quão rápido ele está se propagando é calcular sua velocidade.

Uma olhada rápida nas estatísticas para a velocidade do som

Se você gosta de impressionar seus amigos, vertendo alguns bits aleatórios de conhecimento, arquive os seguintes valores da velocidade do som:

- **Ar a 0° C:** 331 m/s
- **Ar a 20° C:** 343 m/s
- **Oxigênio a 0° C:** 316 m/s
- **Água a 20° C:** 1.482 m/s
- **Cobre (independentemente da temperatura):** 5.010 m/s
- **Aço (independentemente da temperatura):** 5.940 m/s

A velocidade de uma onda é a frequência multiplicada pelo comprimento de onda, que é o seguinte:

$$v = \lambda f$$

Entretanto, essa equação básica não vai ajudá-lo muito porque a velocidade do som pode variar, dependendo da temperatura do meio. Mas não precisa ficar com medo — nesta seção, eu vou lhe apresentar algumas fórmulas de velocidade do som que servem para temperatura e meio. (E, para alguns valores reais, verifique o quadro acima com o título "Uma olhada rápida nas estatísticas para a velocidade do som").

Rápida: A velocidade do som em gases

A velocidade do som é mais baixa quando ele está se movimentando através de um gás. Para calcular a velocidade do som em um *gás ideal* (que se aproxima do ar, dada a temperatura desse gás), temos uma equação que pode parecer familiar para você da Física I:

$$v = \left(\frac{\gamma k T}{m} \right)^{1/2}$$

A seguir, mostramos o que as variáveis representam:

- λ é a *constante adiabática*, e é equivalente a C_p/C_v, a relação entre a capacidade de calor específica a uma pressão constante e a capacidade de calor específica a um volume constante; para o ar, γ é 1,40.
- k é a constante de Boltzman da termodinâmica $(1,38 \times 10^{-23}$ Kg·m^{2}s^{-2}K^{-1}, ou J/K).
- T é a temperatura do gás ideal, de acordo com a escala de Kelvin.
- m é a massa de uma única molécula em quilogramas (kg).

Capítulo 7: Agora Ouça Isto: A Palavra no Som *135*

Certo, hora de colocar essa equação para funcionar. Vamos continuar e supor que você tenha uma máquina fotográfica com um telêmetro que usa o som para encontrar a distância até o objeto. Você acabou de tirar uma fotografia de uma amiga que é física, e sendo ela uma física, ela imediatamente quer saber a distância entre vocês. Conferindo sua máquina, você verifica que o telêmetro emite uma pulsação de som que chegou até sua amiga e voltou para a máquina em $4,00 \times 10^{-2}$ segundos. Seu termômetro de bolso lhe diz que a temperatura do ar é de 23° C. Portanto, a que distância está sua amiga, admitindo que o ar é considerado um gás ideal?

Primeiramente, precisamos converter essa temperatura para kelvins, pela adição de 273 à temperatura Celsius, que fica assim:

23° C + 273 K = 296 K

Assim, a temperatura ideal é 296 kelvins. Ótimo. Agora, podemos usar a equação da velocidade do som para gases:

$$v = \left(\frac{\gamma k T}{m} \right)^{1/2}$$

Observe que além da temperatura, precisamos também da massa m de uma única molécula de ar em quilogramas. Você acaba de se lembrar que a massa de ar é de $28,9 \times 10^{-3}$ Kg/mol (um *mol* é equivalente a 22,4 litros do gás ideal). Portanto, a massa de uma molécula de ar é a massa de um mol dividida pelo número de moléculas em um mol (número de Avogrado).

$$m = \frac{28,9 \times 10^{-3} \ \text{kg/mol}}{6,022 \times 10^{23} \ \text{moléculas/mol}} \approx 4,80 \times 10^{-26} \ \text{kg}$$

Aposto que você sempre quis saber isso. Certo, vamos continuar. Para o ar, γ é 1,40, de forma que essa equação lhe permite calcular a velocidade do som a 23° C:

$$v = \left(\frac{\lambda k T}{m} \right)^{1/2}$$

$$v = \left(\frac{(1,40)(1,38 \times 10^{-23} \ \text{kg} \cdot \text{m}^2 \text{s}^{-2} \text{K}^{-1})(296 \ \text{K})}{4,80 \times 10^{-26} \ \text{kg}} \right)^{1/2}$$

$$v \approx 345 \ \text{m/s}$$

Pronto! A velocidade do som onde você está é de 345 metros por segundo. Você pode relacionar o tempo que o sinal levou e a velocidade do som à distância, dessa forma:

Distância = velocidade × tempo

Assim, quanto tempo o som demorou para acelerar desde sua câmera até sua amiga? Bem, a máquina registrou $4,00 \times 10^{-2}$ segundos, mas não se esqueça de que o tempo para uma viagem de ida e volta (o som saindo da máquina e em seguida retornando, após ter chegado até sua amiga). Portanto, o tempo que o som leva para atingir sua amiga é $4,00 \times 10^{-2}$ segundos $\div 2 = 2,00 \times 10^{-2}$ segundos, que se traduz em:

Distância = (345 m/s) $(2,00 \times 10^{-2}$ s$)$ = 6,90 metros

E é isso. Sua amiga estava de pé a cerca de 6,90 metros de distância de você quando você tirou a foto.

Mais rápida: A velocidade do som em líquidos

O som se movimenta mais rapidamente em líquidos do que em gases. Isso acontece porque os líquidos são menos elásticos do que os gases, isto é, eles se "curvam" menos sob a mesma força aplicada. Quando criamos uma perturbação em um líquido, a força contrária a essa perturbação é maior em um líquido do que em um gás, o que significa que o líquido "volta bruscamente" à posição normal de forma mais rápida. O resultado final é que a perturbação é "empurrada" através do líquido de forma mais rápida do que em um gás.

Portanto, qual é a expressão para a velocidade do som em líquidos? Isso depende de dois aspectos principais do líquido:

- **A resistência à deformação:** A velocidade do som é uma medida de quão rapidamente o meio "volta bruscamente" à posição normal após uma perturbação, e essa medida está intimamente ligada ao *módulo de massa* do meio (a resistência de uma substância ao ser deformada pela pressão). De fato, ela está ligada ao módulo de massa adiabático *(adiabático* significa que nenhum calor é trocado com o ambiente), cujo símbolo é β_{ad}.

  Quanto maior for o módulo de massa adiabático, maior a resistência que o líquido suporta contra sua deformação; e quanto mais alto for β_{ad}, maior a velocidade do som nesse líquido.

- **A densidade:** A velocidade do som em líquidos também está ligada à densidade do líquido (r). Quanto mais alta a densidade do líquido, mais difícil é conseguir que ele se movimente. Portanto, a velocidade do som é mais baixa em líquidos densos.

Colocando tudo junto, vamos obter a seguinte equação para a velocidade do som em um determinado líquido:

$$v = \left(\frac{\beta_{ad}}{\rho} \right)^{1/2}$$

onde β_{ad} é o módulo de massa adiabático e r é a densidade do líquido.

Aqui está sua chance para praticar o cálculo da velocidade do som em um líquido. (Por favor, acalme-se). Vamos supor que você e sua colega de classe de Física II façam uma viagem ao litoral e você quer documentar a viagem com uma fotografia de sua amiga. Infelizmente, ela está fazendo mergulho

Capítulo 7: Agora Ouça Isto: A Palavra no Som *137*

e, por isso, você vai precisar mergulhar para tirar a foto. Você configura sua câmera para tirar fotografias subaquáticas e tira a foto. Sua amiga observa você fazendo isso e se aproxima, querendo saber qual era a distância entre vocês.

Quando você tirou a foto debaixo d'água de sua companheira, a câmera registrou que o sinal do som voltou em $4{,}00 \times 10^{-3}$ segundos. Sabendo que o módulo de massa adiabático da água é $2{,}31 \times 10^9$ pascals, e a densidade da água é 1.025 quilogramas (kg) por metro cúbico, a que distância estava sua amiga?

Vamos calcular a velocidade do som na água com esta equação:

$$v = \left(\frac{\beta_{ad}}{\rho} \right)^{1/2}$$

$$v = \left(\frac{2.31 \times 10^9 \text{ Pa}}{1{,}025 \text{ kg/m}^3} \right)^{1/2}$$

$$v \approx 1.500 \text{ m/s}$$

Portanto, a velocidade do som na água é de, aproximadamente, 1.500 metros por segundo. O que essa informação lhe diz? Bem, você sabe quanto tempo levou para o pulso do som da câmera retornar a ela, e você também sabe que a distância = velocidade × tempo.

A câmera registrou $4{,}00 \times 10^{-3}$ segundos para um pulso de som fazer a viagem até sua amiga e retornar, portanto, o som levou $4{,}00 \times 10^{-3} \div 2 = 2{,}00 \times 10^{-3}$ segundos para alcançar sua amiga. Inserindo a velocidade do som e o tempo que o pulso de som levou, vamos descobrir qual era a distância entre sua companheira e você:

$$\text{Distância} = (1.500 \text{ m/s})(2{,}00 \times 10^{-3} \text{ s}) = 3{,}00 \text{ m.}$$

Mais rápida ainda: A velocidade do som em sólidos

Se quanto mais duro for o meio, mais rápida for a velocidade do som, então não deveria surpreender o fato de o som se movimentar mais rapidamente em sólidos, que são ainda menos elásticos do que os líquidos.

Portanto, qual é a expressão para a velocidade do som em sólidos? Aqui, você vai usar uma combinação de:

- ✔ *Módulo de Young,* uma medida da rigidez de materiais uniformes
- ✔ A densidade do sólido

Aqui está como o módulo de Young (Y) e a densidade (r) se relacionam para lhe dar a velocidade do som em um sólido:

$$v = \left(\frac{Y}{\rho} \right)^{1/2}$$

138 Parte III: Pegando Ondas: Sonoras e Luminosas

Essa equação lhe diz que, quanto mais alto for o módulo de Young — em outras palavras, quanto mais rígido o meio — mais rápida será a velocidade do som. Quanto maior a densidade do material, mais lenta será a velocidade do som (porque o material é mais lento para reagir a uma perturbação).

Imagine que esteja fazendo um cruzeiro com seu parceiro. Vocês dois estão de pé no convés, e como vocês dois são físicos, você decide naturalmente medir o comprimento do convés, que é de aço. Seu parceiro fica na proa do navio enquanto você permanece na popa. Pegando emprestado o machado de mão da estação de controle de incêndio no convés, você bate de leve na extremidade do convés. Em seguida, seu parceiro registra que o som levou apenas $2,00 \times 10^{-2}$ segundos para chegar até a outra extremidade do convés.

Dado que o módulo de Young para o aço é $Y = 2,0 \times 10^{11}$ N/m^2 e que a densidade do aço é r = 7.860 kg/m3, você pode começar a determinar o comprimento do convés pela inserção dos números na expressão da velocidade do som para sólidos:

$$v = \left(\frac{Y}{\rho} \right)^{1/2}$$

$$v = \left(\frac{2,0 \times 10^{11} \text{ N/m}^2}{7,860 \text{ kg/m}^3} \right)^{1/2}$$

$$v \approx 5,0 \times 10^3 \text{ m/s}$$

Portanto, a velocidade do som é de aproximadamente $5,0 \times 10^3$ metros por segundo — que é equivalente a 5 quilômetros por segundo, ou, aproximadamente, 11.000 milhas por hora.

Você pode encontrar o comprimento do convés de aço pela multiplicação da velocidade do som pelo tempo que levou o som para viajar, que nos dá:

$$\text{Distância} = (5,0 \times 10^3 \text{ m/s}) (2,00 \times 10^{-2} \text{s}) = 100 \text{ m}$$

E, assim, temos: O convés mede aproximadamente 100 metros de comprimento.

Os sons sólidos dos trilhos da via férrea

Quando era criança, eu pude verificar que o som se propaga mais rapidamente em sólidos do que em gases usando os trilhos de via férrea que tinham aquelas barras de conectores. Ao colocar meus ouvidos no trilho e observar um amigo bater no trilho com um martelo a certa distância, eu podia ouvir um claro clank, clank, clank que vinha pelos trilhos e, em seguida, pelo ar. (***Observação***: Eu não recomendo essa experiência, especialmente se houver algum trem nas proximidades.)

Analisando o Comportamento das Ondas Sonoras

Esta seção analisa algumas das coisas esquisitas e extraordinárias que as ondas sonoras podem fazer. Você vai verificar como elas podem refletir e mudar de direção, além de descobrir o que acontece quando duas ondas sonoras se encontram. Isso vai levá-lo a descobrir um novo tipo de onda — a onda estacionária, que não se propaga; esses são os tipos de ondas que se originam de instrumentos musicais. Você vai perceber o que acontece quando as origens dos sons e os ouvintes se movimentam. E, finalmente, você vai romper a barreira do som para descobrir o que acontece quando as fontes sonoras se movimentam mais rapidamente do que a velocidade do som.

Todas as propriedades do som que eu analiso aqui também são propriedades das ondas de modo geral. Portanto, ao entender esses aspectos do comportamento do som, você estará realmente saindo no lucro. Por exemplo, ao entender ondas sonoras, você também vai entender luz e ótica, que estudaremos nos próximos capítulos. Essas propriedades das ondas vão direto ao âmago de diversos outros estudos do mundo da física.

O eco: Reflexão das ondas sonoras

A reflexão ocorre quando uma onda encontra uma barreira. Você está familiarizado com a reflexão das ondas sonoras na forma de um eco.

No caso de uma onda sonora no ar, a condensação do ar em um pico de alta pressão empurra o ar imediatamente próximo a ele, que se condensa em resposta, e, assim, a onda se espalha. Entretanto, caso esse pico de alta pressão encontre uma superfície sólida, como uma parede, e tente empurrá-la, a onda vai perceber que a parede não é tão boazinha. A alta pressão empurra a parede, mas a parede vai empurrá-la também com uma força de resistência. O pico de alta pressão permanece nessa posição e empurra o ar atrás da parede, que, sendo mais generoso que a parede, permite que o pico de alta pressão se propague de volta da maneira como veio — e a onda é refletida. Os físicos dizem que a parede fornece uma *condição de limite* na onda.

O som é uma *onda longitudinal,* na qual as moléculas de ar oscilam na direção do movimento da onda. À medida que a onda se aproxima da parede, esta vai restringir o movimento das moléculas de ar e elas não conseguirão oscilar. Quando a onda atinge a parede, as moléculas de ar próximas vão continuar em direção à parede até que efetivamente batam violentamente contra ela — redirecionando seu movimento na direção oposta — e, dessa forma, refletindo a onda. Nesses termos, a condição de limite para a onda é que a oscilação na parede seja zero.

Enxergando por meio do som

Provavelmente, você sabe que um morcego "enxerga", não com a luz refletida, mas com o som refletido. Quando um morcego caça, ele usa a *ecolocalização*; ele emite estalidos que atingem insetos infelizes voando por perto, e ele ouve o eco.

Os morcegos estavam na dianteira, mas quando os físicos começaram a entender a reflexão das ondas sonoras, as pessoas puderam usar as mesmas ideias para tecnologias como sonar e ultrassons. Esses dispositivos permitiram às pessoas enxergar da mesma maneira, diretamente nas profundezas dos oceanos e mesmo dentro do corpo humano.

Para ilustrar esse processo do eco, eu representei graficamente uma onda de pressão do som quando ela sofre a reflexão, a partir de uma parede sólida, na Figura 7-5. Para ficar mais claro, eu não representei a reflexão de uma onda completa, mas apenas uma parte de uma onda — um pulso — como um alto-falante geraria se seu diafragma se movimentasse apenas uma vez. Nesta figura, x mede a distância a partir da parede e p é a flutuação da pressão.

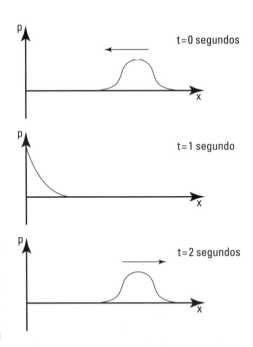

Figura 7-5: A reflexão de um único pulso de pressão.

Com um tipo diferente de barreira, poderão ocorrer condições de limites diferentes. Por exemplo, a onda pode cair em uma parede macia, que pode se deformar, e a parede poderá absorver um pouco da energia da onda enquanto as moléculas trabalham na parede tentando removê-la. Nesse caso, a onda refletida tem uma amplitude menor, e o eco será mais silencioso.

Compartilhando espaços: Interferência de ondas sonoras

Duas ondas podem ocupar o mesmo lugar, ao mesmo tempo. Quando isso acontece, dizemos que elas *interferem*. A oscilação resultante é incrivelmente simples para se calcular: Apenas acrescente a oscilação de uma onda à outra. Essa ideia é chamada de *princípio da superposição*. Assim, em um determinado ponto, se uma onda causar um deslocamento do meio igual a y_1, e outra onda causar um deslocamento y_2, o deslocamento real do meio nesse ponto é simplesmente $y_1 + y_2$.

Para verificar o princípio da superposição em ação, verifique a Figura 7-6. Ela mostra os deslocamentos das ondas ao longo do tempo para duas ondas separadas. No mesmo gráfico, eu mostro o que aconteceria se essas duas ondas estivessem se propagando através do meio ao mesmo tempo.

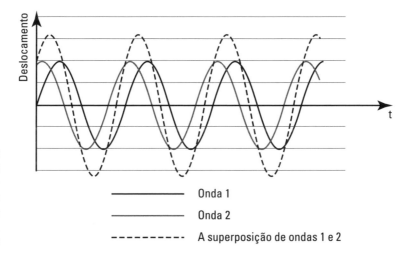

Figura 7-6: A interferência de duas ondas.

Acrescentando amplitudes: Interferência construtiva e destrutiva

A interferência pode ser construtiva ou destrutiva. Com *interferência construtiva*, as amplitudes de duas ondas se combinam para construir uma onda de maior amplitude. Com *interferência destrutiva*, as amplitudes das ondas se anulam.

142 Parte III: Pegando Ondas: Sonoras e Luminosas

Por exemplo, vamos supor que você tenha um estéreo com um par de alto-falantes, como os mostrados na Figura 7-7. Agora, coloque um CD que tenha um tom puro — isto é, cada alto-falante emite a mesma onda sonora em formato senoidal (consulte a seção anterior "Sob pressão: Medindo a amplitude das ondas sonoras" para saber por que o gráfico toma essa forma). Esta música seria muito enfadonha para se ouvir, mas ela tem alguns efeitos surpreendentes.

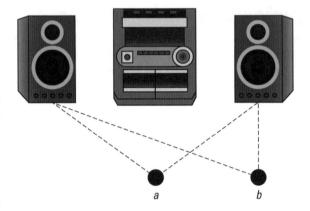

Figura 7-7: Ouvindo interferência construtiva e destrutiva.

Vamos supor que os alto-falantes tocam um tom com uma frequência f, comprimento de onda λ e amplitude A. Agora, mantenha-se em uma posição equidistante de cada alto-falante (ponto a na figura 7-7). Você vai receber duas ondas — uma de cada alto-falante. Se você chamar o deslocamento vindo da onda que se propaga a partir do alto-falante à esquerda y_1, você pode dizer que o deslocamento é dado pela onda senoidal

$$y_1 = A \operatorname{sen}(2\pi ft)$$

Como o outro alto-falante está na mesma distância, o deslocamento da onda que vem a partir dele, y_2, é o mesmo que y_1, então $y_1 = y_2$. Agora trabalhe com a onda que você sente, y_T, enquanto você está no ponto a. Vamos usar o princípio da superposição e adicionar as ondas que vêm de cada alto-falante:

$$y_T = y_1 + y_2 = A \operatorname{sen}(2\pi ft) + A \operatorname{sen}(2\pi ft) = 2A \operatorname{sen}(2\pi ft)$$

Essa é simplesmente uma onda senoidal com duas vezes a amplitude da onda de cada alto-falante. Isso não é muito surpreendente — se você se mantiver no ponto a, ouvirá um som mais alto do que se tivesse apenas um alto-falante em vez de dois. Os dois alto-falantes estão se combinando para construir uma onda de maior amplitude — isto se chama *interferência construtiva*.

Agora, vamos supor que você se movimente — sente-se apenas para um lado (no ponto b, na Figura 7-7), de forma que você esteja exatamente na metade do comprimento de onda mais perto do alto-falante à direita do que do alto-falante à esquerda. Isso significa que a onda a partir do alto-falante à direita

Capítulo 7: Agora Ouça Isto: A Palavra no Som 143

chega até você na metade do período do que a onda que vem do alto-falante à esquerda — isto é, ela é desviada em $T/2$. Dessa forma, podemos escrever y_2 como:

$$y_2 = A\ \text{sen}\left(2\pi f\left(t + \frac{T}{2}\right)\right)$$

$$= A\ \text{sen}\left(2\pi ft + 2\pi f\frac{T}{2}\right)$$

$$= A\ \text{sen}(2\pi ft + \pi)$$

$$= -A\ \text{sen}(2\pi ft)$$

$$= -y_1$$

Agora, se calcularmos a onda combinada dos dois alto-falantes, teremos

$$y_T = y_1 + y_2 = y_1 + (-y_1) = 0$$

Você não receberá nenhuma onda sonora — silêncio! As ondas de cada alto-falante se anulam no ponto b — isto é a *interferência destrutiva*. Você pode ler sobre interferência construtiva e destrutiva em ondas luminosas no Capítulo 10.

Ondas estacionárias: Interferência destrutiva a intervalos regulares

Uma *onda estacionária* é um tipo de onda que não viaja — os picos simplesmente oscilam no mesmo lugar sem se propagar. Esse tipo de onda ocorre quando uma onda está confinada, como em um pedaço de corda, ou, como você viu nesta seção, quando o som está contido em um tubo. Aqui, eu vou mostrar como construir uma instalação para conter o som, e você verá como o som reflete dentro do tubo e interfere para produzir uma onda estacionária.

A instalação: Conseguindo ondas idênticas que se propagam em direções opostas

Vamos supor que você pegue um tubo comprido que é fechado em uma extremidade e tem um diafragma na outra extremidade (você estica uma folha elástica sobre a extremidade, por exemplo). Coloque um alto-falante perto do diafragma. Quando você ligar o alto-falante, as ondas sonoras fazem o diafragma vibrar. As ondas sonoras a partir do diafragma se propagam pelo tubo (agindo como a *onda incidente*), refletem na extremidade fechada e voltam pelo tubo para o diafragma (a *onda refletida*).

Mas, lembre-se, o alto-falante não produz uma única pulsação; em vez disso vamos ter uma onda de som senoidal. Assim, nesta situação, temos duas ondas no tubo ao mesmo tempo, uma que se afasta do alto-falante e outra que se propaga em direção a ele. Imagine que a reflexão é ideal, de forma que as duas ondas tenham a mesma amplitude, frequência e comprimento de onda; a única diferença é que elas viajam em direções opostas.

Agora olhe para a onda total. A onda que vem do diafragma propaga-se pelo tubo em direção à extremidade fechada, onde a condição de limite é que não pode haver qualquer deslocamento das moléculas.

O deslocamento da onda refletida na extremidade fechada é sempre oposto ao deslocamento da onda incidente. Assim, quando as ondas interferem, não há deslocamento (interferência destrutiva) na extremidade fechada, o que satisfaz a condição de limite.

Como as duas ondas são periódicas, essa interferência destrutiva pode acontecer a intervalos regulares ao longo do tubo. Para verificar isso, afaste-se da parede a uma distância equivalente à metade do comprimento de onda. Como as duas ondas são senoidais, ambas têm as mesmas direções opostas que tiveram na parede, dessa forma, elas continuam sendo iguais e opostas — temos novamente a interferência destrutiva. Dessa forma, em cada ponto ao longo do tubo que seja um número inteiro de comprimentos de onda a partir da extremidade fechada haverá uma interferência destrutiva, de forma que as moléculas não oscilam nesses pontos. A onda total neste tubo deverá ser diferente da onda senoidal que geralmente vemos para ondas sonoras — você terá o quadro completo dessa onda esquisita e original a seguir.

Representando graficamente uma onda estacionária

A Figura 7-8 mostra um gráfico de ondas sonoras refletidas e incidentes em vários momentos diferentes. Elas são duas ondas idênticas, com a única diferença de que elas se propagam em direções opostas. As ondas incidentes e refletidas têm amplitude A, e o eixo horizontal mede a distância a partir da parede.

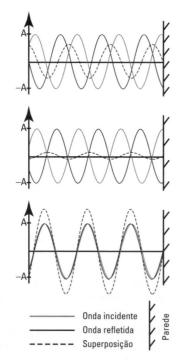

Figura 7-8: Ondas incidentes e refletidas criando uma onda estacionária.

A figura também mostra a interferência entre essas duas ondas, que é justamente a soma dos dois gráficos (de acordo com o princípio da superposição). Você pode ver essa onda em três momentos diferentes. Observe que a onda não se propaga para lugar nenhum; ela é a *onda estacionária e* apenas permanece onde está. Ela oscila, mas os picos e depressões não se propagam; eles apenas se movimentam para cima e para baixo.

A parte da onda que cruza o eixo (onde não há deslocamento) é chamada *nó*. Como a onda não se propaga, seus nós não se movem. Esses nós são apenas pontos de interferência destrutiva.

Entre os nós, existem pontos na onda que oscilam com maior amplitude — esses são os *antinodos*. A amplitude da onda estacionária nesses antinodos é igual a duas vezes a amplitude das ondas incidentes e refletidas. Dessa forma, você tem uma ideia da onda estacionária como uma oscilação não propagadora, que tem pontos de oscilação de máxima e de zero, a intervalos de $\lambda/2$ ao longo de seu comprimento.

Harmônico: Colocando a onda estacionária no modo normal

Quando a oscilação de um diafragma coincide com o antinodo (maior amplitude) de uma onda estacionária, a onda estacionária está em seu *modo normal*. Os modos normais ocorrem sempre que há ondas estacionárias, como aquelas de cordas vibratórias ou nos tubos de um órgão.

Vamos supor que você tenha a instalação de tubo fechado que eu descrevi anteriormente em "A instalação: Conseguindo ondas idênticas que se propagam em direções opostas". Você coloca o alto-falante para emitir um tom puro com um comprimento de onda que crie uma onda estacionária no tubo e tenha um antinodo no diafragma. A oscilação do diafragma coincide com o antinodo da onda estacionária, portanto, é um modo normal.

As ondas estacionárias estão em um modo normal quando o alto-falante emite um som com comprimento de onda λ_n, que é dado por

$$\lambda_n = \frac{4L}{n} \quad (n = 1, 3, 5, \ldots)$$

onde L é o comprimento do tubo e n é um número inteiro que qualifica os vários modos normais.

As frequências dos modos normais de vibração são chamadas *harmônicas*. A primeira harmônica ($n = 1$) é chamada a *frequência fundamental*. Os músicos, muitas vezes, chamam as frequências de modos mais altas de *nuanças*.

Observe que n deverá ser um número ímpar porque há um número ímpar de quartos de comprimentos de onda a partir da barreira (a extremidade fechada do tubo) até um antinodo. À medida que n aumenta, também aumentam os números de nós e antinodos em seu modo normal. Dessa forma, quando o alto-falante emitir um som com um comprimento de onda igual a $4L$, há apenas um antinodo, que é aquele no diafragma.

146 Parte III: Pegando Ondas: Sonoras e Luminosas

A Figura 7-9 mostra alguns modos normais de seu tubo — as duas linhas mostram as duas posições de deslocamento máximo do modo normal. Aqui, o eixo horizontal mede a distância a partir do diafragma, e você pode observar a posição da extremidade fechada do tubo do lado direito do gráfico.

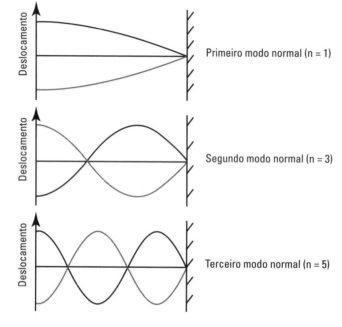

Figura 7-9: Os primeiros três modos normais no seu tubo sonoro.

Agora tente um exemplo concreto — quais são as primeiras três notas que seu tubo gosta de tocar? Vamos supor que seu tubo tenha 0,983 m de comprimento. Então, o comprimento de onda de seus modos normais é:

$$\lambda_n = \frac{4}{n}(0{,}983 \text{ m})$$

Se a velocidade do som em seu tubo for 343 metros por segundo, então a frequência desses modos, f_n, são

$$f_n = \frac{v}{\lambda_n} \qquad (n = 1, 3, 5, \ldots)$$
$$= \frac{343 \text{ m/s}}{\frac{4}{n}(0{,}983 \text{ m})}$$
$$\approx n(87{,}2 \text{ Hz})$$

Isso significa que a frequência do modo normal mais baixo é 87,2 hertz.

O próximo modo normal, quando $n = 3$, tem uma frequência de 262 hertz, que seria um dó médio em um piano. Onde você teria que colocar seu ouvido em um tubo para ouvir o silêncio quando você toca o dó médio em seu alto-falante? Você teria que ouvir em um nó, o que acontece a cada meio comprimento de onda a partir da extremidade fechada do tubo. Quando $n = 3$, seu comprimento de onda, λ_3, é dado por

$$\lambda_3 = \frac{4}{3}(0{,}983 \text{ m}) \approx 1{,}31 \text{ m}$$

Assim, você teria que colocar seu ouvido na metade dessa distância a partir da extremidade fechada do tubo — isto é, 0,655 m. Para esse modo normal, não existem outros nós no tubo (exceto, é claro, aquele na extremidade fechada do tubo), portanto, esse é o único lugar onde você teria o silêncio.

Verifica-se que qualquer vibração possível do som em uma instalação de diafragma e tubo fechado é simplesmente uma interferência de modos normais. Por isso, mesmo a vibração mais louca, mais complicada, mais errática pode ser resumida em uma questão de quanto de cada modo normal você tem. Esse entendimento vem de algumas ideias extremamente poderosas da matemática que têm permeado a física. Por exemplo, na mecânica quântica, as partículas (como o elétron) podem ficar apenas em determinados estados particulares. Esses estados são como modos normais de seu tubo. Como seu tubo, as partículas podem ficar em um estado que é uma interferência desses modos normais — mas, quando realmente medimos o estado do elétron, por exemplo, só podemos vê-lo em um dos modos normais. Esse é apenas um sinal de algumas das estranhezas quânticas que se apresentam para nós em física.

Atingindo a frequência de ressonância: a maior amplitude

Podemos dirigir as coisas em uma frequência que maximize a amplitude das vibrações. Por exemplo, considere a vibração do som em um dispositivo de tubo e alto-falante, que é emitida pelo alto-falante. À medida que aumentamos a frequência da onda sonora do alto-falante, descobrimos que a amplitude da vibração do som atinge seu pico sempre que o alto-falante conduz em um dos harmônicos — isto é, uma das frequências dos modos normais. Assim, o tubo tem um número infinito de frequências, dado por fn, onde n é um número ímpar.

É prova do poder das ideias em física que a ressonância também é uma característica do circuito elétrico RLC que estudamos no Capítulo 5. Você pode verificar que no circuito RLC, também há uma frequência natural na qual a corrente no circuito oscila com a maior amplitude.

Recebendo pulsações de ondas de frequências ligeiramente diferentes

Qualquer pessoa que tenha afinado um violão já ouviu o efeito de uma execução simultânea, duas notas musicais ligeiramente diferentes — a intensidade do som parece oscilar. Essas oscilações são chamadas *pulsações*.

A Figura 7-10(a) mostra um gráfico de duas ondas de frequência ligeiramente diferentes, e a Figura 7-10(b) mostra suas somas, que é uma onda de interferência entre as duas. Você pode observar que a onda de interferência oscila com uma frequência semelhante à das duas ondas originais, mas a amplitude aumenta e decresce com outra frequência, a frequência de pulsação. A *frequência de pulsação* é simplesmente a diferença entre as frequências das ondas originais.

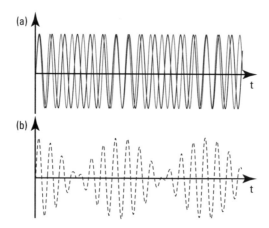

Figura 7-10: As pulsações formadas a partir das duas ondas com frequências ligeiramente diferentes.

Regras de flexão: Difração de ondas sonoras

Podemos ouvir um carro de polícia se aproximando com sua sirene tocando, mesmo que ele esteja atrás do quarteirão, escondido por prédios altos. Podemos conversar com uma pessoa que está em outro cômodo através da porta aberta, mesmo que não possamos vê-la. As ondas sonoras se propagam em linhas retas, mas quando elas encontram um obstáculo, como uma parede ou um poste, elas se curvam em torno desse obstáculo — esse comportamento é a *difração*.

A difração acontece em todas as ondas, incluindo as sonoras. A Figura 7-11 mostra uma onda sonora que se aproxima de duas aberturas na parede — as linhas representam a posição dos picos da onda. Uma abertura é muito mais ampla do que o comprimento de onda do som, e a outra é semelhante em tamanho a esse comprimento. Você pode observar que, à medida que a onda se propaga através da abertura mais ampla, ela se movimenta principalmente em linha reta, com alguma flexão em cada extremidade. Mas, quando o som se propaga através da abertura que tem largura semelhante à do comprimento de onda do som, a onda se propaga sobre um ângulo mais amplo. Essa dobra ou flexão da onda, para onde ela não iria se estivesse se propagando em uma linha reta, é a difração.

O ângulo mais amplo que podemos obter quando uma onda se propaga pela difração explica por que podemos ouvir, mas não enxergar, o som do outro lado do quarteirão. A luz tem um comprimento de onda muito mais curto do que o do som, dessa forma, se você acendesse uma luz nas aberturas da Figura 7-11, as duas aberturas seriam muito mais amplas do que o comprimento de onda da luz; portanto, dificilmente você veria qualquer propagação da onda luminosa — pelo menos não o suficiente para você perceber.

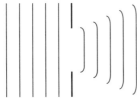

Figura 7-11: A difração de uma onda sonora através de uma abertura em uma parede.

A difração é realmente apenas uma manifestação da interferência (conforme eu mostro no Capítulo 10 sobre a luz). As pessoas usam dois termos diferentes para essencialmente a mesma coisa, mas a diferença é que geralmente entendemos a interferência como a interação de apenas algumas ondas, enquanto a difração é a interferência de um número muito grande de ondas.

Indo e vindo com o efeito Doppler

O *efeito Doppler*, assim chamado em homenagem a Christian Doppler, diz que a frequência de uma onda sonora muda se a origem do som está se movendo (ou se você está se aproximando ou se afastando da fonte). Caso você e a origem do som estejam se aproximando um do outro, você vai ouvir o som em um tom mais alto. E caso vocês estejam se afastando um do outro, você vai ouvir o som em um tom mais baixo.

Por exemplo, considere um carro de polícia com a sirene tocando. Como você obedece às leis, ele passa direto por você. O que você ouve? Você está familiarizado com o som de alta frequência à medida que o carro vem em sua direção, transformando-se em uma versão de baixa frequência do mesmo som depois que ele passa por você e se afasta. Podemos entender seu efeito, usando a imagem do som como uma onda.

Movendo-se em direção à origem do som

Primeiramente, considere o que acontece quando a origem do som estacionária, mas você está se aproximando dela. Você pode verificar essa situação na Figura 7-12(a). A fonte produz uma onda com comprimento de onda λ_s, frequência fs e seu comprimento de onda se propaga com a velocidade do som v. Você caminha em direção à fonte com velocidade v_a.

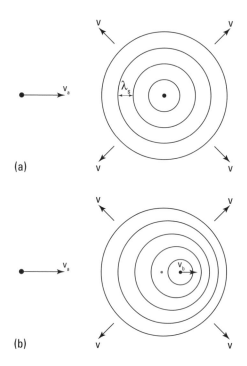

Figura 7-12: O efeito Doppler.

Se ficasse parado, você ouviria uma onda sonora de frequência fs, que é a frequência da fonte. Mas se você caminhar em direção à fonte, você ouvirá uma onda sonora com uma frequência mais alta. Você está entrando na onda, de forma que cada pico da onda tem de percorrer uma distância um pouco menor para chegar até você do que a distância que teria de percorrer caso você ficasse parado.

À medida que você caminha em direção à origem do som, a velocidade da onda, da maneira como parece para você, é $v + v_a$. Assim, quando um pico de onda chega aos seus ouvidos, o tempo para o próximo pico de onda chegar até você é $\lambda_s/(v + v_a)$ segundos. Portanto, a frequência que você vai ouvir, fa, é dada por

$$f_a = \frac{v + v_a}{\lambda_s}$$

Como $v = \lambda_s f_s$, podemos escrever isso como

$$f_a = \frac{v + v_a}{v} f_s = \left(1 + \frac{v_a}{v}\right) f_s$$

Assim você verifica que a frequência que você ouve é um fator de $(1 + v_a/v)$, maior do que a frequência da origem.

Movimentando a origem do som

Quando a fonte de um som se movimenta, a velocidade das ondas sonoras permanece a mesma, porque a velocidade do som é determinada apenas pelo ar — não tem qualquer relação com a fonte. Assim, se a fonte se afasta de você com uma velocidade v_b, como mostra a Figura 7-12(b), v ainda é a mesma. O que muda é o comprimento de onda das ondas sonoras.

Para ver por que o comprimento de onda muda, basta pensar em como as ondas se propagam. A onda emite um pico de onda que se propaga por trás da fonte. No momento antes do próximo pico, a fonte percorre uma distância $v_b T_s$, onde T_s é o período das ondas da fonte ($T_s = 1/f_s$). Assim, o comprimento de onda por trás da fonte é

$$\lambda = \frac{v}{f_s} + \frac{v_b}{f_s} = \frac{v + v_b}{f_s}$$

O comprimento de onda da onda por trás da fonte agora se ampliou. Agora vamos colocar esse novo comprimento de onda na equação relacionando a frequência que você ouve à frequência da fonte (da seção anterior). Coloque λ_s no novo comprimento de onda ampliado para encontrar

$$f_a = \frac{v + v_a}{\lambda} = \frac{v + v_a}{v + v_b} f_s$$

Essa é a frequência que você ouve quando caminha em direção a uma fonte de som que se movimenta e que está à sua frente. A fonte está se movimentando em uma determinada direção com velocidade v_b, e você está atrás dela caminhando na mesma direção com velocidade v_a.

Se você está na frente da fonte, então você está na região onde as ondas da fonte têm um comprimento de onda mais curto, e você está se afastando dos picos que se aproximam. A frequência que você ouve é dada por

$$f_a = \frac{v - v_a}{\lambda} = \frac{v - v_a}{v - v_b} f_s$$

Fazendo as contas sobre o efeito Doppler

Agora coloque alguns números no exemplo da sirene do carro de polícia. Vamos supor que ele passe bem perto de você. Inicialmente, ele está se movimentando praticamente em linha reta em direção a você, e, depois que passa, ele viaja praticamente em linha reta afastando-se de você.

Uma sirene de um carro de polícia emite um som que tem uma frequência de cerca de 320 hertz. Se ele está com a sirene ligada, deve estar com pressa, então, vamos dizer que está indo a aproximadamente

70 milhas por hora (31,29 metros por segundo). Além disso, você está caminhando pela calçada, a uma velocidade de 1,5 metros por segundo. A frequência real do som que você ouve é

$$f_a = \left(\frac{343 \text{ m/s } -1,5 \text{ m/s}}{343 \text{ m/s } - 31,29 \text{ m/s}} \right) 320 \text{ Hz}$$

$$= \left(\frac{341,5}{311,71} \right) 320 \text{ Hz}$$

$$\approx (1,0956) 320 \text{ Hz}$$

$$\approx 351 \text{ Hz}$$

Trata-se de um aumento de aproximadamente 10 por cento sobre a frequência real da sirene. Agora, calcule a frequência que você ouve quando o carro de polícia passou e está se afastando:

$$f_a = \left(\frac{343 \text{ m/s} + 1,5 \text{ m/s}}{343 \text{ m/s} + 31,29 \text{ m/s}} \right) 320 \text{ Hz}$$

$$= \left(\frac{344,5}{374,29} \right) 320 \text{ Hz}$$

$$\approx (0,9204) 320 \text{ Hz}$$

$$\approx 295 \text{ Hz}$$

Trata-se de uma queda de aproximadamente 8 por cento sobre a frequência real da sirene.

Caso você tenha um piano à mão, pode tocar esses sons. A sirene original tem praticamente o mesmo tom de E, que são duas notas completas acima do Dó médio. Então, o som que você ouve quando o carro se aproxima de você é praticamente o mesmo que tocar uma nota acima, e o som quando o carro já passou é praticamente o mesmo que tocar uma nota abaixo.

Quebrando a barreira do som: Ondas de choque

O som se movimenta rapidamente pelo ar, mas algumas coisas se movimentam mais rápido que o som. Quando o Concorde (o avião de passageiros supersônico franco-britânico) estava voando antes de sua "aposentadoria", em 2003, era possível cruzar o Oceano Atlântico a aproximadamente duas vezes a velocidade do som. Os meteoros que entram na atmosfera terrestre viajam pelo ar muito mais rapidamente do que isso. Os objetos que quebram a barreira do som produzem um *boom sônico*, um som alto que as pessoas podem ouvir do solo. Nesta seção, eu discuto o que acontece quando algo quebra a barreira do som.

Produzindo ondas de choque

Devivo ao efeito Doppler, o comprimento de onda do som produzido por uma fonte em movimento é esticado por trás dela e encurtado na frente (consulte a seção anterior "Indo e vindo com o efeito Doppler", para mais detalhes). Quando um avião (ou outro objeto em movimento) se aproxima da velocidade do som, ele tem de trabalhar mais para comprimir o ar à sua frente à medida que ele agrupa todos os picos de ondas; esse trabalho adicional deu origem ao termo *barreira do som*.

A Figura 7-13 mostra os picos de ondas de uma fonte de som movimentando-se mais rapidamente do que a velocidade do som (isto é, a fonte está em *movimento supersônico*). Os picos de ondas se propagam uniformemente, afastando-se de onde estava a fonte quando ela os emitiu. Em um determinado momento, isso cria uma série de círculos cujos centros estão uniformemente espaçados ao longo do caminho da fonte (assumindo que ela está se movimentando a uma velocidade constante), e os raios dos primeiros círculos estão uniformemente maiores do que os mais recentes. A borda desses círculos forma uma linha de ondas de interferência construtiva ao longo de sua borda externa, que é chamada de *onda de choque*.

A concentração de ondas sonoras de interferência construtiva ao longo da onda de choque produz um som muito alto. Qualquer ouvinte que esteja em um ponto sobre a onda de choque vai ouvir este som — o *boom sônico*.

Observe que à medida que o avião viaja pelo ar, a onda de choque é, na verdade, um cone: A figura mostra apenas uma seção transversal. À medida que o avião viaja mais rapidamente do que o som, ele vai produzir uma onda de choque, o ar ao redor da ponta do avião está a uma pressão superior do que o ar circundante. A velocidade do som pode variar quando a pressão do ar varia, e isso significa que a variação de pressão em torno da ponta do avião faz com que a forma da onda de choque se curve ligeiramente nessa região ao contrário das linhas retas que você vê na Figura 7-13.

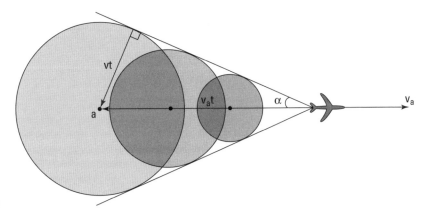

Figura 7-13: Onda de choque em um avião.

Calculando o ângulo de uma onda de choque

Com a trigonometria básica, você pode facilmente calcular com uma boa aproximação o ângulo que uma onda de choque produz a partir da direção do movimento. Observe o triângulo retângulo na Figura 7-13. Como a origem (um avião) emitiu uma onda sonora no ponto *a*, a fonte está viajando por um período *t*, a uma velocidade v_a. Portanto, o comprimento da hipotenusa desse triângulo é $v_a t$, e o comprimento do lado oposto do triângulo é justamente a distância que a onda sonora viajou, vt. O seno do ângulo da onda de choque, α, é apenas a razão

$$\operatorname{sen}(\alpha) = \frac{vt}{v_a t} = \frac{v}{v_a}$$

Você pode ouvir que um avião viaja a tal qual um número de Mach, como Mach 3,3 (o SR 71 Blackbird) ou Mach 9,6 (o X-43A, da NASA). O *número Mach* é apenas a velocidade de um jato comparada à velocidade do som, v_a/v.

Veja um exemplo — qual seria o ângulo da onda de choque que o Concorde teria feito se tivesse cruzado o Atlântico a duas vezes a velocidade do som? Isso significa que o número Mach é 2,0; portanto,

$$\operatorname{sen}(\alpha) = \frac{v}{v_a} = \frac{1,0}{2,0} = 0,50$$

Se você fizer o inverso do seno disso, você encontra o ângulo 30°.

Capítulo 8

Vendo a Luz: Quando a Eletricidade e o Magnetismo se Combinam

Neste Capítulo

▶ Reconhecendo a luz como ondas eletromagnéticas

▶ Conheça o espectro eletromagnético

▶ Descubra e calcule a velocidade da luz

▶ Entenda como a luz transporta energia

*Q*uebrar o segredo da luz foi um grande avanço tanto para cientistas como para a população em geral. Agora os físicos sabem o que cria as ondas de luz. Eles conseguem até mesmo prever qual a rapidez com que essas ondas se propagam, a quantidade de energia que elas transferem do Ponto A para o Ponto B, e mais. Considere este capítulo como uma visita guiada à natureza da luz. Eu serei seu guia amigo (sem o crachá com o nome), e começo essa visita falando sobre o que é realmente a luz. Em seguida, você vai mergulhar em tópicos como o espectro eletromagnético, intensidade, entre outros.

Haja Luz! Gerando e Recebendo Ondas Eletromagnéticas

O grande nome na descoberta de como a luz funciona é James Clerk Maxwell. Ele foi o físico sortudo que primeiro descobriu que a *luz* nada mais é do que campos magnéticos e elétricos alternados que se regeneram à medida que a luz se propaga, permitindo-lhe manter-se em movimento para sempre.

Nesta seção, eu explico como a eletricidade e o magnetismo se combinam para criar as ondas eletromagnéticas. Também analiso a maneira como os receptores de rádio funcionam ao captar o campo elétrico ou o campo magnético dessas ondas.

Criando um campo elétrico alternado

O processo de gerar um campo elétrico alternado (conhecido como um *campo E*) começa com uma carga oscilante. Para criar uma carga oscilante, podemos conectar uma fonte de tensão alternada à parte superior e inferior de um fio. A Figura 8-1 mostra essa instalação em quatro momentos consecutivos. A fonte de tensão alternada faz com que os elétrons no fio se movam rapidamente para cima e para baixo ao longo de seu comprimento, criando um campo elétrico alternado no fio.

Os campos elétricos se propagam pelo espaço, fazendo o campo elétrico criado movimentar-se para cima e para baixo no fio; esse mesmo campo elétrico também se movimenta no espaço. Como o campo elétrico no fio está constantemente mudando de direção à medida que a fonte de tensão se alterna, vamos ter um campo elétrico no fio, o que produz um campo elétrico alternado que se propaga pelo espaço, como você observa na Figura 8-1.

(a)

(b)
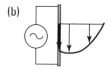

(c)
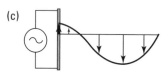

(d)
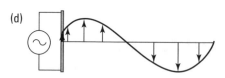

Figura 8-1: Criando um campo *E* alternado.

Primeiramente, o campo elétrico começa pequeno (observe a Figura 8-1(a)). Consequentemente, o campo elétrico que deixa o fio e se propaga pelo espaço também é pequeno. Com o tempo, no entanto, o campo elétrico no fio torna-se maior (Figura 8-1(b)), e o mesmo acontece com o campo elétrico propagado.

Em seguida, à medida que a fonte de tensão se alterna, o campo elétrico começa a mudar de direção no fio. O campo elétrico propagado faz o mesmo, ficando cada vez menor, mas ainda apontando para a mesma direção. Em algum momento mais tarde, a tensão em todo o fio muda completamente a polaridade (a *polaridade* da diferença potencial entre dois pontos apenas descreve que ponto é de maior potencial e que ponto é de menor potencial) — e o campo elétrico no fio também muda a polaridade, como você pode observar na Figura 8-1(c). Não é de surpreender que a direção do campo elétrico que está propagado no espaço também mude.

Como você pode ver na Figura 8-1(d), à medida que a carga oscilante completa seu ciclo de alternância, a onda no campo elétrico também o faz.

Observe como o campo elétrico oscilante na Figura 8-1 sempre aponta para uma direção que é perpendicular à direção da propagação. A onda propaga-se para a direita, com o campo elétrico sempre na orientação vertical — isto é, ela oscila para cima e para baixo. Quando o campo elétrico oscila com uma orientação constante enquanto a onda se propaga, a onda está *polarizada linearmente*. Por isso, podemos dizer que a onda que se propaga na Figura 8-1 está polarizada linearmente, com o campo elétrico na orientação vertical.

Obtendo um campo magnético alternado para equiparar

Como exatamente você equipara um campo (E) elétrico alternado (consulte a seção anterior) ao campo (B) magnético que se admite que esteja na outra metade de uma onda luminosa? Você deveria ter um ímã de barra giratório ou algo parecido?

Na verdade, criar o campo B magnético correspondente é mais fácil do que parece. De fato, se você tiver um fio reto, onde a tensão (e, dessa forma, a corrente) se alterna para cima e para baixo, você já fez isso, porque a corrente em fios cria um campo magnético.

Aqui está como a aplicação de uma tensão alternada em um fio cria seus campos E e B correspondentes:

- Quando você tem uma *tensão* que se alterna para cima e para baixo, você cria um campo E oscilante.
- Esse campo E faz a *corrente* se movimentar para cima e para baixo no fio e a corrente gera um campo alternado B.

Observe a direção do campo B criado na Figura 8-2. O campo E criado está paralelo ao fio (acompanhando os elétrons enquanto se movimentam muito rapidamente para cima e para baixo no fio), mas o campo B é perpendicular ao campo E. Isso acontece porque o campo B é criado perpendicular ao fio.

158 Parte III: Pegando Ondas: Sonoras e Luminosas

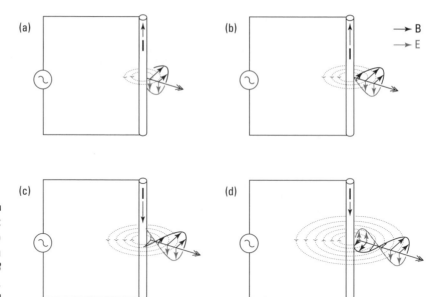

Figura 8-2: Gerando um campo B alternado.

Colocando tudo isso junto significa que uma fonte de tensão alternada aplicada em um fio cria um campo E alternado e um campo B alternado e os dois se propagam afastando-se do fio, como mostra a Figura 8-3(a). Observe que os campos E e B são perpendiculares um ao outro e ambos são perpendiculares à direção da propagação — você tem as três dimensões que foram abrangidas.

Quando você conhece as direções dos campos E e B, basta, simplesmente, usar umas das regras da mão direita para encontrar a direção da propagação:

- Se você colocar os dedos de sua mão direita na direção do campo E e, em seguida, dobrá-los em direção ao campo B usando o arco mais curto possível, então seu polegar vai apontar na direção da propagação.
- Estenda a palma da mão, apontando seus dedos na direção do campo elétrico e seu polegar na direção do campo magnético. A direção da propagação da onda é a direção para a qual a palma de sua mão está voltada. A Figura 8-3(b) mostra esta versão.

As ondas eletromagnéticas estão apenas propagando flutuações dos campos elétricos e magnéticos. As ondas eletromagnéticas de frequências mais baixas — como aquelas de um fio conectado a uma fonte de tensão alternada — são *ondas de rádio*. Uma faixa de frequência mais alta de ondas eletromagnéticas é ainda mais familiar: A luz. É isso mesmo — a luz e o rádio

Figura 8-3:
Uma onda eletromagnética e uma regra da mão direita para o campo *E*, campo *B* e a direção de propagação da onda.

são essencialmente a mesma coisa; a única diferença é que seus olhos são sensíveis às frequências de ondas luminosas visíveis.

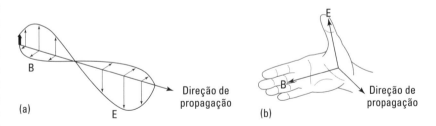

Na verdade, o fio do meu exemplo é, acredite ou não, uma *antena*. Talvez você tenha visto torres de rádio que se elevam a grandes alturas. Em sua essência, eles dependem de um único fio com uma tensão alternada colocada no fio desde a parte superior até a inferior. O fio, por ter cargas que se movimentam para cima e para baixo ao longo de seu comprimento, cria ondas de rádio.

Você pode gerar luz visível com um fio da mesma forma que pode gerar ondas de rádio? Provavelmente não. Nenhuma fonte de tensão alternada no mundo oscila rápido o bastante a ponto de chegar perto das frequências da luz visível. Para saber mais sobre ela e outros componentes do espectro eletromagnético, dê uma olhada na
seção "Olhando Para o Arco-Íris: Entendendo o Espectro Eletromagnético", adiante.

Recebendo ondas de rádio

A *criação* de ondas de rádio (consulte as seções anteriores) é apenas metade da história; você ainda precisa encontrar uma maneira de recebê-las. É aí que entram as antenas receptoras.

Como eu mostro na Figura 8-3, os campos elétricos e magnéticos de uma onda de rádio são perpendiculares entre si — aí, o campo *E* se movimenta verticalmente e o campo *B* se movimenta horizontalmente. As antenas verticais e antenas de loop são as duas maneiras principais de receber ondas de rádio, e elas correspondem às partes de campo *E* e *B* de ondas de rádio, respectivamente.

Antenas verticais: Capturando o campo E

Para detectar um campo elétrico que se move verticalmente, a partir de uma antena de emissão, você simplesmente usa uma antena vertical receptora que é, na verdade, apenas um fio longo.

O campo elétrico (campo E) a partir de uma antena de emissão está no plano vertical, exatamente como a própria antena, porque o campo E acompanha o movimento dos elétrons no fio (consulte a seção anterior "Criando um campo elétrico alternado"). Quando você usa uma antena vertical receptora, o componente do campo E da onda de rádio faz com que os elétrons na antena receptora se movimentem rapidamente para cima e para baixo. Quando a antena recebe o campo E, surge uma tensão muito pequena a partir da parte superior até a parte inferior da antena receptora. Seu rádio poderá, então, amplificar essa tensão até que ela se torne um sinal que lhe permite distinguir palavras e músicas.

Antenas de loop: Captando o campo B

Para receber um campo magnético que se movimenta horizontalmente (campo B) a partir de uma antena emissora, você pode usar um loop ou espiral de fio. (***Observação:*** Antenas de rádio receptoras usam uma combinação de loops e espirais.) Primeiramente, instale o loop ou espiral no plano vertical para maximizar o fluxo magnético através dele (eu trato de fluxo magnético em detalhes no Capítulo 5). Se isso não soa de forma intuitiva para você, considere isto: O campo magnético que você está tentando detectar está no plano horizontal, por isso, a instalação de um loop ou espiral de fio verticalmente vai permitir que você consiga que o máximo possível desse campo magnético percorra sua antena.

Assim, o campo B, que oscila rapidamente, está oscilando em seu loop ou espiral de fio. Isso é ótimo, mas como você vai realmente medir esse campo B? Um fluxo magnético variável em um loop ou espiral de fio induz uma corrente nesse loop ou espiral de uma forma que neutraliza o campo magnético aplicado a partir da estação de rádio. Seu rádio é capaz de medir essa corrente minúscula e decifrá-la, assim como outros rádios podem decifrar as tensões minúsculas criadas pelo campo elétrico da estação de rádio.

Fazendo das ondas do rádio um sucesso

O físico Heinrich Hertz foi quem primeiro gerou e recebeu ondas de rádio em seu laboratório em 1886. Esse foi um avanço para os físicos, mas ele não tinha certeza de como colocar essas ondas em uso.

Guglielmo Marconi, um físico italiano, foi uma das muitas pessoas que começou a usar essas novas ondas para se comunicar a grandes distâncias quase instantaneamente. Ele patenteou uma versão do telégrafo que marcou um dos primeiros avanços práticos na comunicação "sem fio".

No início do desenvolvimento do rádio, as ondas de rádio eram detectadas em distâncias de aproximadamente 1,6 quilômetros. Mas, os físicos logo perceberam que, quanto mais carga se movimentando rapidamente para cima e para baixo na antena, maior era a amplitude da onda, e, portanto, maior a distância a partir da qual ela podia ser recebida. À medida que transmissores e receptores evoluíram tecnologicamente, a distância aumentou para centenas e depois milhares de quilômetros.

Com uma antena de loop, seu rádio decodifica a corrente que flui através do loop por causa do fluxo magnético flutuante. Com uma antena reta, seu rádio decodifica as tensões minúsculas que aparecem no fio a partir do componente do campo elétrico da onda.

Olhando Para o Arco-Íris: Entendendo o Espectro Eletromagnético

As ondas eletromagnéticas têm as mesmas propriedades gerais compartilhadas por todas as ondas — comprimento de onda, frequência e velocidade (consulte o Capítulo 6 para mais detalhes). Nesta seção, você vai ver como essas propriedades se aplicam a ondas de luz. Você também vai descobrir como as faixas contínuas de frequências são divididas em tipos de ondas diferentes no espectro eletromagnético.

Examinando o espectro eletromagnético

Embora todas as ondas eletromagnéticas sejam essencialmente as mesmas — variando apenas a frequência — elas diferem na maneira como interagem com a matéria. Por exemplo, as ondas com uma determinada faixa de frequência são visíveis como luz, enquanto outras ondas com frequências mais altas são invisíveis, mas podem causar queimaduras desagradáveis. É possível verificar essa variação porque a matéria é composta de partículas carregadas (elétrons e prótons) em várias configurações, e a maneira como essas partículas interagem com ondas eletromagnéticas depende dos detalhes dessa configuração.

Frequências diferentes de ondas eletromagnéticas correspondem a partes diferentes do *espectro eletromagnético* — isto é, a faixa de todas as ondas eletromagnéticas dispostas em frequências cada vez maiores. A maioria das divisões do espectro é feita de acordo com a maneira como as diferentes partes do espectro interagem com a matéria, mas, algumas vezes, a divisão é baseada em como a onda é produzida ou usada.

Algumas vezes, as pessoas debatem que comprimento de onda se encaixa em qual categoria, mas a Figura 8-4 mostra faixas aproximadas das divisões principais do espectro eletromagnético, com legendas para os nomes das ondas eletromagnéticas dentro delas.

Parte III: Pegando Ondas: Sonoras e Luminosas

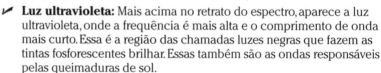

Figura 8-4:
O espectro eletromagnético.

Começando com uma frequência mais baixa, a seguir estão os tipos de ondas eletromagnéticas, pela ordem:

- **Ondas de rádio:** Como você pode ver na Figura 8-4, as ondas de rádio incluem as familiares faixas AM e FM. As frequências AM da banda de rádio estão na região 10^6 hertz (Hz), e as frequências FM estão na região 10^8 Hz. As ondas de rádio têm comprimentos de onda longos e são geralmente produzidas com antenas (consulte a seção anterior "Haja Luz! Gerando e Recebendo Ondas Eletromagnéticas", para mais detalhes).

- **Micro-ondas:** Quando a frequência das ondas de rádio aumenta até o ponto onde o comprimento de onda tem aproximadamente o mesmo tamanho dos circuitos elétricos usados para produzi-los, a onda pode ter um efeito de realimentação no circuito. Os métodos de geração de ondas desta frequência têm de levar isso em consideração, assim, essas ondas têm um nome especial: *Micro-ondas*. Alguns líquidos consistem de moléculas que absorvem micro-ondas e tornam-se aquecidos, do que se aproveitam os fornos de micro-ondas.

- **Luz infravermelha:** Esse tipo de luz é invisível a olho nu. Os seres humanos têm de usar óculos de visão noturna para enxergar essa parte do espectro.

- **Luz visível:** A luz que você pode ver é, na verdade, uma faixa muito estreita do espectro que existe apenas na região de $4,0 \times 10^{14}$ Hz até $7,9 \times 10^{14}$ Hz (essa é uma das poucas faixas de frequência sobre a qual quase todo mundo tem a mesma opinião). O lado da frequência mais baixa dessa parte do espectro corresponde ao lado vermelho do arco-íris, e o lado da frequência mais alta corresponde à parte violeta do arco-íris. O restante do arco-íris é distribuído nesta faixa.

Por que a luz visível é restrita a essa faixa tão estreita? Uma resposta é que grande parte do restante do espectro da luz é absorvida pela água e pelo vapor de água — e ambos são abundantes na Terra. A luz infravermelha, por exemplo, é absorvida pelo vapor de água, tornado-a uma opção desfavorável para você confiar para sua visão.

- **Luz ultravioleta:** Mais acima no retrato do espectro, aparece a luz ultravioleta, onde a frequência é mais alta e o comprimento de onda mais curto. Essa é a região das chamadas luzes negras que fazem as tintas fosforescentes brilhar. Essas também são as ondas responsáveis pelas queimaduras de sol.

Capítulo 8: Vendo a Luz: Quando a Eletricidade e o Magnetismo ... **163**

> ✔ **Raios-X:** Esta parte do espectro da luz viaja facilmente através do corpo humano, e é por isso que os raios-X têm um papel tão importante na medicina para verificar se há ossos quebrados.
>
> ✔ **Raios Gama:** Esses raios de alta energia são criados pelas transições de alta potência no núcleo atômico (ao contrário de outros tipos de ondas eletromagnéticas, que em sua maioria vêm de transições na estrutura do elétron de um átomo).

Relacionando a frequência e o comprimento de onda da luz

Como a luz é composta de ondas eletromagnéticas, ela deve obedecer às equações de ondas em geral (consulte o Capítulo 6). De modo particular, podemos relacionar a frequência (f) de uma onda ao seu comprimento de onda (λ) para encontrar sua velocidade (v), da seguinte forma:

$$v = f\lambda$$

No vácuo, a luz se propaga na velocidade c, que é quase igual a $3,0 \times 10^8$ m/s (eu explico de onde surgiu esse número na próxima seção). Assim, para o vácuo (ou ar), podemos dizer o seguinte:

$$c = f\lambda$$

Usando essa fórmula, qual é o comprimento de onda da luz vermelha se sua frequência é $4,0 \times 10^{14}$ Hz? E, na outra extremidade do espectro visível, qual é o comprimento de onda da luz violeta (cuja frequência é $7,9 \times 10^{14}$ Hz)? Sabemos que $c = f\lambda$, então a fórmula do comprimento de onda é

$$\lambda = \frac{c}{f}$$

Inserindo os números e fazendo os cálculos para a pergunta da luz vermelha temos o seguinte:

$$\lambda = \frac{3,0 \times 10^8 \text{ m/s}}{4,0 \times 10^{14} \text{ Hz}} = 7,5 \times 10^{-7} \text{ m}$$

Agora, dê uma olhada nos cálculos para a luz violeta, onde a frequência é $7,9 \times 10^{14}$ Hz:

$$\lambda = \frac{3,0 \times 10^8 \text{ m/s}}{7,9 \times 10^{14} \text{ Hz}} \approx 3,8 \times 10^{-7} \text{ m}$$

O *nanômetro* (abreviado *nm*), ou 10^{-9} m, é frequentemente usado para comprimentos de ondas na região visível. Portanto, podemos dizer que dois comprimentos de ondas são 750 nanômetros e 380 nanômetros. O que esses números realmente significam? Está diante de seus olhos.

A luz vermelha tem o comprimento de onda mais longo que os olhos podem perceber, e 750 nanômetros é o comprimento de onda mais longo entre os comprimentos de ondas vermelhos que os olhos podem ver. A luz violeta tem o menor comprimento de onda de luz que podemos ver, e 380 nanômetros é o menor comprimento de onda entre os comprimentos de onda violeta que os olhos normalmente podem ver. Portanto, entre 380 e 750 nanômetros — um intervalo bem curto — estão todas as cores gloriosas do espectro da luz que são visíveis ao olho humano.

Para Quem Fica, Até Logo: Encontrando a Velocidade Máxima da Luz

A luz é rápida – nada pode viajar mais rapidamente – incluindo a aparelhagem eletrônica de *Jornada nas Estrelas* e *Guerra nas Estrelas*, infelizmente. A velocidade da luz no vácuo é de aproximadamente $3,0 \times 10^8$ metros por segundo, ou aproximadamente 300.000 quilômetros por segundo. (Caso você seja um defensor da precisão, tente o valor 299.792.458 metros por segundo.)

O diâmetro do planeta Terra é de aproximadamente 40.000 quilômetros, ou $4,0 \times 10^7$ metros, de modo que à velocidade da luz, seria possível fazer 7,5 viagens ao redor do mundo em 1 segundo ($3,0 \times 10^8$ m/s $4,0 \times 10^7$ = 7,5 viagens/segundo. Seria possível ir até à Lua nessa quantidade de tempo. Desse modo, embora a luz seja rápida, ela não é infinita.

Uma experiência de luz não tão esclarecedora

Houve um tempo, é claro, em que as pessoas não tinham ideia de qual era a velocidade da luz. Foram feiras muitas experiências e muitas falharam (totalmente). Caso em questão: Em uma emocionante amostra de confiança, dois cientistas sincronizaram seus relógios de bolso para um segundo e depois marcharam para lados opostos de um campo de 1,6 quilômetros de extensão. Exatamente no momento acordado, o primeiro cientista ligou sua lanterna. O problema foi que, a partir do ponto de vista do segundo cientista, logo que seu relógio mostrou o momento exato, o feixe de luz da lanterna do primeiro cientista já estava brilhando com força total. Nenhum dos dois cientistas podia acreditar que qualquer coisa pudesse propagar-se tão rapidamente, ambos pensaram que seus relógios não estivessem funcionando.

Evidentemente, dada a velocidade dos reflexos humanos, os dois cientistas poderiam ter ficado a 160.000 quilômetros de distância um do outro, e o feixe de luz teria chegado em menos de um segundo — isto é, em menos tempo do que a precisão dos relógios e da habilidade dos cientistas para ligar suas respectivas lanternas.

_____ Capítulo 8: Vendo a Luz: Quando a Eletricidade e o Magnetismo ... **165**

Nesta seção, você vai descobrir como os físicos conseguiram calcular a velocidade da luz no vácuo. Evidentemente, como acontece com outras ondas, a velocidade da luz depende do meio no qual ela está se propagando, se houver. Eu falo sobre a luz, enquanto ela se propaga através de materiais como o diamante e o vidro, no Capítulo 9.

Verificando a primeira experiência com a velocidade da luz que realmente funcionou

Várias pessoas tentaram medir a velocidade da luz, muitas vezes, contando com fenômenos astronômicos. Armand Fizeau e Léon Foucault foram os primeiros a fazer medições da velocidade da luz limitadas à Terra. O método de Foucault usou um espelho giratório para melhorar as estimativas espaciais.

Albert Michelson, um americano que adaptou e melhorou o método de Foucault, mediu a velocidade da luz em 1926 — e aumentou drasticamente a precisão das medições.

Criando a experiência

O aparelhamento de Michelson foi muito inteligente; ele consistia em refletir a luz em um espelho a 35 quilômetros de distância. Entretanto, como a luz percorre a viagem de ida e volta de 70 quilômetros em cerca de um décimo de milésimo de segundo, Michelson precisou fazer mais do que simplesmente refletir a luz em um espelho a alguma distância.

Sua solução o tornou famoso, e você poderá ver uma descrição dela na Figura 8-5. Para capturar de forma precisa a velocidade da luz, Michelson determinou que, além de refletir a luz em um espelho a 35 quilômetros de distância, a luz deveria tocar um espelho giratório de oito lados à direita. Especificamente a luz precisava refletir um lado do espelho de oito lados, fazer a viagem de ida e volta de 70 quilômetros, e, em seguida, atingir outra parte do espelho de oito lados para a direita para entrar no detector. Caso o espelho girasse muito ou pouco, o lado onde o sinal de luz deveria tocar para refletir e ser captado no detector não estaria lá (em outras palavras, ele ainda não teria alcançado sua posição adequada). Como Michelson podia regular a velocidade de rotação do espelho, que era uma velocidade danada de rápida, ele conseguiu fazer a janela, através da qual a luz iria atingir o espelho de oito lados, muito pequena. Muito inteligente, não?

Na rodada de experiências de 1926, Michelson determinou que a velocidade da luz era 299.796 quilômetros por segundo, com a margem de erro de mais ou menos 4 quilômetros por segundo. (Entretanto, $3,0 \times 10^8$ metros por segundo é suficientemente preciso para os cálculos neste livro).

Calculando a velocidade do espelho

Tente calcular com que rapidez o espelho de Michelson devia estar girando para capturar a velocidade da luz. Vamos supor que você esteja trabalhando com a configuração da Figura 8-5 e quer refletir o feixe de luz em um espelho a 35 quilômetros de distância (uma viagem de ida e volta de 70 quilômetros). A chave para calcular a velocidade das rotações do espelho é reconhecer que o tempo mais curto que a experiência pode medir é a quantidade de tempo que ela leva para que o espelho de oito lados faça um oitavo de uma volta. Esse é o tempo mais curto que a luz pode levar para refletir no espelho distante, retornar e ainda ser captada pelo detector.

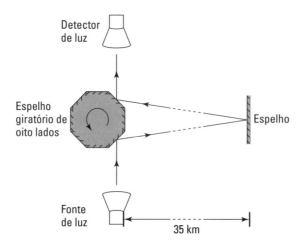

Figura 8-5: Medindo a velocidade da luz.

Portanto, no tempo que leva para a luz percorrer 70 quilômetros, seu espelho de oito lados faz um oitavo de uma volta. Com que rapidez o espelho de oito lados gira? Primeiramente, calcule a quantidade de tempo necessária para a luz percorrer 70 quilômetros. Você já sabe que

$$\text{Velocidade} = \frac{\text{distância}}{\text{tempo}}$$

Assim, essa equação também será verdadeira:

$$\text{Tempo} = \frac{\text{distância}}{\text{velocidade}}$$

Para viajar 35 quilômetros até o espelho e 35 quilômetros de volta à velocidade da luz, você precisa desta quantidade de tempo:

$$\text{Tempo} = \frac{2(3{,}5 \times 10^4 \text{ m})}{3{,}0 \times 10^8 \text{ m/s}} \approx 2{,}3 \times 10^{-4} \text{ s}$$

Capítulo 8: Vendo a Luz: Quando a Eletricidade e o Magnetismo ... *167*

Isso significa que seu espelho de oito lados dever fazer um oitavo de uma volta em $2,3 \times 10^{-4}$ segundos, dando-lhe uma velocidade angular de

$$\omega = \frac{\frac{1}{8} \text{rotação}}{2,3 \times 10^{-4} \text{ s}} \approx 540 \text{ rotações/s}$$

Portanto, seu espelho de oito lados precisa girar a 540 rotações por segundo para medir precisamente a velocidade da luz.

Calculando teoricamente a velocidade da luz

Como James Clerk Maxwell descobriu, o fato surpreendente é que absolutamente toda propriedade dos campos elétricos e magnéticos — cada aspecto de seu comportamento — está contida em apenas quatro equações. A maioria dos cálculos vai além da trigonometria, portanto, você pode pular as equações reais neste momento, mas aqui está uma pré-visualização do que elas abrangem (consulte os Capítulos 4 e 5 para mais detalhes sobre campos magnéticos e elétricos):

- ✔ A lei de Faraday descreve o campo elétrico que vem de um campo magnético variável.

- ✔ A lei de Ampère descreve o campo magnético que resulta de uma corrente e de um campo elétrico variável.

- ✔ Uma terceira equação simplesmente expressa o fato de que não existem monopólios magnéticos, assim, as linhas de campos magnéticos são loops.

- ✔ A lei de Gauss descreve o fluxo do campo elétrico em termos da carga elétrica. (Para campos uniformes, o *fluxo elétrico* de um campo através de uma área é simplesmente o tamanho da área multiplicado pelo tamanho do componente do campo que é perpendicular à área.)

Maxwell resumiu e organizou todas as leis da eletricidade e magnetismo porque ele estava tentando resolver um grande quebra-cabeça. Antes de Maxwell, pensava-se que a carga elétrica estava dividida — havia uma forma de carga para campos elétricos estáticos e outra para campos magnéticos. Mas, descobriu-se que se uma dessas unidades de carga estivesse dividida pela outra, então a resposta seria igual à velocidade da luz. Pensou-se que isso fosse uma incrível coincidência. Mas, Maxwell resolveu esse quebra-cabeça simplesmente pensando sobre ele, sobre aquilo que se sabia a respeito de eletricidade e magnetismo, e, ao fazer isso, ele revelou a verdadeira natureza da luz.

Maxwell juntou as equações que governavam os campos elétricos e magnéticos e mostrou que uma dessas soluções seria usar uma onda. A verdadeira descoberta aconteceu quando Maxwell mostrou que essas

168 Parte III: Pegando Ondas: Sonoras e Luminosas

ondas deveriam se propagar à velocidade da luz. Aí não demorou muito para se perceber que isso não era nenhuma coincidência — as ondas eram luz!

Eu não fico envergonhado em dizer — eu penso que o cálculo teórico da velocidade da luz é um dos resultados mais espetaculares que a física já teve. E está certo. Como você sabe, a luz é composta de ondas eletromagnéticas. Para iniciar o cálculo da velocidade da luz com essa informação, primeiramente precisamos examinar os valores tipicamente envolvidos com os campos elétricos e magnéticos. O tamanho da força entre duas cargas, por exemplo, é esta:

$$F = \frac{kq_1q_2}{r^2}$$

Essa é realmente a versão moderna da taquigrafia da seguinte equação:

$$F = \frac{q_1q_2}{4\pi\varepsilon_0 r^2}$$

Onde ε_0, que é igual a $8{,}85 \times 10^{-12}$ $C^2/(N\text{-}m^2)$, é uma constante chamada de *permissividade elétrica* do *espaço elétrico*, uma medida da facilidade com que um campo elétrico passa pelo espaço livre. (Parece promissor para ajudar a encontrar a velocidade da luz, não?)

Da mesma maneira, os campos magnéticos frequentemente envolvem a constante μ_0, a chamada *permeabilidade magnética* do *espaço livre* (novamente, soa como algo que você desejaria incluir em um cálculo da velocidade da luz através do espaço livre). Assim, a força entre dois fios que transportam a corrente é:

$$F = \frac{\mu_o I^2 L}{2\pi r}$$

E $\mu_0 = 4\pi \times 10^{-7}$ T-m/A

Portanto, como μ_0 e ε_0 se conectam à velocidade da luz? Bem, Maxwell deduziu algumas equações famosas que descreviam como a luz funciona e foi recompensado: Ele conseguiu deduzir a velocidade da luz da seguinte forma:

$$c = \frac{1}{\left(\mu_0\varepsilon_0\right)^{1/2}}$$

Não, seus olhos não estão te enganando. Maxwell conseguiu realmente calcular a velocidade da luz simplesmente relacionando-a às duas constantes fundamentais dos campos elétricos e magnéticos. Essa relação é exata, conforme determinado pelas leis dos campos elétricos e magnéticos. Agora, se isso não te deixa empolgado, eu é que não vou deixar.

Luz mais atrito é igual a sopa quente

Os fornos de micro-ondas são um exemplo excelente de como as ondas eletromagnéticas podem transferir energia. Aqui, eu uso a imagem detalhada da física da onda eletromagnética para esquentar um prato de sopa.

Embora as moléculas de água não tenham nenhuma carga, cada molécula tem um lado positivo e um lado negativo porque os elétrons na molécula não estão distribuídos uniformemente. Portanto, podemos dizer que a molécula de água é um *dipolo elétrico*.

Quando colocamos a molécula de água polar em uma onda eletromagnética, a molécula tenta se alinhar ao campo elétrico alternado. Isso faz a molécula girar para frente e para trás da mesma maneira que o campo elétrico oscila. O movimento faz a molécula de água puxar e empurrar moléculas vizinhas, fazendo-as se movimentar e vibrar — e essa vibração maior das moléculas é exatamente o que significa alguma coisa estar em uma temperatura mais alta. A frequência das ondas em um forno de micro-ondas transfere energia para as moléculas de água a uma taxa que é boa para cozinhar: 2,45 x 10⁹ Hz.

Você Tem a Força: Determinando a Densidade de Energia da Luz

Como as ondas de água (que eu trato no Capítulo 6), as ondas eletromagnéticas podem transportar energia. Se elas não pudessem, todos estaríamos em apuros porque a energia do Sol nunca chegaria à Terra, o que significa que não haveria energia solar, petróleo, vida vegetal ou calor. Uma visão não muito bonita, não é?

Para se ter uma ideia de quanta energia uma onda eletromagnética transporta, você tem de olhar para a *densidade de energia* da onda, a quantidade de energia que essa onda transporta por metro cúbico. As unidades para a densidade de energia de uma onda eletromagnética são joules por metro cúbico.

Por que então não encontrar a energia total? Bem, quando falamos sobre uma fonte de luz como o Sol, simplesmente a ligamos e desligamos, então não podemos pensar sobre ela em termos de energia total. Esta seção explica como você calcula a densidade de energia.

Encontrando energia instantânea

As ondas luminosas são ondas eletromagnéticas, de forma que podemos assumir razoavelmente que a energia em uma onda luminosa vem de seus componentes elétricos e magnéticos. Em uma onda eletromagnética, temos um campo elétrico e um campo magnético, que estão mudando com o passar do tempo (consulte a seção anterior "Haja Luz! Gerando e

Recebendo Ondas Eletromagnéticas" para maiores detalhes). A energia nesses campos é transmitida pelo espaço que eles ocupam.

Nesta seção, eu vou mostrar como trabalhar a densidade da energia armazenada nesses campos a qualquer momento, em qualquer lugar. Isso vai lhe dar a base para saber a quantidade de energia que há em uma onda eletromagnética, como você vai ver mais adiante em "Calculando a média da densidade de energia da luz". A partir daí, podemos descobrir coisas como a quantidade de energia que o equador da Terra recebe do Sol.

Olhando para a densidade da energia elétrica

Obviamente, você precisa de energia para criar um campo elétrico no espaço. Por exemplo, para carregar um capacitor (consulte o Capítulo 4) que armazena energia, temos que realizar trabalho para colocar as cargas em cada placa. Depois de carregadas, o trabalho realizado não é perdido — ele é armazenado no campo elétrico entre as placas. Como esse campo é uniforme, a energia armazenada nele é uniformemente distribuída em todo o espaço entre as duas placas.

Se você calcular quanto trabalho você realizou para carregar o capacitor, e, em seguida, dividi-lo pelo volume do espaço entre as placas, você terá uma expressão para a densidade da energia do campo elétrico. Ela acaba sendo o seguinte:

$$\text{Densidade da energia elétrica} = \frac{\varepsilon_0 E^2}{2}$$

Onde E é a magnitude (força) do campo elétrico e ε_0 é uma constante igual a $8,85 \times 10^{-12}$ $C^2/(N\text{-}m^2)$.

Realmente, essa é a quantidade de densidade de energia que você precisa para criar um campo elétrico a partir de qualquer fonte — um capacitor de placas paralelas ou ondas de luz. Sempre que o campo elétrico tiver magnitude E, a densidade de energia nesse ponto será dada pela equação anterior. Então, agora você conhece um componente da densidade de energia total em uma onda eletromagnética: a densidade de energia de um campo elétrico.

Considerando a densidade de energia magnética

Você pode fazer um campo magnético uniforme em um solenoide criando uma corrente nos loops do fio (consulte o Capítulo 4). Criar a corrente consome trabalho, e esse trabalho é armazenado no campo elétrico dentro do solenoide.

Você pode calcular quanto trabalho realizou para criar o campo magnético uniforme e dividi-lo pelo volume do espaço que ele ocupa para encontrar a densidade da energia armazenada nesse campo. Verifica-se que a resposta é a seguinte:

$$\text{Densidade de energia magnética} = \frac{B^2}{2\mu_0}$$

Capítulo 8: Vendo a Luz: Quando a Eletricidade e o Magnetismo ... *171*

Onde B é a magnitude (força) do campo magnético e μ_0 é uma constante igual a $4\pi \times 10^{-7}$ T-m/A

Agora adivinhe — essa é exatamente a quantidade de densidade de energia (energia por metro cúbico) que você precisa para criar um campo magnético a partir de qualquer fonte, podendo ser fios em um solenoide ou uma onda eletromagnética. Portanto, em qualquer ponto onde a magnitude do campo magnético seja B, a densidade da energia armazenada no campo magnético aí será dada pela relação anterior.

Somando as densidades de energia

Como a luz é composta de um componente de campo elétrico e um componente de campo magnético, a densidade de energia total de uma onda eletromagnética é simplesmente a soma das duas densidades de energia. A equação para a densidade de energia total (u) se parece com isso:

$$u = \frac{\varepsilon_0 E^2}{2} + \frac{B^2}{2\mu_0}$$

Essa é a densidade de energia total, u, de um campo eletromagnético (campos magnético e elétrico juntos) por metro cúbico. Você pode usar essa expressão para calcular a densidade de energia em cada ponto e momento dos campos flutuantes de uma onda eletromagnética.

Agora você está fazendo progredindo! Por isso, considere esta quação: Como a natureza decide em qual componente de uma onda eletromagnética colocar mais energia — o componente elétrico ou o componente magnético? Acontece que os dois componentes têm a mesma energia. Isto é, o componente de energia elétrica é igual ao componente de energia magnética, o que significa que podemos dizer o seguinte:

$$\frac{\varepsilon_0 E^2}{2} = \frac{B^2}{2\mu_0}$$

Isso é interessante, porque usando essa equação, juntamente com a fórmula para a velocidade da luz (da seção anterior "Calculando a velocidade da luz teoricamente"), você pode usar uma álgebra bem engenhosa. Primeiramente, isole E em um lado da equação:

$$\frac{\varepsilon_0 E^2}{2} = \frac{B^2}{2\mu_0}$$

$$E^2 = \frac{2B^2}{2\mu_0 \varepsilon_0}$$

$$E = \frac{B}{(\mu_0 \varepsilon_0)^{1/2}}$$

172 Parte III: Pegando Ondas: Sonoras e Luminosas

Agora, como a velocidade da luz no vácuo é $c = \dfrac{1}{\left(\mu_0\varepsilon_0\right)^{1/2}}$, você pode simplesmente inserir c na equação:

$$E = \frac{B}{\left(\mu_0\varepsilon_0\right)^{1/2}}$$
$$E = cB$$

Portanto, a magnitude do componente elétrico em uma onda de luz está relacionada à magnitude do componente magnético por um fator de c.

Bem, como $\dfrac{\varepsilon_0 E^2}{2} = \dfrac{B^2}{2\mu_0}$ e $u = \dfrac{\varepsilon_0 E^2}{2} + \dfrac{B^2}{2\mu_0}$, você finalmente tem a seguinte equação para a densidade de energia:

$$u = \varepsilon_0 E^2$$

ou, de forma equivalente,

$$u = \frac{B^2}{\mu_0}$$

Bom trabalho! Você encontrou a densidade de energia em cada ponto de uma onda eletromagnética em termos da magnitude dos campos elétricos e magnéticos nesses pontos.

Calculando a média da densidade de energia da luz

A densidade de energia da luz depende apenas dos campos elétricos e magnéticos, conforme eu mostrei na seção anterior. Em uma onda eletromagnética, esses campos flutuam.

Assumindo que os campos estejam flutuando na forma de uma onda senoidal, a frequência das flutuações em uma onda luminosa é algo como centenas de milhares de bilhões de vezes por segundo (10^{14} hertz) — muito rápido para se medir. Dessa forma, em vez disso, os físicos calculam a densidade de energia média no espaço ocupado por uma onda eletromagnética.

Para obter a média da densidade de energia, você trabalha com o *valor eficaz* (rms) dos campos elétricos e magnéticos (o campo máximo dividido pela raiz quadrada de 2). A raiz quadrada média do campo elétrico é dada em termos da amplitude da flutuação do campo elétrico em forma senoidal, E_0, pela seguinte equação:

$$E_{\text{rms}} = \frac{E_0}{\sqrt{2}}$$

Capítulo 8: Vendo a Luz: Quando a Eletricidade e o Magnetismo ... *173*

E, para o campo magnético, ela é dada por:

$$B_{rqm} = \frac{B_0}{\sqrt{2}}$$

Onde B_o é a amplitude de uma flutuação de campo magnético em forma senoidal. Assim, a densidade de energia média (u_{dem}) em um espaço ocupado por uma onda eletromagnética é $u_{dem} = \varepsilon_0 E_{rqm}^2$ e $u_{dem} = \frac{B_{rms}^2}{\mu_o}$.

Aqui está um problema divertido para você: os raios de luz do Sol chegam com um campo E de raiz quadrada média de aproximadamente 720 newtons por coulomb. Qual é sua densidade de energia?

Use a equação $u_{dem} = \varepsilon_0 E_{rqm}^2$ e coloque os números para obter

$$u_{dem} = (8.85 \times 10^{-12} \text{ C}^2/\text{N-m}^2)(720 \text{ N/C})^2 \approx 4.6 \times 10^{-6} \text{ J/m}^3$$

Parece que o tempo médio de densidade de energia dos raios luminosos do Sol na Terra é $4,6 \times 10^{-6}$ joules/metro^3.

Ok, agora imagine uma área plana, A. Vamos supor que você queira saber quanta energia cai sobre essa área a cada segundo quando a onda eletromagnética viaja diretamente sobre ela. Em um tempo, t, a onda vai percorrer uma distância de ct (velocidade vezes tempo). Assim, toda energia que está no volume Act vai atingir a área plana. Você pode usar a fórmula de densidade de energia média para calcular essa energia:

$$U_{dem} Act = \varepsilon_0 E_{rqm}^2 \, Act = \frac{B_{rqm}^2 Act}{\mu_0}$$

Portanto, a energia que cai por unidade de área por unidade de tempo, I, é dada por:

$$I = c\varepsilon_0 E_{rqm}^2 = \frac{cB_{rqm}^2}{\mu_0}$$

A energia em uma onda por unidade de área é a intensidade (como eu mostro no Capítulo 7). Assim, I, na fórmula precedente é a intensidade de uma onda eletromagnética. Esse é apenas o equivalente eletromagnético da intensidade sonora que você aprendeu no Capítulo 7.

Usando essa fórmula, você poderá encontrar a intensidade da luz do Sol aqui na Terra,

$$I = (3,00 \times 10^8 \text{ m/s}) (8,85 \times 10^{-12} \text{ C}^2/\text{N-m}^2) (720 \text{ N/C})^2 = 1,380 \text{ J/s-m}^2$$

174 Parte III: Pegando Ondas: Sonoras e Luminosas

Isso significa que cada metro quadrado da superfície da Terra recebe 1,380 joules de energia do Sol a cada segundo. (Observe, entretanto, que a equação precedente se aplica apenas se a onda atinge diretamente a área, de forma que isso realmente se aplica apenas perto do equador. Mais perto dos polos, você teria de incluir um fator para explicar a inclinação da superfície longe do Sol em latitudes maiores — obviamente o Polo Norte não recebe tanta energia do Sol por unidade de área como as Ilhas do Caribe.)

Capítulo 9

Flexionando e Focalizando a Luz: Refração e Lentes

Neste Capítulo

▶ A flexão da luz quando penetra novos materiais

▶ Fazendo a refração de luz suficiente para obter reflexão interna

▶ Desenhando diagramas de raios para lentes convergentes e divergentes

▶ Usando equações relacionadas às distâncias e magnificação

▶ Usando lentes em combinação

Aqui está uma qualidade interessante da luz: Ela interage com a matéria para mudar de direção. Em vez de apenas passar pelo universo, alheia a tudo, a luz é afetada pela matéria por onde passa, quer essa matéria seja **densa como um diamante ou fina como o ar.**

Por que a luz muda de direção? Ela muda de direção porque é feita de *ondas eletromagnéticas* — isto é, minúsculos campos elétricos e magnéticos — e elas realmente interagem com eles que se encontram na matéria (provenientes de partículas carregadas, como elétrons e prótons, e seus movimentos).

Este capítulo primeiramente vai apresentar uma forma diferente de representar as ondas luminosas: o raio. Em seguida, ele começa uma discussão sobre as peças que a luz pode pregar quando ela muda de direção em um vidro, na água ou em outros meios como esses. Você vai aprender a lidar com o índice de refração, que indica o quanto a luz se curva em qualquer dado material. Você também vai ver as lentes que colocam as imagens em foco, ou mesmo a reflexão interna total quando a luz não consegue sair de um bloco de vidro, como um prisma.

Acenando Para os Raios: Desenhando Ondas de Luz de Forma mais Simples

Quando estamos explorando os vários caminhos que as ondas luminosas tomam à medida que elas sofrem reflexão e mudam de direção através dos vários materiais reflexivos ou transparentes, estamos mais interessados nos lugares para onde as ondas vão, suas direções e deflexões, do que nos detalhes das flutuações de ondas dos campos elétricos e magnéticos. Dessa forma, para simplificar, vamos esquecer campos elétricos e magnéticos na maior parte deste capítulo e lidar com os raios de luz (eu mostro quando você precisar tomar conhecimento da natureza ondulada da luz). Um raio simplesmente indica a direção do movimento da onda, sem mostrar o comprimento de onda, ou a velocidade, ou a frequência, ou as posições dos picos da onda — os tipos de coisas que tratei no Capítulo 8.

Os raios não são uma novidade — de qualquer maneira, você provavelmente pensa na luz como raios. Eles são apenas uma maneira mais simples de se referir à onda de luz. Você pode ver o que quero dizer com *raios* em termos da imagem da onda de luz na Figura 9-1. A seguir eu mostro como interpretar esta figura:

- As linhas pontilhadas representam as ondas de luz quando mostram as posições dos picos de ondas do campo elétrico.
- Linhas sólidas são alguns dos raios que representam a mesma onda. Você pode ver que essas são exatamente as linhas que estão sempre em ângulo reto com os picos de ondas — dessa forma, elas estão sempre na direção do movimento das ondas. As setas nos raios mostram essa direção.

Na Figura 9-1(a), as ondas de luz são provenientes de um único ponto (isto é, você tem uma *fonte pontual*), e elas estão se propagando em todas as direções. Como essa luz está se propagando em todas as direções a partir de um ponto central, qualquer linha traçada radialmente para fora desse ponto é um raio.

A Figura 9-1(b) mostra outro exemplo de raios que representam ondas. Desta vez, temos um raio de luz plano que se movimenta para a direita. Eu desenhei três desses raios que representam essa onda.

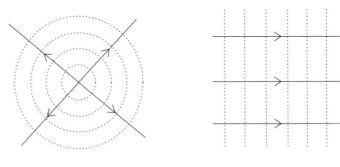

Figura 9-1: Raios e ondas.

········· Picos de onda
———▷— Raios

(a) (b)

Quando se trabalha com raios de luz, é preciso se lembrar de dois princípios básicos:

- **Os raios se propagam em linhas retas.** Quando encontram uma superfície, eles podem refletir ou defletir, mas enquanto estão se movimentando pelo mesmo meio, sem barreiras, os raios se propagam em linhas retas.

- **Os raios são reversíveis.** Quando um raio de luz se propaga entre dois pontos (por exemplo, de A para B) ao longo de um caminho, então a luz de B para A segue o mesmo caminho, na direção oposta.

Reduzindo a Velocidade da Luz: O Índice de Refração

Assim que você entender o conceito de que a luz consiste em alternar os campos E e B, que se regeneram, que existe uma velocidade máxima na qual a luz pode se propagar (que pode ser calculada teoricamente), e alguns outros itens (consulte o Capítulo 8), a luz se propagando em uma linha reta através do vácuo para sempre, verá que não é algo tão interessante. Evidentemente, você pode passar algum tempo estudando isso, mas quando estiver dominando a situação, vai desejar que algo novo aconteça.

Mas quando a luz atinge algo e começa a se propagar através dele, então ela se torna interessante novamente. Quando a luz está no vácuo e isso acontece, ela reduz sua velocidade porque os campos elétricos e magnéticos ao redor da luz no material agem como uma draga. Por exemplo, quando a luz atinge um bloco de material transparente (tudo isso é teórico, então vamos supor que seja um bloco de diamante de 27,3 quilos a luz reduz a velocidade e desvia sua direção.

Nesta seção, você vai verificar o quanto esse material diminui a velocidade da luz e o quanto a luz desvia sua direção, como resultado. Eu também vou lhe mostrar que nem toda luz se curva igualmente, porque o índice de refração varia dependendo do comprimento de onda da luz.

Calculando a redução da velocidade

A luz atinge sua velocidade máxima, c, no vácuo. Isso corresponde a aproximadamente $3,0 \times 10^8$ metros por segundo, e, a partir daí, ela entra em declínio, porque sempre que a luz se propaga através de qualquer outro material — mesmo o ar — ela reduz sua velocidade.

A relação entre a velocidade da luz no vácuo, c, e a velocidade da luz em um material, v, é uma constante para qualquer dado material, e essa relação é chamada de *índice de refração, n*. A seguir está a definição do índice de refração:

$$n = \frac{\text{velocidade da luz no vácuo}}{\text{velocidade da luz no material}} = \frac{c}{v}$$

O índice de refração é apenas um número puro, porque é a relação entre velocidades, de forma que ele não tem unidades, como poucas outras quantidades em física.

De um modo geral, quanto mais denso for o material, mais campos elétricos e magnéticos ele terá para reduzir a velocidade da luz. Assim, por exemplo, o diamante tem um índice de refração mais alto do que o ar. A Tabela 9-1 dá uma lista inicial de índices de refração para diversos materiais. A tabela também inclui a temperatura, que pode afetar a densidade do material e, consequentemente, seu índice de refração.

Geralmente, um material se contrai, à medida que sua temperatura diminui, de forma que ele se torna mais denso e seu índice de refração pode subir. Entretanto, a água é um caso especial. O gelo (a 0° C) tem um índice de refração de 1,32, e a água tem o valor mais alto de 1,33. Quando a água se congela, as moléculas formam cristais de gelo, que têm uma estrutura que é *menos* densa do que a água original. É por esse motivo que o gelo flutua na água.

Tabela 9-1   Índices de Refração para Vários Materiais

Material	Temperatura (°C)	Índices de Refração (n)
Diamante	20° C	2,42
Vidro da janela	20° C	1,52
Benzeno (líquido)	20° C	1,50
Água	20° C	1,33
Gelo	0° C	1,32
Ar	20° C	1,00029
Oxigênio	20° C	1,00027
Hidrogênio	20° C	1,00014

Portanto, se o diamante tem um índice de refração de 2,42 a 20°C, qual é a velocidade da luz em um diamante? Bem, é a seguinte:

$$v_{\text{diamante}} = \frac{c}{n_{\text{diamante}}} \approx \frac{3{,}0 \times 10^8 \text{ m/s}}{2{,}42} \approx 1{,}2 \times 10^8 \text{ m/s}$$

Dessa forma, a luz se propaga a apenas $1{,}2 \times 10^8$ metros por segundo no diamante.

Calculando o desvio: A lei de Snell

Quando a luz reduz a velocidade, ela muda a direção. Podemos colocar o índice de refração para funcionar com a lei de Snell, que diz exatamente qual o desvio da luz quando ela penetra um meio diferente. (Consulte a seção anterior para maiores informações sobre o índice de refração.)

A luz incidente (que entra) chega a um ângulo de θ_1, medido em relação a uma linha perpendicular à superfície do material — essa linha perpendicular é chamada *normal* (consulte a Figura 9-2). E, quando a luz muda de direção e penetra no meio, ela se propaga a um novo ângulo, θ_2, em relação à normal. Os ângulos se relacionam da seguinte forma:

$$n_1 \operatorname{sen} \theta_1 = n_2 \operatorname{sen} \theta_2$$

onde n_1 é o índice de refração do meio de onde a luz está vindo (não precisa ser o vácuo para empregar a lei de Snell) e n_2 é o índice de refração do meio em que a luz penetra (que pode ser o diamante, o vidro ou até mesmo o vácuo).

Observe que se você souber o ângulo incidente e os índices de refração dos materiais envolvidos, você poderá calcular o ângulo no qual a luz penetra no novo meio, da seguinte forma:

$$\operatorname{sen}^{-1}\left(\frac{n_1 \operatorname{sen}\theta_1}{n_2}\right) = \theta_2$$

Esse é um bom resultado — ele diz a que ângulo você pode imaginar que a luz vai se propagar quando penetrar no novo meio.

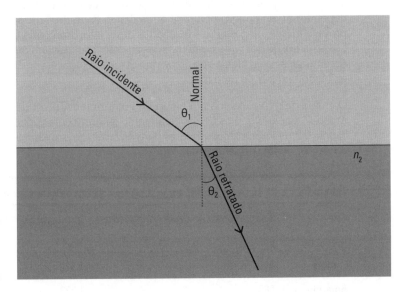

Figura 9-2: A lei de Snell.

Aqui está uma coisa que a lei de Snell diz e que não é imediatamente óbvia: Se você estiver indo do material menos denso para o mais denso, a luz se desvia em direção à linha normal; se você estiver indo do material mais denso para o menos denso, a luz se desvia afastando-se da normal.

Por exemplo, se você observar a Figura 9-2 vai ver o raio de luz propagando-se do material menos denso para o mais denso e a luz se desviando em direção à normal. Agora, caso você se recorde que os raios de luz são reversíveis, pode imaginar o mesmo raio indo na direção oposta (do material mais denso para o menos denso) — em seguida, o raio se desvia afastando-se da normal.

Agora, vamos colocar alguns números. Por exemplo, vamos imaginar que a luz está indo do ar (que podemos considerar como vácuo para fins deste exemplo) para o bloco de diamante de 27,3 quilos. E a luz atinge o diamante a um ângulo de 65° em relação à normal. Que ângulo a luz vai formar ao se propagar dentro do diamante?

Isto é, se temos $n_1 = 1,00$, $n_2 = 2,42$, e $\theta_1 = 65°$, precisamos encontrar θ_2. Podemos usar a lei de Snell da seguinte forma:

$$\theta_2 = \text{sen}^{-1}\left(\frac{n_1 \text{sen}\theta_1}{n_2}\right) = \text{sen}^{-1}\left(\frac{1,00 \text{sen} 65°}{2,42}\right) \approx 22°$$

Portanto, a luz chega a 65° e termina a 22°.

Arco-íris: Separando comprimento de ondas

Aqui está algo que você pode não gostar de ouvir porque vai complicar as coisas um pouco: o índice de refração de materiais varia ligeiramente, dependendo do comprimento de onda da luz. Por outro lado, você provavelmente vai gostar dos resultados deste fato: O arco-íris. Como as cores na luz do Sol (que contém todas as cores) se desviam em diferentes quantidades nas gotículas de água, vamos ter a separação de cores naquela exibição familiar do arco-íris.

O índice de refração varia por causa do comprimento de onda, mas não muito (é por isso que os físicos geralmente ignoram essa variação). A Tabela 9-2 relaciona alguns valores para diversas cores de luz e os índices correspondentes de refração no vidro.

Tabela 9-2	Índices de Refração de Acordo com o Comprimento de Onda	
Cor	*Comprimento de Onda (nanômetros)*	*Índice de Refração no Vidro*
Vermelho	660	1,520
Laranja	610	1,522
Amarelo	580	1,523

Capítulo 9: Flexionando e Focalizando a Luz: Refração... *181*

Cor	Comprimento de Onda (nanômetros)	Índice de Refração no Vidro
Verde	550	1,526
Azul	470	1,531
Violeta	410	1,536

Vamos dizer que a luz incide a $45°$ em relação a uma placa de vidro. Qual é o desvio da luz vermelha ($\lambda = 660$ nm), em comparação à luz violeta ($\lambda = 410$ nm)?

A lei de Snell diz que n_1 sen $\theta_1 = n_2$ sen θ_2, portanto

$$\text{sen}^{-1}\left(\frac{n_1 \text{sen}\theta_1}{n_2}\right) = \theta_2$$

Primeiramente, a luz está se propagando pelo ar, assim $n_1 = 1,00$. Para a luz vermelha no vidro, o índice de refração é 1,520, portanto, temos

$$\theta_2 = \text{sen}^{-1}\left(\frac{1,00 \text{ sen} 45°}{1,520}\right) \approx 27,7°$$

Para a luz violeta, o índice de refração no vidro é 1,536, assim, temos

$$\theta_2 = \text{sen}^{-1}\left(\frac{1,00 \text{ sen} 45°}{1,536}\right) \approx 27,4°$$

Portanto, como você pode ver, temos valores diferentes de desvios, dependendo da cor da luz. Observe que o ângulo é calculado em relação à normal, de forma que a luz violeta tem um desvio um pouco maior do que a luz vermelha aqui.

Por causa dos diferentes índices de refração para comprimentos de ondas diferentes, a luz se divide em um prisma (observe a Figura 9-3). Funciona da seguinte forma: Quando a luz entra em um prisma, ela vem do ar para entrar em um meio com um índice de refração mais alto — tipicamente o vidro —, de forma que ela sofre um desvio no vidro em direção à *normal*. Como o índice de refração é mais forte para comprimentos de onda mais curtos, a luz vermelha (com um comprimento de onda mais longo) tem um desvio menor do que a luz violeta (com um comprimento de onda mais curto). Quando a luz emerge do prisma, ela se afasta da normal, e esse desvio depende do índice de refração — assim, a luz vermelha fica ainda mais distante da luz violeta.

Nos arco-íris reais, a luz não apenas sofre refração quando entra nas gotículas de água, mas também sofre reflexão dentro das gotículas. Você vai saber mais sobre esse fenômeno no quadro "Refletindo no arco-íris", mais adiante neste capítulo.

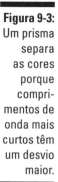

Figura 9-3: Um prisma separa as cores porque comprimentos de onda mais curtos têm um desvio maior.

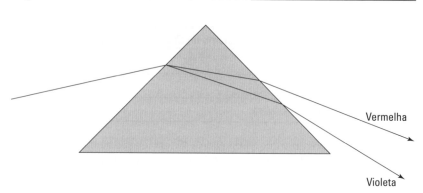

Desviando a Luz para Obter Reflexão Interna

Quando a luz entra em um material com um índice de refração mais baixo, essa luz sofre um desvio, afastando-se da *normal*. Se a luz incidente vier em um ângulo suficientemente grande, a luz pode desviar-se, tanto que acaba não se refratando — em vez disso, ela vai sofrer reflexão.

Nesta seção, eu discuto dois casos nos quais teremos a reflexão. No primeiro caso, toda a luz incidente é refletida. No segundo, apenas a *luz polarizada* — a luz com campos elétricos e magnéticos alinhados — é refletida, e o restante é refratado ao penetrar um material menos denso.

De volta para você: Reflexão interna total

Algumas vezes, a luz não consegue sair de um material e acaba se refletindo internamente. Talvez você já tenha observado que quando vira um peso de papel de vidro, uma das extremidades internas algumas vezes se parece com um espelho, refletindo com uma aparência prateada. Essa é a reflexão interna total.

Para ver como isso funciona, dê uma olhada na Figura 9-4. A luz está saindo de um meio denso, como o vidro, para o ar. Isso significa que a luz sofre um desvio, afastando-se da normal quando ela entra no ar, como você pode observar no raio 1. Se você continuar aumentando θ_1, no final, θ_2 vai atingir 90° — isto é, a luz apenas desliza sobre a superfície do vidro, como no raio 2. Se você continuar aumentando θ_1, a luz vai se refletir novamente no vidro, como você pode ver no raio 3. Isso é o que conhecemos como *reflexão interna total*. Quando a luz se propaga de um meio denso para um meio menos denso, ela se afasta da normal, e, se o ângulo de incidência se tornar suficientemente grande, a luz vai se refletir novamente no meio mais denso, onde os dois materiais se encontram.

Capítulo 9: Flexionando e Focalizando a Luz: Refração... **183**

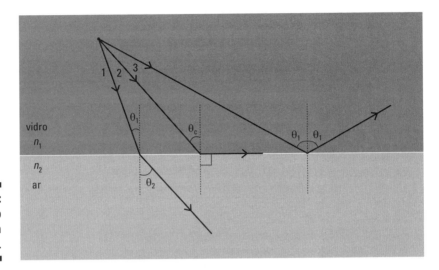

Figura 9-4:
Reflexão interna total.

A reflexão interna total acontece quando o ângulo no qual a luz tenta sair do meio denso, θ_2, torna-se tão grande que chega a 90°. Exatamente nesse ponto, quando a luz acaba deslizando sobre a interface vidro/ar, teremos a reflexão interna total. O ângulo incidente no qual isso acontece é chamado o *ângulo crítico* — θ_c. Nesse ângulo crítico, o ângulo de saída da luz em relação à normal é 90°. Em outras palavras, quando $\theta_1 = \theta_c$, $\theta_2 = 90°$.

Que valor tem θ_c? Podemos usar a lei de Snell para descobrir:

$$n_1 \operatorname{sen} \theta_1 = n_2 \operatorname{sen} \theta_2$$

Colocando os valores, temos

$$n_1 \operatorname{sen} \theta_c = n_2 \operatorname{sen} 90°$$

$$\operatorname{sen} \theta_c = \frac{n_2 \operatorname{sen} 90°}{n_1}$$

Como o sen 90° = 1, temos o seguinte para o ângulo crítico para reflexão total interna:

$$\operatorname{sen} \theta_c = \frac{n_2}{n_1}$$

$$\theta_c = \operatorname{sen}^{-1}\left(\frac{n_2}{n_1}\right)$$

Observe que essa equação exige que $n_2 < n_1$ (caso contrário, não teremos a reflexão interna total).

Refletindo em arco-íris

Os arco-íris se formam quando gotículas de água estão no ar. Criar arco-íris é uma questão de variar os índices de refração. A luz vermelha, por exemplo, se curva quando penetra em uma gotícula de água e a luz violeta tem uma flexão ainda maior.

Especificamente, a luz do Sol entra em uma gotícula e todas as cores do arco-íris começam a se separar imediatamente. Nesse caso, a violeta tem uma flexão maior do que a luz vermelha. Em seguida, devido ao ângulo de incidência quando a luz dividida tenta sair da gotícula, vai ocorrer a reflexão interna total. A luz acaba saindo da gota — e a violeta se curva mais do que a vermelha novamente, como a figura a seguir mostra. O resultado — todas as cores do arco-íris. A física conseguiu novamente.

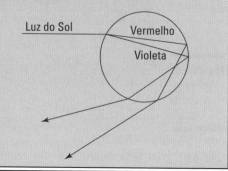

Por exemplo, você tem um anel de diamante e a luz está se refletindo dentro da pedra. Qual é o ângulo crítico, além do qual a luz que já está dentro do diamante será totalmente refletida internamente no diamante? Podemos usar a equação para a reflexão total interna. O índice de refração do ar está próximo de 1,00 e o índice de refração para o diamante é 2,42, de forma que temos o seguinte:

$$\theta_c = \text{sen}^{-1}\left(\frac{n_1}{n_2}\right) = \text{sen}^{-1}\left(\frac{1,00}{2,42}\right) = \text{sen}^{-1}(0,413) \approx 24,4°$$

Portanto, se a luz atingir a interface diamante/ar a um ângulo de mais de 24,4°, ela vai se refletir novamente no diamante, e essa faceta do diamante age como um espelho — essa é uma das razões pelos quais os diamantes cortados de forma adequada parecem exibir tanto brilho.

Luz polarizada: Obtendo uma reflexão parcial

Aqui está um fato peculiar sobre a luz — quando ela reflete sobre uma superfície não-metálica, ela fica polarizada. Isso significa que os campos elétricos de raios de luz e seus campos magnéticos ficam alinhados.

Quando falamos sobre polarização, normalmente discutimos a direção do campo elétrico (E) no raio de luz. O campo E oscila em uma direção que é perpendicular à direção do movimento do raio de luz, e o plano formado pelo raio de luz e o vetor E é chamado de sua *polarização*. Assim, se você tiver um raio de luz vindo em sua direção e seu vetor E estiver oscilando horizontalmente, a luz estará polarizada horizontalmente.

Com a luz normal, o vetor E pode oscilar em qualquer direção perpendicular à direção do movimento. Mas, quando acontece a reflexão sobre uma superfície não-metálica, a luz refletida acaba se tornando polarizada até certo ponto no plano da superfície. Por exemplo, se a luz é refletida em uma poça de água, a ela acaba se polarizando principalmente na direção horizontal.

Na Figura 9-5, você observa o raio incidente vindo da esquerda. Várias setas, em todas as direções (perpendiculares à direção do movimento, evidentemente) representam o componente do campo elétrico não polarizado desse raio. O raio refletido à direita é totalmente polarizado, de forma que ele apresenta oscilações de campos elétricos apenas na direção horizontal. O raio refratado é parcialmente polarizado porque a onda refletida conduziu as oscilações do campo elétrico preferencialmente na direção horizontal, deixando a onda refratada com relativamente poucas oscilações. Você pode observar isso na Figura 9-5 — no raio refratado, as setas que representam as oscilações do campo elétrico horizontal estão diminuídas em comparação com as outras.

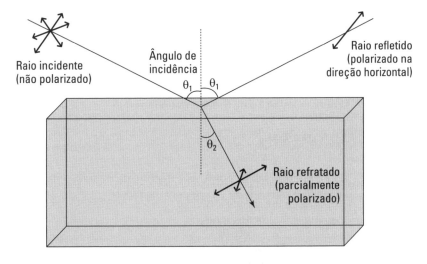

Figura 9-5: A luz refletida sobre a superfície está polarizada.

Refletindo a luz polarizada no ângulo de Brewster

Quando a luz reflete sobre uma superfície não metálica, a quantidade de polarização depende do ângulo de incidência em relação à normal. E a esse ângulo de incidência, chamado *ângulo de Brewster*, θ_B, a polarização é total. Portanto, quando a luz reflete sobre uma poça de água a um ângulo de Brewster, a luz refletida é completamente polarizada na direção horizontal. Aqui está a fórmula para o ângulo de Brewster:

$$\tan\theta_B = \frac{n_2}{n_1}$$

186 Parte III: Pegando Ondas: Sonoras e Luminosas

onde n_1 e n_2 são os índices de refração. Assim, qual é o ângulo de Brewster para a água? Bem, o índice de refração para a água é de aproximadamente 1,33 e o índice de refração para o ar é de aproximadamente 1, portanto, temos o seguinte:

$$\tan \theta_B = \frac{1,33}{1,00}$$

$$\theta_B = \tan^{-1} 1,33 \approx 53°$$

Portanto, o ângulo de Brewster para a água é 53°.

Observando o ângulo entre os raios refletidos e refratados

Você pode provar que o raio refratado que entra na água está a 90^0 em relação ao raio refletido se a luz incidente entra na água a um ângulo de Brewster (o ângulo no qual a polarização é total). Para verificar isso, comece com a lei de Snell:

$$n_1 \operatorname{sen} \theta_1 = n_2 \operatorname{sen} \theta_2$$

Onde θ_1 e θ_2 são mostrados na Figura 9-5. Podemos escrever isso da seguinte maneira, usando o ângulo de Brewster, θ_B, para θ_1:

$$\operatorname{sen} \theta_B = \frac{n_2 \operatorname{sen} \theta_2}{n_1}$$

Usando a equação de Brewster, sabemos que

$$\tan \theta_B = \frac{n_2}{n_1}$$

Temos $\tan \theta_B = \operatorname{sen} \theta_B / \cos \theta_B$, que decorre da definição da trigonometria da tangente e vamos fazer os seguintes cálculos:

$$\operatorname{sen} \theta_B = \frac{\operatorname{sen} \theta_B \operatorname{sen} \theta_2}{\cos \theta_B}$$

$$1 = \frac{\operatorname{sen} \theta_2}{\cos \theta_B}$$

$$\cos \theta_B = \operatorname{sen} \theta_2$$

E como $\operatorname{sen} \theta = \cos(90° - \theta)$, podemos dizer que

$$\cos \theta_B = \cos(90° - \theta_2)$$

$$\theta_B = 90° - \theta_2$$

Assim, o ângulo de Brewster é 90°, a partir do ângulo refratado. Legal.

Cortando o brilho com óculos de sol Polaroid

Os óculos de sol Polaroid aproveitam-se do fato de que a luz é polarizada quando ela reflete sobre superfícies planas. Esses óculos de sol são criados com milhares de cristais alongados que são aplicados a um filme, que é, então, estendido. O alongamento do filme alinha os cristais, que vão permitir que apenas a luz de uma determinada polarização — paralela aos cristais — passe. É por essa razão que, algumas vezes, as pessoas usam óculos de sol Polaroid quando vão pescar. Os óculos de sol filtram a luz que reflete na água, que, de outra forma, estaria muito brilhante. Um belo efeito, não é?

Obtendo Recursos Visuais: Criando Imagens com Lentes

Muitas coisas estranhas e maravilhosas acontecem à luz quando ela atinge superfícies curvas; assim, nesta seção, você vai entrar em um mundo de imagens. Você vai descobrir o que o campo da ótica considera ser um *objeto* e como as imagens são feitas pelas superfícies curvas das lentes. Essa é a física que levou aos telescópios e microscópios, que abriu novas portas de percepção do universo.

Aqui, eu vou demonstrar como você calcula onde estará uma imagem, assim como seu tamanho, simplesmente desenhando algumas linhas. Esses desenhos de raios podem lhe dar uma boa imagem mental do que as lentes fazem à luz quando ela passa através delas. Depois disso, eu vou mostrar algumas equações, que dizem exatamente onde as imagens estão e seus tamanhos, sem usar régua e lápis.

Definindo objetos e imagens

No que diz respeito ao campo da ótica, um *objeto* é simplesmente uma fonte de raios luminosos. Ele não precisa brilhar com a luz; ele pode apenas refletir a luz a partir de outra fonte. O ponto importante é que os raios luminosos devem irradiar para longe do objeto. Por exemplo, este livro seria considerado um objeto para a física. O livro não está gerando luz, apenas refletindo-a a partir de uma lâmpada ou do Sol, ou de qualquer que seja a fonte de luz do local onde você está lendo.

Por simplicidade, este livro considera apenas os objetos muito simples como *fontes pontuais*, que são simplesmente pontos que irradiam raios, ou fontes lineares. Uma *fonte de linha* é apenas uma linha que irradia raios em todas as direções a partir de cada parte dela — os físicos desenham essas fontes de linha como setas, então, algumas vezes, você vai encontrá-las de cabeça para baixo, e a ponta da seta vai destacar a direção.

Já chega de objetos — mas e as imagens que são feitas a partir desses objetos? Bem, o exemplo mais simples de uma imagem é o que você provavelmente vê todos os dias — sua própria imagem no espelho. Nesse caso, você é o objeto (sem querer ofender), e o espelho reflete os raios que vêm de você e fazem uma imagem atrás do espelho. A *imagem* é o ponto de onde os raios que saem de seu rosto *parecem* estar vindo. Você sabe que você — o objeto — não está atrás do espelho, mas sua imagem aparece atrás. Esse tipo de imagem é chamada de *imagem virtual*.

Outro exemplo de uma imagem é aquela projetada em um cinema. Cada quadro do filme é transformado em uma imagem que é projetada na tela. Esse é um tipo de imagem diferente daquele que você vê no espelho, porque os raios não apenas *parecem* estar vindo da imagem — eles realmente convergem para a imagem. Isto é, os raios fazem a imagem se juntar na tela do cinema. Como esse tipo de imagem pode ser colocado em uma tela, ela é chamada *imagem real*.

Agora tudo está entrando em foco: Lentes côncavas e convexas

Podemos encontrar lentes em todos os lugares — em câmeras digitais padrão, nas câmeras de TV, penduradas nos narizes das pessoas, em lanternas e, algumas vezes, até mesmo nos relógios das pessoas quando a data é muito pequena e tem de ser ampliada. Uma lente é simplesmente um objeto transparente (geralmente um disco de vidro), que focaliza um objeto e faz uma imagem. Ela pode fazer isso porque tem duas superfícies curvas.

Aqui estão os dois tipos de lentes:

- **Convexas (convergentes):** *Uma lente convexa* se curva de forma que ela apresenta uma saliência no meio (consulte a Figura 9-6). Quando você coloca um objeto pontual na frente dessas lentes, alguns dos raios que se irradiam para longe passam através da lente. Quando elas encontram a primeira superfície, elas refratam, ou se curvam, e quando elas deixam as lentes, elas refratam um pouco mais. O efeito das lentes convexas na Figura 9-6(a) é reunir todos esses raios de volta em um ponto — essa é sua imagem. Como todos os raios convergem para esse ponto, essa é uma *imagem real*.

  Se uma quantidade de raios paralelos atinge as lentes, então todos eles convergem para um ponto chamado *ponto focal*, como você pode observar na Figura 9-6(b). Você pode já ter descoberto sozinho o ponto focal se já tentou concentrar a luz do Sol em um único ponto brilhante com uma lupa, ela converge para o ponto focal. Se você colocar um pedaço de papel aí, então todos os raios convergentes podem fazer o papel queimar.

Capítulo 9: Flexionando e Focalizando a Luz: Refração...

✔ **Côncavas (divergentes):** Uma *lente côncava* é mais estreita no meio. Desta vez, quando os raios que vêm de um objeto atingem as lentes, elas divergem. Todos os raios parecem divergir de um determinado ponto, e essa é a *imagem virtual*. Consulte a Figura 9-7(a).

Agora, se você enviar um monte de raios paralelos para uma lente côncava, todos eles vão divergir, mas eles parecem divergir a partir do *ponto focal* (consulte a Figura 9-7(b)).

Uma maneira para lembrar a diferença entre lentes convexas e côncavas é que uma lente divergente forma uma espécie de caverna (porque o seu meio é todo escavado), como no *côncavo*.

A distância entre as lentes e o ponto focal é chamada de *comprimento focal*, f. A força de uma lente é medida apenas pelo seu comprimento — se for menor, então os raios vão se curvar a um ângulo maior, e a lente é mais forte.

Em muitas lentes, uma das superfícies da lente pode se curvar mais do que a outra. Mesmo nesses casos, ainda há apenas um único comprimento focal, de forma que o ponto focal de cada lado das lentes está à mesma distância, f. Além disso, embora os lados estejam curvados, se a lente é mais grossa no meio do que nas extremidades, ela é convexa; caso contrário, ela é côncava.

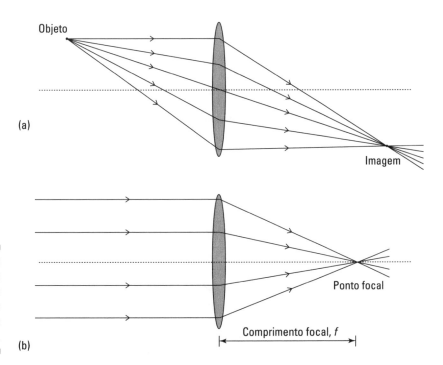

Figura 9-6: A luz passando através de uma lente convexa.

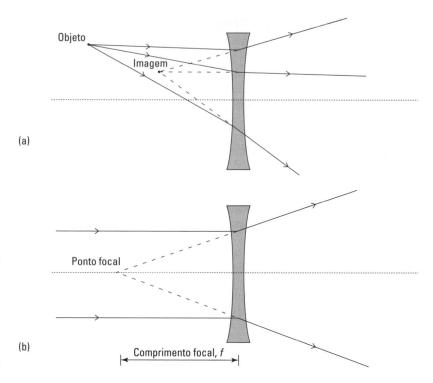

Figura 9-7: A luz passando através de uma lente côncava.

Outro ponto especial para uma lente é o *centro de curvatura*, que é uma distância, C, a partir das lentes. A distância entre esse ponto e as lentes é chamada de *raio de curvatura*.

O raio de curvatura não está relacionado de uma maneira simples ao grau de curvatura das lentes; em vez disso, apenas pense nisso em termos do comprimento focal da lente. O raio de curvatura é simplesmente duas vezes o comprimento focal, $C = 2f$.

A linha pontilhada nas Figuras 9-6 e 9-7 é chamada *eixo ótico* da lente. Ela é apenas a linha que passa através da lente na sua parte mais larga (ou a parte mais fina da lente, se ela for côncava) e é normal (perpendicular) à superfície da lente nesse ponto.

Desenhando diagramas de raios

Você pode desenhar três linhas especiais para encontrar a imagem que uma lente faz com base no lugar onde o objeto está. Essas linhas vão lhe dizer onde a imagem aparece, se está de cabeça para baixo ou com o lado direito para cima, se é maior ou menor do que o objeto original, e se a imagem é real (feita de raios de luz convergentes), ou virtual. Nesta seção, você vai descobrir como desenhar diagramas de raios para lentes convexas (convergentes) e côncavas (divergentes).

Capítulo 9: Flexionando e Focalizando a Luz: Refração...

O objeto que eu uso em cada seção é um *objeto de linha,* que se parece com uma seta. A ponta da seta garante que você sempre saiba se a imagem está de ponta cabeça ou na posição certa. Você pode pensar neste objeto como sendo vários objetos pontuais, todos em uma linha. (Para mais informações sobre objetos e fontes de ponto e linha, consulte a seção anterior "Definindo objetos e imagens".)

O X marca o local: Encontrando imagens a partir de lentes convexas

A posição e o tamanho da imagem dependem da posição e do tamanho do objeto. Para uma lente convexa (convergente), eu mostro a seguir como desenhar três linhas especiais que ajudarão a calcular a posição e o tamanho da imagem (consulte a Figura 9-8):

- **Raio 1:** Um raio deixa o objeto, viaja em direção ao centro da lente e passa direto, sem mudar a direção.

- **Raio 2:** Outro raio viaja a partir do objeto, paralelamente ao eixo da lente, e muda de direção, de modo que ela passa através do ponto focal da lente.

- **Raio 3:** Um terceiro raio viaja a partir do objeto e passa pelo ponto focal no lado mais próximo antes de chegar à lente. A lente desvia esse raio, de forma que, em seguida, ele se propaga paralelamente ao eixo da lente.

A imagem estará localizada onde essas três linhas se cruzam.

Você pode desenhar essas linhas de raio para qualquer ponto no seu objeto e encontrar cada ponto da imagem, mas para simplificar, a maioria das pessoas desenha apenas as linhas a partir da ponta do objeto (a ponta da seta). E, embora eu tenha desenhado esses três raios na Figura 9-8, você realmente precisa de apenas dois raios para localizar a imagem. Três é melhor, por segurança — como uma verificação dos outros dois —, mas, se você souber o que está fazendo e está com tempo curto (como, por exemplo, se estiver fazendo um teste), dois são suficientes.

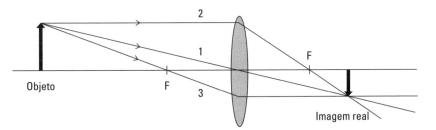

Figura 9-8: Desenho de três raios especiais para lentes convexas.

Se você passar pelo processo de desenhar linhas para lentes convexas, vai se deparar com três casos especiais para que a imagem possa parecer. Aqui estão três casos, todos baseados na posição do objeto (se quiser mais informações sobre o foco e o raio de curvatura, consulte a seção anterior "Agora tudo está entrando em foco: Lentes côncavas e convexas"):

- **O objeto está além do raio de curvatura, *C*:** Se o objeto está tão longe assim, a imagem é real, está de cabeça para baixo e é menor do que o objeto (veja a Figura 9-9(a)).
- **O objeto está entre o raio de curvatura, *C*, e o comprimento focal, *f*:** Neste caso, a imagem ainda é real e está de cabeça para baixo, mas, agora ela é maior do que o objeto (veja a Figura 9-9(b)).

   Quando o objeto está no centro da curvatura, sua imagem tem o mesmo tamanho dele, e quanto mais o objeto se aproxima do ponto focal sem cruzá-lo, maior a imagem fica.
- **O objeto está mais próximo das lentes do que o comprimento focal, *f*:** Este é um caso interessante porque, pela primeira vez, não temos uma imagem real (veja a Figura 9-9(c)). Você não pode nem mesmo desenhar o terceiro raio porque ele não passa pelas lentes. Não há lugar no espaço onde os três raios se juntam, nenhum lugar onde você possa projetar uma tela física real e conseguir uma imagem em foco — a imagem é virtual. Ela também é maior que o objeto e o lado direito está para cima.

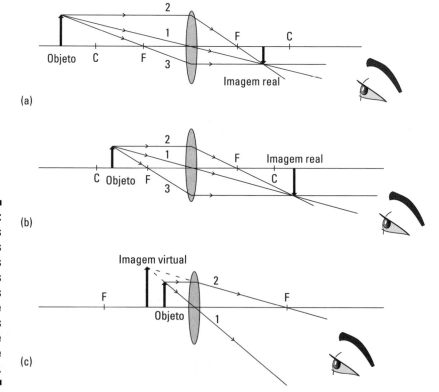

Figura 9-9: Diagramas de raios para três casos especiais de imagens a partir de uma lente convexa.

Você reconhece a situação na qual o objeto está entre o ponto focal e a lente? Esse é o caso onde uma lente convergente forma uma imagem na vertical que é maior do que o objeto para o qual você está olhando, no mesmo lado da lente, como o próprio objeto (a imagem é virtual, de forma que os raios de luz realmente não se juntam para formar uma imagem, mas olhando através da lente os raios se desviam e eles parecem estar saindo da imagem). Trata-se de uma *lupa* — e o fato de você não ter uma imagem ampliada na vertical até que o objeto esteja entre o ponto focal e a lente mostra por que você deve segurar a lente perto daquilo que está querendo ampliar. Legal, não é? Sherlock Holmes ficaria orgulhoso.

Tornando-se virtual com lentes côncavas

Com uma lente côncava (divergente), a luz se desvia da horizontal depois de passar através da lente. Você pode ver uma lente divergente na Figura 9-10.

Assim, quando você tem uma lente divergente, será que pode trabalhar com diagramas de raios para encontrar a imagem? Certamente — mas desta vez você usa apenas dois raios:

- **Raio 1:** Esse raio vai da ponta do objeto e pelo centro da lente. A Figura 9-10 mostra que esse raio passa através do centro da lente e não sofre nenhum desvio. Fácil.

- **Raio 2:** Esse raio se propaga horizontalmente a partir da ponta do objeto até a lente, paralelamente ao eixo da lente; em seguida, o raio se desvia do eixo ao longo de uma linha que passa através do ponto focal mais próximo — isto é, o raio viaja como se viesse do ponto focal mais próximo. A Figura 9-10 mostra que o segundo raio se desvia da horizontal no outro lado da lente.

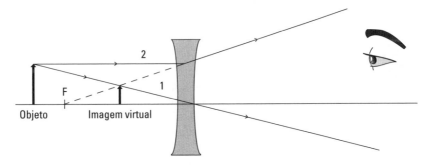

Figura 9-10: Uma lente côncava produz uma imagem virtual menor, na vertical.

Dessa forma, se o segundo raio se desvia da horizontal, onde ele vai cruzar com o primeiro raio? A resposta é que eles não se cruzam no lado da lente onde está o observador (quem está olhando através da lente). Em vez disso, alongamos os raios novamente através da lente até que eles se cruzem. Como estamos ampliando esses raios em uma linha reta, de volta para algum lugar onde eles não existem, a imagem é *virtual*. Em outras palavras, a imagem é formada no mesmo lado da lente, assim como o objeto, como se pode ver na Figura 9-10.

Independentemente de onde está o objeto, a imagem virtual a partir de uma lente côncava vai estar sempre com o lado direito para cima, e não mais longe da lente do que o comprimento focal. A imagem também será direita e será menor do que o objeto.

Entrando com Números: Encontrando Distâncias e Ampliações

Com apenas algumas equações de lentes, podemos calcular onde as imagens aparecem e qual o seu tamanho. Desenhar diagramas de raios (como eu mostrei na seção anterior) é uma boa maneira de se obter uma forte imagem do que as lentes fazem, mas quando se tem isso em mente, vamos perceber que essas equações são uma maneira muito mais rápida de descobrir o que as lentes estão fazendo.

Não há realmente nada de místico sobre as equações nesta seção — elas apenas decorrem das leis da refração (que você pode verificar em "Reduzindo a Velocidade da Luz: O Índice de Refração", anteriormente neste capítulo). As pessoas deduziram essas equações com a aplicação da lei da refração às superfícies curvas das lentes, mas você não precisa se preocupar com isso — aqui, eu vou apenas mostrar como as equações funcionam.

Vencendo a distância com a equação das lentes finas

Usando a equação das lentes finas, podemos relacionar a distância entre um objeto e uma lente, a distância da lente à imagem, e o comprimento focal da lente. A equação é chamada a *equação das lentes finas* porque ela é realmente uma aproximação, e essa aproximação realmente só se aplica às lentes "finas" — isto é, são lentes cujo poder de curvatura não é muito grande (lentes mais fortes têm um comprimento focal mais curto, assim, essas lentes devem ser mais curvas e, portanto, mais espessas). Esta seção vai lhe dar a equação, mostrar como ela funciona e fornecer alguns exemplos de cálculos.

Introduzindo a equação das lentes finas
Aqui está a equação das lentes finas:

$$\frac{1}{d_o} + \frac{1}{d_i} = \frac{1}{f}$$

Essa equação relaciona a distância entre o objeto e a lente (d_o) e a distância entre a imagem e a lente (d_i) com o comprimento focal, f.

Os sinais de do, d_i e f são importantes. Por exemplo, você dá às lentes convergentes um comprimento focal positivo, f, mas as lentes divergentes vão ter um comprimento focal negativo (isso acontece porque a imagem vai ser formada do outro lado da lente a partir do observador). E se você obtiver uma distância negativa para a distância da imagem, d_i, isso significa que a imagem é virtual (o que, para uma lente, significa que a imagem é formada no mesmo lado do objeto).

A melhor maneira de estabelecer as regras para os sinais de d_o, d_i e f é em termos dos lados de entrada e saída das lentes (veja a Figura 9-11). Quando a luz a partir de um objeto se propaga através de uma lente, eu chamo o lado em que a luz entra de *lado de chegada;* o lado da lente através do qual a luz sai é o *lado de saída*. Depois, as regras são simples para definir:

- **Distância do objeto, d_o:** Quando o objeto está no lado de chegada da lente, então a distância entre o objeto e a lente será positiva (neste livro, este sempre será o caso).

- **Distância da imagem, d_i:** Quando a imagem está no lado de saída da lente, então a distância da imagem será positiva; caso contrário, será negativa.

- **Comprimento focal, f:** Quando a lente é convexa, seu comprimento focal é positivo; caso contrário, será negativo.

Observação: Este livro sempre retrata o objeto à esquerda da lente, de forma que o lado de chegada estará à esquerda das figuras (incluindo a Figura 9-11). Mas as regras aqui definidas ainda podem ser aplicadas exatamente da mesma maneira se essa situação for invertida, porque, nesse caso, os lados de chegada e saída também se inverteriam.

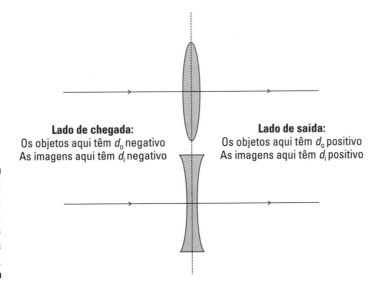

Figura 9-11: Regras de sinais para distâncias de objetos e imagens.

196 Parte III: Pegando Ondas: Sonoras e Luminosas

Fazendo cálculos com a equação das lentes finas

Agora vamos experimentar alguns números com a equação das lentes finas. Vamos dizer que você tem uma câmera com uma lente convergente que tem um comprimento focal de 5 centímetros, e a flor da qual você está tirando uma fotografia está a 2 metros na frente da lente. A que distância do outro lado da lente a imagem se forma? Você pode colocar a equação da lente fina para funcionar imediatamente:

$$\frac{1}{d_o} + \frac{1}{d_i} = \frac{1}{f}$$

Reorganizando isso, temos

$$\frac{1}{d_i} = \frac{1}{f} - \frac{1}{d_o}$$

Combinando as frações e calculando d_i, temos

$$d_i = \frac{1}{\dfrac{d_o - f}{f d_o}}$$

$$d_i = \frac{f d_o}{d_o - f}$$

Portanto, colocando os números, temos o seguinte

$$d_i = \frac{(0,050 \text{ m})(2,00 \text{ m})}{2,00 \text{ m} - 0,05 \text{ m}} = \frac{0,10 \text{ m}}{1,95} \approx 0,051 \text{ m} = 5,1 \text{ cm}$$

Portanto, a imagem se forma a 5,1 centímetros atrás da lente da câmera (no lado oposto à flor).

Agora, experimente com uma lente divergente. Vamos dizer que você tem uma lente divergente com um comprimento focal de -5 centímetros (Viu? Eu lhe disse que as lentes divergentes têm comprimentos focais negativos), e você coloca um objeto 7 cm na frente dela. Onde a imagem parece se formar?

Você pode usar a equação da lente fina, da seguinte forma:

$$\frac{1}{d_o} + \frac{1}{d_i} = \frac{1}{f}$$

E eu já calculei d_i da seguinte forma:

$$d_i = \frac{f d_o}{d_o - f}$$

Inserindo os números, temos a resposta:

$$d_i = \frac{(-0,050 \text{ m})(0,070 \text{ m})}{0,070 \text{ m} - (-0,050 \text{ m})} = -\frac{0,0035 \text{ m}^2}{0,12 \text{ m}} \approx -0,029 \text{ m} = -2,9 \text{ cm}$$

Portanto, a imagem se forma a -2,9 centímetros — isto é, entre o comprimento focal e a lente. Observe que esse resultado é negativo. Isso significa que a imagem é visível apenas quando olhamos através da lente — não no mesmo lado da lente, como o observador. Em outras palavras, é uma imagem virtual, como era de se esperar pelo tipo de lente e colocação do objeto (para ver por que, verifique o diagrama de raios na Figura 9-10).

Avaliando a equação de ampliação

A equação da lente fina diz onde a imagem vai se formar, mas ela não diz muito sobre a própria imagem. Algumas vezes, queremos saber se essa imagem é maior ou menor do que o objeto, e se ela é direita ou de cabeça para baixo em relação ao objeto. É aí que entra a equação de ampliação.

Verificando a equação de ampliação

Vamos dizer que h_i é a altura da imagem e h_o é a altura do objeto. Você pode ver que a ampliação da imagem comparada ao objeto seria m, da seguinte forma:

$$m = \frac{h_i}{h_o}$$

A Figura 9-12 mostra dois dos raios que vão formar a imagem de um objeto a partir de uma lente convexa. A figura mostra o tamanho do objeto e a imagem, juntamente com as distâncias do objeto e da imagem a partir da lente. O raio que se propaga diretamente através da lente faz um ângulo θ com o eixo. Usando a geometria e triângulos semelhantes (cinza sombreado na Figura 9-12), podemos mostrar que a ampliação é igual à relação entre a distância da imagem e a distância do objeto, assim:

$$m = \frac{h_i}{h_o} = -\frac{d_i}{d_o}$$

Observe que um valor negativo para as ampliações significa que a imagem está de ponta cabeça em relação ao objeto, e uma ampliação positiva (como as produzidas por lupas e telescópios) significa que a imagem está com o lado direito para cima em comparação com o objeto.

198 Parte III: Pegando Ondas: Sonoras e Luminosas

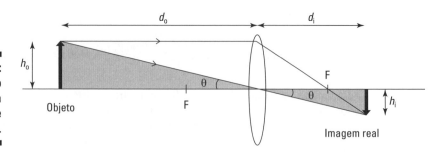

Figura 9-12: Ampliação de uma lente convexa.

Por que a equação de ampliação tem um sinal negativo? Porque a ampliação com uma lupa — isto é, uma lente convergente — é considerada positiva quando a imagem é virtual, porque você olha através da lente para ver a imagem e ela está com o lado direito para cima. Mas, como a imagem é virtual, a distância até a imagem a partir da lente, d_i, é negativa. O sinal negativo na equação de ampliação corrige isso — assim, mesmo que a imagem seja virtual (o que significa negativa na equação de lente fina), ela ainda estará na vertical (o que, por convenção, significa positiva na equação de ampliação).

Inserindo alguns números

Agora podemos calcular a distância a partir de uma lente até uma imagem usando a equação das lentes finas, e, como você já sabe a distância entre o objeto e a lente, pode usar a equação de ampliação para calcular a ampliação.

Experimente alguns números. Comece dando uma olhada no problema da lente convergente da seção anterior "Vencendo a distância com a equação da lente fina": A câmera tem uma lente convergente que tem um comprimento focal de 5 centímetros, e o objeto do qual você está tirando fotografia está 2 metros à frente da lente. Nesse problema, a distância entre a lente e a imagem acabou sendo 5,1 centímetros.

Qual é a ampliação da lente convergente nessa configuração? Você pode usar a equação de ampliação:

$$m = -\frac{d_i}{d_o}$$

Colocando os números, temos a resposta:

$$m = -\frac{5,1 \text{ cm}}{200 \text{ cm}} \approx -2,6 \times 10^{-2}$$

Portanto, a ampliação é — $2,6 \times 10^{-2}$. Isso nos diz algumas coisas. Primeiramente, observe que a ampliação é outra daquelas relativamente poucas quantidades em física que não tem unidades — ela é apenas um multiplicador. Em segundo lugar, o sinal negativo diz que a imagem formada está de ponta cabeça em relação ao objeto (você sabia que as imagens nas câmeras são invertidas?). E, em terceiro lugar, ela diz que a ampliação

Capítulo 9: Flexionando e Focalizando a Luz: Refração... **199**

é muito pequena, de forma que você pode capturar objetos grandes em pequenas superfícies de filmes ou matrizes de pixels (de câmeras digitais).

Agora dê uma olhada nas lentes divergentes. No segundo problema que eu resolvi em "Vencendo a distância com a equação da lente fina", o comprimento focal é de -5 centímetros, o objeto está colocado 7 centímetros à frente dela. A imagem se forma a -2,9 centímetros. Portanto, qual é a ampliação da lente com essa configuração? Podemos usar a equação de ampliação:

$$m = -\frac{d_i}{d_o}$$

Colocando os números aqui, temos o seguinte:

$$m = -\frac{(-2,9 \text{ cm})}{7,0 \text{ cm}} \approx 0,41$$

Assim, embora a imagem seja vertical, ela ainda é menor do que o objeto (colocando-a perto da lente teremos um resultado em ampliação maior do que 1).

Combinando Lentes Para Maior Poder de Ampliação

Você pode usar lentes juntas — de fato, esse é um de seus usos mais populares, em microscópios, telescópios e mais. As lentes usadas em combinação são quase sempre lentes convergentes. Nesta seção, você vai saber como a combinação de duas lentes vai fornecer mais poder de ampliação, e verá como essas combinações geralmente funcionam.

Entendendo como os microscópios e telescópios funcionam

Quando você combina duas lentes convergentes, a primeira lente fica mais perto do objeto, e, por isso, ela é chamada de *lente objetiva*. Como você pode ver na Figura 9-13, o objeto está mais distante da lente objetiva do que o comprimento focal (f_o) dela. Em um microscópio, o objeto para o qual você está olhando pode não estar muito além do comprimento focal, mas, em um telescópio, o objeto está sempre muito mais distante da lente objetiva.

Como você pode observar na figura, os raios a partir da ponta do objeto formam uma imagem além do comprimento focal da lente objetiva no lado direito da lente. Essa imagem é maior do que o objeto, e está invertida — também é uma imagem real.

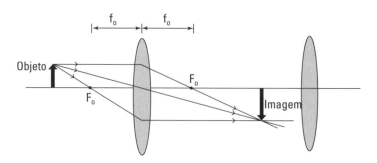

Figura 9-13: A lente objetiva.

Vendo claramente com lentes corretivas

Dois problemas de visão comuns são a miopia, onde as pessoas podem focalizar apenas objetos próximos, e a hipermetropia, onde conseguem focalizar apenas objetos distantes. As lentes corretivas ajudam em ambos os casos — lentes divergentes para miopia e lentes convergentes para hipermetropia.

O diagrama na parte superior da figura abaixo mostra uma vista míope não corrigida. O problema aqui é que a lente do olho tende a focalizar objetos a alguma distância na frente da retina. Como resultado, os objetos parecem embaçados. O diagrama da parte inferior mostra o mesmo olho corrigido com uma lente divergente. Agora, a lente divergente faz os raios dos objetos divergirem ligeiramente para neutralizar os poderes de convergência excessivamente fortes da lente do olho. Como resultado, a imagem entra em foco diretamente na retina, como deveria ser.

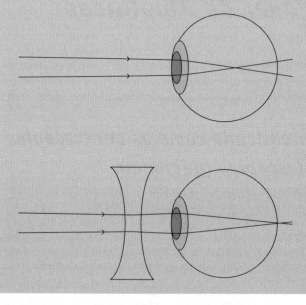

Capítulo 9: Flexionando e Focalizando a Luz: Refração... 201

O diagrama na parte superior da próxima figura mostra um olho com hipermetropia não corrigida. Aqui, o problema é que a lente do olho não consegue convergir suficientemente. Como resultado, a imagem se forma após a retina. A solução é usar uma lente convergente, como mostra o diagrama inferior. A lente convergente faz os raios de luz do objeto convergir um pouco, o que ajuda a lente do olho a focalizar a imagem, que aparece na retina.

Agora aqui está a parte inteligente — a imagem da lente do objeto torna-se o objeto para a segunda lente. Isto é, a segunda lente olha a imagem (que é real) como se ela fosse um objeto real. Como os raios de luz se juntam na imagem, isso funciona muito bem.

A segunda lente é chamada de *ocular* (o que não é de surpreender, porque essa é a lente que está mais próxima do olho). Tudo é configurado de modo que a primeira imagem, aquela que foi criada pela lente objetiva, caia justamente dentro do comprimento focal da ocular, f_e. Isso garante que a segunda lente amplie a imagem para um tamanho muito grande. Você pode verificar isso na Figura 9-14.

Desta vez, a ocular cria uma imagem virtual (de forma que você possa vê-la ao olhar através da ocular, como acontece com microscópios e telescópios). Assim, a imagem final acaba sendo grande e invertida, como você pode observar na Figura 9-14. Mas, de que tamanho? Qual é a ampliação com essa combinação de lentes?

Bem, a imagem da lente objetiva é ampliada. Em seguida, essa imagem ampliada torna-se o objeto para a lente ocular, que amplia novamente. A ampliação total resultante é o produto da ampliação de cada lente.

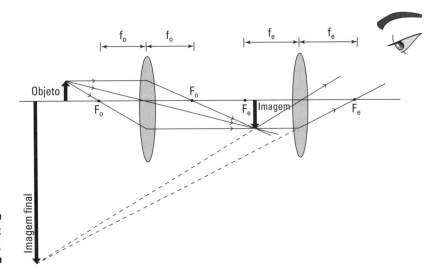

Figura 9-14: A ocular.

É por essa razão que é melhor não colocar o objeto muito longe do comprimento focal da lente objetiva em um microscópio: caso o objeto esteja entre o centro da curvatura e o comprimento focal de uma lente convexa (conforme eu expliquei anteriormente em "O X marca o local: encontrando imagens a partir de lentes convexas"), então a imagem é real e tem um tamanho maior que o objeto — e esse tamanho aumenta à medida que o objeto se aproxima do comprimento focal. Em seu funcionamento normal, um microscópio precisa de uma imagem real do objeto, e quanto maior essa imagem, maior será a ampliação.

Obtendo um novo ângulo na ampliação

A ampliação para microscópios e telescópios é frequentemente configurada em termos de *ampliação angular*. Isto é, o objeto que você quer olhar ocupa um determinado ângulo de sua visão (por exemplo, a Lua ocupa quase a metade de um grau dos 360° que você pode ver fazendo um giro completo), e se você usar um telescópio, o objeto parece maior (a Lua poderá ocupar até o que parece ser três vezes o mesmo ângulo). O símbolo para a ampliação angular é M. Nesta seção, você vai usar algumas fórmulas para encontrar a ampliação de microscópios e telescópios.

Ficando íntimo e próximo a microscópios

Os microscópios são geralmente feitos de duas lentes convergentes em combinação. Aqui, o objeto está entre um e dois comprimentos focais da lente objetiva. Se a distância entre a lente objetiva e a lente ocular for L, então a ampliação angular para um microscópio será a seguinte:

$$M = \left(\frac{L - f_e}{f_o f_e} \right) N$$

Capítulo 9: Flexionando e Focalizando a Luz: Refração... **203**

N é a distância até o ponto próximo para o olho. O *ponto próximo* é o mais próximo que você pode segurar, por exemplo, um texto e ainda lê-lo. Para um olho normal, N é igual a 25 centímetros.

Vamos supor que você tenha uma ocular com comprimento focal de 5,0 centímetros e uma lente objetiva com um comprimento focal de 0,40 centímetros. O comprimento entre as duas lentes, L, é 25,0 centímetros. Qual é a ampliação angular do microscópio?

Inserindo os números — usando $N = 25$ centímetros — teremos a resposta:

$$ M = \left(\frac{L - f_e}{f_o f_e} \right) N = \left(\frac{25,0 \text{ cm} - 5,0 \text{ cm}}{(0,40 \text{ cm})(5,0 \text{ cm})} \right)(25,0 \text{ cm}) = 250 $$

Portanto, a ampliação angular do microscópio é 250.

Trazendo o céu para perto com telescópios

Como os microscópios, os telescópios óticos são frequentemente feitos com duas lentes convergentes. Com telescópios, o objeto para o qual você está olhando está a uma determinada distância comparada à distância do ponto próximo do olho, N, e do comprimento focal da lente objetiva.

Nesse caso, você pode fazer aproximações e a ampliação angular de um telescópio é aproximadamente igual ao seguinte:

$$ M \approx -\frac{f_o}{f_e} $$

Vamos dizer, por exemplo, que você tenha um telescópio cuja lente objetiva tenha um comprimento focal de 100 centímetros e uma ocular com o comprimento focal de 0,5 centímetros. Qual será a ampliação angular que o telescópio lhe dará?

Você pode usar a equação da ampliação angular e inserir números assim:

$$ M \approx -\frac{f_o}{f_e} = -\frac{100 \text{ cm}}{0,5 \text{ cm}} = -200 $$

Portanto, a ampliação angular do telescópio é de aproximadamente -200, onde o sinal negativo simplesmente significa que a imagem é invertida.

204 Parte III: Pegando Ondas: Sonoras e Luminosas

Capítulo 10

Quicando Ondas de Luz: Reflexão e Espelhos

Neste Capítulo:

▶ Considerações sobre a reflexão em espelhos planos

▶ Entenda as imagens de espelhos curvos

▶ Encontre distâncias e ampliações

*P*odemos dizer muito sobre espelhos — espelhos planos (retos) e esféricos (mais elaborados). Com relação aos esféricos, podemos ter imagens em *espelhos côncavos* (que se parecem com o interior de uma tigela) e *espelhos convexos* (que se parecem com a parte externa de uma tigela espelhada). Podemos prever onde as imagens vão se formar e se elas serão direitas ou invertidas — uma tarefa nada fácil, já que os espelhos podem agir de maneira muito maluca quando você os segura na mão (ou os coloca na parede de uma sala de espelhos).

Neste capítulo, você vai trabalhar com algumas propriedades básicas da reflexão, e vai ver como a luz reflete em superfícies planas e curvas. Após mostrar alguns diagramas de raios, apresento equações para que você possa aplicar a matemática.

A Pura Verdade: Refletindo Sobre os Conceitos Básicos de Espelhos

Mesmo as pessoas com uma preocupação menor em relação à sua aparência, provavelmente se olham no espelho todos os dias. O espelho de superfície plana que usamos tão frequentemente também é extremamente importante para a ótica. A lei básica de como a luz reflete é expressa em termos de como ela o faz em um espelho plano. Então, se tomarmos qualquer superfície curva refletora — como aquelas em uma sala de espelhos — e olharmos para ela bem de perto, ela parece plana em cada ponto (assim como a Terra é curva, mas como nós a vemos tão de perto, ela parece plana onde quer que estejamos). Assim, se soubermos como a luz reflete em uma superfície plana, também saberemos como ela reflete em cada parte de qualquer superfície curva — um bom negócio!

Essa ideia se aplica sempre que a reflexão ocorre em uma superfície plana, mesmo que esta superfície não seja um espelho. Assim, sem mais delongas, aqui está sua introdução aos espelhos e outras superfícies refletoras.

No mundo antigo, os espelhos eram muitas vezes feitos de metal polido. Nos dias de hoje, eles são geralmente feitos de metal galvanizado em vidro. E o próprio vidro pode formar um espelho parcial — se você ficar ao lado de uma janela e olhar para fora, muitas vezes você vê uma imagem fantasmagórica de si mesmo no vidro da janela. Você vê essa imagem porque o vidro geralmente reflete cerca de 7 por cento da luz que o atinge em vez de transmiti-la através dele mesmo.

Obtendo os ângulos em espelhos planos

A Figura 10-1 mostra um *espelho plano* — isto é, um espelho reto — com a parte de trás encostada na superfície. Um raio de luz incide na figura a partir da parte superior à esquerda, atinge e reflete no espelho, e sai pelo lado superior direito.

O ângulo no qual o raio de luz atinge o espelho é chamado *ângulo de incidência*, θ_i, e o ângulo no qual a luz é refletida é chamado *ângulo de reflexão*, θ_r. Observe que esses ângulos são considerados em relação à normal — a linha perpendicular à superfície do espelho.

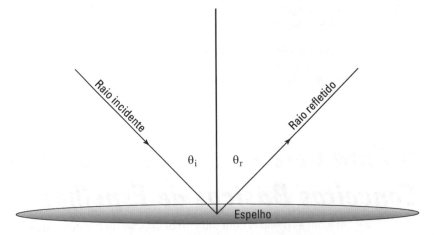

Figura 10-1: A reflexão em um espelho plano.

O ângulo de incidência é igual ao ângulo de reflexão:

$\theta_i = \theta_r$

É por esse motivo que, quando você está dirigindo e percebe a imagem de um carro se aproximando no seu espelho retrovisor, você sabe exatamente para que lado se voltar para ver o carro real.

Formando imagens em espelhos planos

Os espelhos planos são especialmente bons na formação de imagens. Esta seção lança um olhar na formação de imagens com um pouco mais de profundidade.

Os espelhos formam imagens virtuais, como você vê na Figura 10-2. A imagem é *virtual* porque os raios de luz não se encontram para formá-la (consulte o Capítulo 9 para mais detalhes sobre imagens virtuais em comparação com reais). Em outras palavras, você não pode focalizar a imagem em uma tela no lugar de onde ela parece vir.

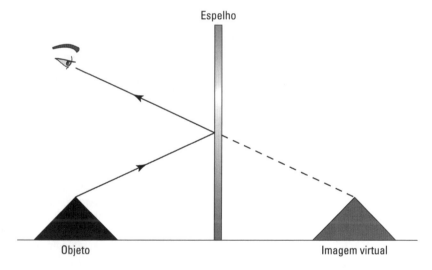

Figura 10-2: Formação de imagens em um espelho plano.

A seguir estão algumas observações que você pode fazer sobre uma imagem formada em um espelho plano, além do fato de que se trata de uma imagem virtual:

- A imagem é direita.
- A imagem tem o mesmo tamanho do objeto.
- A imagem fica na mesma distância atrás do espelho que o objeto na frente do espelho.
- A imagem está invertida de trás para frente (consulte o próximo quadro "Revertendo um mito do espelho: a inversão da esquerda para a direita").

Revertendo um mito do espelho: A inversão da esquerda para a direita

Se você posicionar sua mão direita próxima a um espelho, vai perceber que a imagem dela vai parecer como sendo da mão esquerda (de forma que você não poderia apertar a mão dessa imagem — mesmo que ela fosse real e o espelho não estivesse no caminho!). Você pode se perguntar por que a imagem vira para a esquerda e para direita sem virar para cima e para baixo. Mas, na verdade, ela não faz nenhum desses movimentos. Para saber por que, experimente fazer o seguinte:

✔ Fique de pé, em frente a um espelho, e aponte seu dedo para a esquerda; você vai ver que a imagem de sua mão também aponta para a esquerda, paralela à direção que você aponta. Portanto, a imagem não virou da esquerda para a direita.

✔ Agora, aponte seu dedo para cima e você vai ver a imagem de sua mão apontando para cima, paralela ao seu dedo. Portanto, a imagem também não virou de cima para baixo.

✔ Agora experimente apontar o dedo para longe de você, diretamente para o espelho, e você vai ver sua imagem apontando diretamente em sua direção, saindo do espelho — a direção totalmente oposta! Assim, podemos concluir que o espelho vira de trás para frente.

Verificando o tamanho do espelho

Muitas lojas vendem espelhos de corpo inteiro, mas esta pode ser mais uma maneira de ganhar dinheiro do que, de fato, a necessidade de formação de uma imagem. Nesta seção, mostro que um espelho plano precisa ter apenas a metade de sua altura real para permitir que você veja seu corpo inteiro . Para verificar isso, primeiramente observe a ilustração — Figura 10-3:

✔ Uma pessoa (representada por uma linha preta grossa) está de pé à esquerda de um espelho plano. A linha que representa a pessoa inclui pontos indicando a posição do topo da cabeça (T), os olhos (E), e os pés (F). (***Observação:*** Para tornar o diagrama mais claro, a posição dos olhos é mostrada muito mais abaixo do que realmente está — a menos que a pessoa esteja usando uma cartola!)

✔ A linha cinza vertical sombreada no centro representa um espelho plano de corpo inteiro.

✔ Os raios de luz que deixam a pessoa refletem no espelho, criando uma imagem, que é mostrada à direita como outra linha preta grossa. A imagem tem pontos correspondentes marcados, indicando a posição do topo da cabeça da imagem ($T´$), olhos ($E´$) e pés ($F´$).

Os pontos A e B mostram em que lugar na superfície do espelho a pessoa vê o topo de sua cabeça e pés, respectivamente. Você já pode perceber que não precisa do comprimento total do espelho para se enxergar por inteiro, porque a distância AB é muito menor do que o comprimento do espelho, CD. Usando um pouco de geometria, podemos calcular exatamente o tamanho de AB — isto é, o quanto do espelho inteiro você realmente precisa.

Capítulo 10: Quicando Ondas de Luz: Reflexão e Espelhos

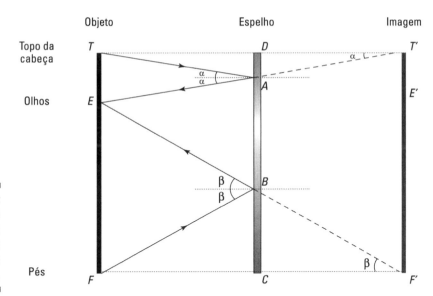

Figura 10-3: Uma pessoa de pé em frente a um espelho.

Observe novamente a Figura 10-3. Você pode ver que o espelho está obedecendo à lei da reflexão: Os ângulos de incidência e reflexão dos raios do topo de sua cabeça, α, são iguais. Então, como T'E é uma linha reta, o ângulo que ela faz com sua imagem também deve ser α. Isso significa que o triângulo T'ET é semelhante ao triângulo T'AD — porque ambos são triângulos retângulos que também compartilham o ângulo α.

Você também sabe que a imagem está à mesma distância atrás do espelho que você à frente dele, assim, T'A tem a metade do comprimento de T'E. Como temos triângulos semelhantes, isso quer dizer que o triângulo T'AD tem a metade do tamanho de T'ET — o que significa que AD tem a metade do comprimento de ET:

$$AD = \frac{ET}{2}$$

Você pode fazer exatamente a mesma coisa para os triângulos F'EF e F'BC porque podemos ver que eles são semelhantes pela mesma razão. Portanto, BC tem a metade do comprimento de EF:

$$BC = \frac{EF}{2}$$

Agora, tudo o que você tem que fazer para encontrar o comprimento do espelho que você realmente precisa, é subtrair os dois comprimentos não utilizados (AD e BC) do total (CD):

$$AB = CD - AD - BC$$

Agora vamos experimentar alguns números. Se sua altura (TF) é 1,66 metros, que tamanho deve ter o espelho para que você possa se ver de corpo inteiro? O espelho de corpo inteiro, CD, também tem 1,66 metros. Vamos supor que seus olhos estejam 0,06 metros abaixo do topo de sua cabeça (ET). Isso significa que a distância dos olhos aos pés é $TF - ET = 1,60$ metros. Agora você pode calcular o comprimento da parte do espelho que você usa:

$$AB = 1,66 \text{ m} - \frac{0,06 \text{ m}}{2} - \frac{1,60 \text{ m}}{2}$$
$$= 1,66 \text{ m} - 0,03 \text{ m} - 0,80 \text{ m}$$
$$= 0,83 \text{ m}$$

Esse valor é a metade da sua altura — você não precisa de um espelho de corpo inteiro; você precisa apenas de um espelho com a metade de sua altura.

Pode ser que você já tenha percebido isso muito mais rapidamente ao observar que o triângulo $T'F'E$ é semelhante ao triângulo ABE e que ABE deve ter a metade do tamanho de $T'F'E$ (porque a imagem está à mesma distância atrás do espelho que o objeto à frente dele). Portanto, AB deve ter a metade do comprimento de $T'F'$. Então, como sua imagem tem o mesmo tamanho que você, AB tem exatamente a metade de sua altura!

Trabalhando com Espelhos Esféricos

Um espelho plano produz uma imagem que tem o mesmo tamanho do objeto original, a uma distância atrás do espelho que é a mesma do objeto à frente dele. Quando o espelho é curvo, a posição, o tamanho e a orientação da imagem poderão ser muito diferentes. A parte de dentro ou a parte de fora de uma esfera cria essas imagens. Esse é um modelo conveniente de espelho para se estudar porque ele é simples, embora geralmente apenas a parte da superfície de uma esfera seja usada e não toda a esfera.

Há apenas duas maneiras de se olhar para espelhos esféricos — como convexos e côncavos. Lembre-se, se você estiver olhando para uma cavidade, ela é um espelho *côncavo*. Caso contrário, é um espelho *convexo*.

Assim como as lentes (consulte o Capítulo 9), os espelhos esféricos têm um *centro de curvatura*. Esse é o centro da esfera de onde o espelho foi cortado, e está marcado com a letra C na Figura 10-4. A distância do centro de curvatura, C, até o espelho é chamada de *raio de curvatura*, R. Também há um ponto focal, marcado com letra F. O *ponto focal* é o local onde os raios de luz que vêm horizontalmente da esquerda acabam sendo focalizados. O comprimento focal tem a metade do raio de curvatura ou, olhando por outro lado, $R = 2f$.

Como você lida com espelhos esféricos? Você pode desenhar diagramas de raio que traçam a maneira como vários raios de luz se propagam de um objeto, refletem no espelho e acabam formando uma imagem (assim como acontece com as lentes, que eu tratei no Capítulo 9). Nesta seção, mostro como desenhar diagramas de raio para espelhos côncavos e convexos.

Capítulo 10: Quicando Ondas de Luz: Reflexão e Espelhos **211**

Descobrindo usos práticos para espelhos curvos

Os espelhos esféricos são usados em vários dispositivos do dia a dia, como espelhos de aumento para maquiagem e de segurança em lojas. Eles também são usados para distribuir a luz de uma lâmpada por um feixe, usados em faróis de carros e lanternas. Existe até mesmo uma lenda que Arquimedes (o famoso matemático grego, que correu pela rua gritando "Eureca!") teve uma ideia para usar espelhos curvos como uma arma de guerra, concentrando os raios de Sol nos navios inimigos e colocando fogo neles!

Os espelhos curvos também são usados para fazer os maiores telescópios do mundo. Por que espelhos? Porque é mais fácil construir um espelho grande do que uma lente grande. Não somente você tem que moldar apenas um lado, como também pode apoiar o grande espelho ao longo do lado não prateado para impedi-lo de se curvar ainda mais sob seu próprio peso.

Os espelhos em telescópios não são completamente esféricos. Qualquer pessoa que já tenha olhado para seu próprio reflexo na parte de trás de uma colher, ou tenha visitado uma sala repleta deles, sabe como suas curvas podem criar imagens muito distorcidas. Quando os objetos estão muito distantes de um espelho esférico, a distorção é muito pequena, mas para o nível muito delicado da precisão necessária para a astronomia, essas distorções são muito grandes e as correções à curva esférica são feitas para melhorar a imagem.

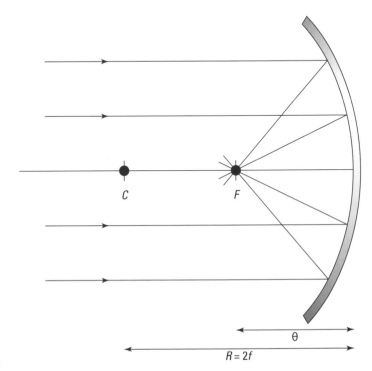

Figura 10-4:
Um espelho esférico.

Obtendo uma visão da parte interna dos espelhos côncavos

Para um espelho côncavo, a parte que faz a reflexão é o lado interno do espelho esférico. Para espelhos côncavos, três diferentes casos produzem três tipos diferentes de imagens:

- O objeto está mais distante do que o centro de curvatura.
- O objeto está entre o centro de curvatura e o ponto focal.
- O objeto está localizado entre o ponto focal e o próprio espelho.

Esta seção trata das várias possibilidades, começando pela colocação do objeto além do centro de curvatura e verificando onde a imagem se forma.

Objeto além do centro de curvatura

A Figura 10-5 mostra um objeto (representado pela seta grossa) sendo refletido em um espelho côncavo. Observe o diagrama do raio para ver onde a imagem vai se formar nesta situação e se ela está na de cabeça para cima ou para baixo. Os raios funcionam da seguinte maneira:

- **Raio 1:** O primeiro raio vai da ponta do objeto até o espelho, onde ele reflete e depois passa pelo centro de curvatura. Obviamente, o centro de curvatura de uma esfera é o seu centro, e qualquer linha reta que passe por ele é normal (perpendicular) à sua superfície, assim, esse raio de luz atinge o espelho com um ângulo de incidência igual a zero. O ângulo de reflexão é o mesmo, de forma que o raio é enviado da maneira como chegou.
- **Raio 2:** O segundo raio vai da ponta do objeto através do ponto focal e, em seguida, é refletido em uma direção horizontal — essa é a chave para os Raios 2 e 3: esses raios se alternam entre atravessar o ponto focal e se propagar horizontalmente.
- **Raio 3:** O terceiro raio começa na ponta do objeto em uma direção horizontal, reflete no espelho e acaba passando pelo ponto focal.

Os raios se encontram para formar uma imagem que é invertida em relação ao objeto entre o raio de curvatura e o ponto focal.

Essa imagem é real ou virtual? Ela é real porque vai se formar no mesmo lado do espelho, onde o objeto está — é onde os raios estão presentes fisicamente (*imagens virtuais* se formam no mesmo lado do espelho, onde os raios de luz do objeto estão realmente presentes). Se você levar uma tela até o local da imagem, você vê a imagem focalizada ali — isso é o que faz com que ela seja uma imagem real.

Figura 10-5: Um objeto mais distante do que o centro de curvatura do espelho.

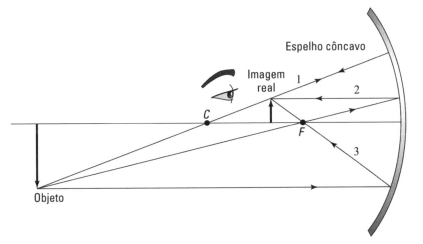

Objeto entre o centro de curvatura e o ponto focal

A Figura 10-6 mostra um objeto sendo refletido em um espelho côncavo quando o objeto é colocado entre o centro de curvatura e o ponto focal. A seguir, eu mostro como desenhar os três raios na figura:

- **Raio 1:** O primeiro raio vai da ponta do objeto através do centro de curvatura do espelho até o espelho, onde ele é refletido e volta pelo mesmo caminho.

- **Raio 2:** O segundo raio se propaga horizontalmente a partir da ponta do objeto até que atinja o espelho. Em seguida, ele é refletido — e, como é comum para raios que atingem espelhos horizontalmente, ele é refletido através do ponto focal.

- **Raio 3:** O terceiro raio se propaga a partir da ponta do objeto através do ponto focal, até o espelho. Quando ele é refletido no espelho, o raio está se propagando horizontalmente.

Qual é o resultado líquido? Como você pode ver na Figura 10-6, a imagem é real (no mesmo lado do espelho, como o objeto), invertida em relação ao objeto e além do centro de curvatura.

Objeto entre o ponto focal e o espelho

Agora temos alguma coisa realmente diferente — uma imagem virtual neste caso. Se você colocar um objeto entre o ponto focal de um espelho esférico e o próprio espelho, todas as regras mudam porque os raios do objeto não podem passar pelo ponto focal e refletem ainda mais no espelho.

Parte III: Pegando Ondas: Sonoras e Luminosas

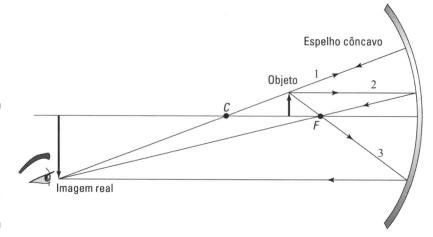

Figura 10-6: Um objeto entre o centro de curvatura e o ponto focal.

Como pode-se observar na Figura 10-7, você está lidando com três raios:

- **Raio 1:** O primeiro raio vai da ponta do objeto até o centro de curvatura e você estende o raio de volta ao espelho para completar esse raio.

- **Raio 2:** O segundo raio se propaga horizontalmente a partir da ponta do objeto até o espelho — em seguida ele reflete no espelho e passa através do ponto focal.

- **Raio 3:** O terceiro raio é o enganador. Normalmente, ele se propaga a partir da ponta do objeto passando pelo ponto focal e termina se propagando horizontalmente, mas isso não vai funcionar aqui porque, se você enviar esse raio através do ponto focal ele nunca atingirá o espelho. Em vez disso, você envia esse raio a partir da ponta do objeto até o espelho *como se ele estivesse vindo do ponto focal,* como você pode ver na Figura 10-7. Esse é o truque.

Onde esses raios se juntam? Essa é uma pergunta traiçoeira porque eles nunca vão se juntar — temos que estender os raios refletidos atrás do próprio espelho. E com espelhos, essa é a marca de uma *imagem virtual* (isto é, nenhum raio de luz do objeto penetra atrás do espelho, de forma que a imagem que se forma ali não foi realmente criada por raios de luz que se juntaram ali — não se pode levar uma tela ali e focalizar a imagem). Portanto, a imagem é direita — e vertical e ampliada — como você pode ver na figura.

Assim, na próxima vez que você estiver fazendo uma salada em uma tigela de metal espelhado, dê uma olhada para o que acontece quando você traz a alface perto do metal. Quando você passar pelo ponto focal, a imagem da alface de repente se encaixa no foco, na vertical e ampliada — e você terá uma imagem de uma alface extremamente grande.

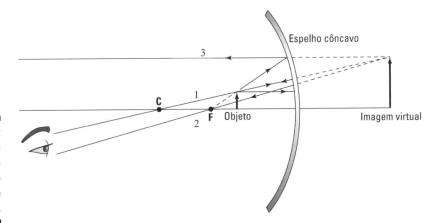

Figura 10-7: Um objeto entre o ponto focal e o espelho.

Cada vez menor: Observando o funcionamento de espelhos convexos

Vire uma tigela espelhada de forma que possa ver o fundo dela e você terá um *espelho convexo*. Em vez de desviar a luz em sua direção, os espelhos convexos desviam a luz para longe de você.

Então, o que acontece se você trouxer um objeto para perto de um espelho convexo? Você vai saber a resposta em diagramas de raios na Figura 10-8. Desta vez, o ponto focal e o centro de curvatura estão do outro lado do espelho, de forma que não há nenhuma dúvida quanto a uma colocação diferente aqui (como colocar o objeto entre o ponto focal e o centro de curvatura, colocar o objeto mais perto do espelho do que o ponto focal, e assim por diante). Você pode colocar o objeto apenas da maneira como a Figura 10-8 mostra — do outro lado do ponto focal e do centro de curvatura.

Você tem os mesmos três raios, da maneira como foi feito com espelhos côncavos (consulte as seções anteriores), mas vamos precisar de algum trabalho de imaginação para usá-los. Vamos lá:

- **Raio 1:** O primeiro raio vai da ponta do objeto em direção ao centro de curvatura — mas observe que, desta vez, o centro de curvatura está do outro lado do espelho. Isso significa que esse raio vai da ponta do objeto até o espelho e, em seguida, ele reflete como se estivesse vindo do centro de curvatura.

- **Raio 2:** O segundo raio se propaga horizontalmente a partir da ponta do objeto e, depois, reflete no espelho de uma forma como se estivesse vindo do ponto focal, como você pode ver na figura.

- **Raio 3:** O terceiro raio vai em direção ao ponto focal, que está do outro lado do espelho e, após, reflete no espelho e continua indo horizontalmente.

O resultado de tudo isso? Como você pode ver na figura, a imagem é virtual (do lado oposto ao espelho a partir do objeto, onde os raios de luz não chegam), vertical e menor do que o objeto. Legal.

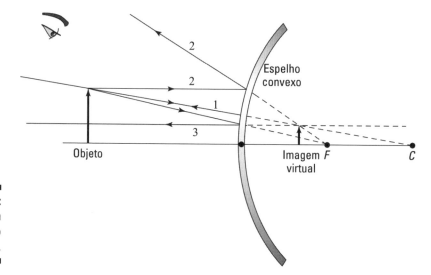

Figura 10-8: Usando um espelho convexo.

Um Resumo dos Números: Usando Equações Para Espelhos Esféricos

Assim como acontece com as lentes (consulte o Capítulo 9), podemos calcular o local, o tamanho e a orientação de uma imagem feita por um espelho esférico com algumas equações simples. Essas equações derivam apenas da *lei da reflexão* (o ângulo incidente é igual ao ângulo de reflexão) aplicadas a cada ponto da superfície curva do espelho. Mas você não tem que se preocupar com isso agora — eu vou lhe dar as equações e mostrar como elas funcionam.

Nesta seção, a equação do espelho mostra como as distâncias a partir do espelho curvo até o objeto (d_o) e a distância dele até a imagem (d_i) se relacionam com o seu comprimento focal (f). Também mostro como descobrir a ampliação (m) quando você conhece d_o e d_i.

Obtendo números com a equação do espelho

Uma equação para espelhos, inteligentemente chamada de *equação do espelho*, relaciona a distância do objeto até o espelho (d_o) e a distância do espelho até a imagem (d_i) com o comprimento focal do espelho (f). Da seguinte forma:

$$\frac{1}{d_o} + \frac{1}{d_i} = \frac{1}{f}$$

Você pode observar que, sim, isso se parece muito com a equação das lentes finas do Capítulo 9. Entretanto, temos aqui duas ideias que são diferentes da equação das lentes finas e que devemos ter em mente:

- A distância até a imagem, d_i, será negativa se a imagem estiver do outro lado do espelho a partir do objeto. Isto é, d_i será negativo se a imagem for virtual.

- O comprimento focal, f, para espelhos convexos é negativo (que é exatamente como a regra do comprimento focal para lentes divergentes que é negativo, conforme eu explico no Capítulo 9).

As regras do sinal para espelhos são essencialmente as mesmas daquelas para lentes: se a imagem estiver no lado de saída (o lado no qual os raios são refletidos pelo espelho), a distância da imagem será positiva, caso contrário, será negativa — assim como para as lentes. A regra do sinal para o comprimento focal é invertida para espelhos porque um espelho convexo diverge os raios de luz paralelos — assim como uma lente côncava — e vice-versa.

d_i para um objeto entre o comprimento focal e o centro de curvatura

Experimente alguns números. Vamos dizer que você tenha um espelho côncavo com um comprimento focal de 5,0 centímetros e você coloca um objeto 8,0 centímetros à frente dele. Onde a imagem se forma? Comece com a equação do espelho:

$$\frac{1}{d_o} + \frac{1}{d_i} = \frac{1}{f}$$

218 Parte III: Pegando Ondas: Sonoras e Luminosas

Calculando a distância da imagem, d_i, reorganizando a equação, combinando as frações e simplificando:

$$\frac{1}{f} - \frac{1}{d_o} = \frac{1}{d_i}$$

$$d_i = \frac{1}{\frac{1}{f} - \frac{1}{d_o}}$$

$$d_i = \frac{1}{\frac{d_o - f}{fd_o}}$$

$$d_i = \frac{fd_o}{d_o - f}$$

Colocando os números, teremos a resposta:

$$d_i = \frac{(5{,}0\text{ cm})(8{,}0\text{ cm})}{8{,}0\text{ cm} - 5{,}0\text{ cm}} \approx 13\text{ cm}$$

Portanto, o resultado é positivo, o que significa que a imagem é real.

d_i para um objeto entre o espelho e o comprimento focal

Que tal esta? Você tem um espelho côncavo com um comprimento focal de 5.0 centímetros e você coloca um objeto 3.0 centímetros à frente dele. Onde a imagem se forma? Aplique a equação do espelho calculada para a distância até a imagem (da seção anterior) da seguinte forma:

$$d_i = \frac{fd_o}{d_o - f}$$

Inserindo os números, teremos o seguinte:

$$d_i = \frac{(5{,}0\text{ cm})(3{,}0\text{ cm})}{3{,}0\text{ cm} - 5{,}0\text{ cm}} = -7{,}5\text{ cm}$$

Assim, neste caso, a distância até a imagem é negativa — o que significa que a imagem é virtual. Isso era de se esperar porque, neste caso, estamos colocando um objeto entre um espelho côncavo e seu ponto focal.

d_i para um espelho convexo

Aqui está mais uma. Desta vez, você tem um espelho convexo (não côncavo) com um comprimento focal de -5,0 centímetros, e você coloca um objeto 7,0 centímetros à frente dele. Onde a imagem aparece?

Capítulo 10: Quicando Ondas de Luz: Reflexão e Espelhos   *219*

Observe que, neste caso, o comprimento focal é negativo, como ele deve ser para um espelho convexo. Você pode usar a equação do espelho, calculada para a distância até a imagem, d_i, da seguinte forma:

$$d_i = \frac{fd_o}{d_o - f}$$

Colocando os números, temos:

$$d_i = \frac{(-5,0 \text{ cm})(7,0 \text{ cm})}{7,0 \text{ cm} - (-5,0 \text{ cm})} \approx -2,9 \text{ cm}$$

Portanto, neste caso, a imagem é virtual.

Descobrindo se é maior ou menor: Ampliação

A equação de ampliação nos fornece a porção da imagem que está ampliada em relação ao objeto — isto é, a relação entre a altura da imagem e a altura do objeto. Essa equação para espelhos é exatamente a mesma para lentes, que eu tratei no Capítulo 9:

$$m = -\frac{d_i}{d_o}$$

onde d_i é a distância até a imagem e d_o a distância até o objeto.

Fazendo um exemplo de ampliação

Vamos supor que um objeto esteja a 7,0 centímetros de um espelho convexo (d_o = 7,0 centímetros). O espelho tem um comprimento focal de -5,0 centímetros e seus cálculos (da seção anterior) lhe dizem que d_i = -2,9 centímetros. Qual á a ampliação da imagem comparada ao objeto? Use a equação de ampliação:

$$m = -\frac{d_i}{d_o}$$

Colocando os números teremos a resposta:

$$m = -\frac{(-2,9 \text{ cm})}{7,0 \text{ cm}} \approx 0,41$$

Neste caso, a ampliação é 0,41 — a altura da imagem é 0,41 vezes a altura do objeto, e a imagem é direita (porque a ampliação é positiva).

Lembre-se: A ampliação nem sempre significa que a imagem é maior — a imagem aqui é menor do que o objeto (menos da metade do tamanho).

Usando a equação do espelho e a equação de ampliação juntas

Em geral, você tem de usar a equação do espelho para encontrar d_o primeiro; em seguida, você pode usar a equação de ampliação para encontrar a ampliação.

Vamos dizer que você tem um espelho côncavo, com um comprimento focal de 8,0 centímetros, e coloca um objeto 10,0 centímetros à frente dele. Qual é a ampliação da imagem? Primeiramente, você tem de encontrar a distância até a imagem. Use a equação do espelho para encontrar d_i:

$$d_i = \frac{fd_o}{d_o - f}$$

Neste exemplo, você tem

$$d_i = \frac{(8{,}0 \text{ cm})(10{,}0 \text{ cm})}{10{,}0 \text{ cm} - 8{,}0 \text{ cm}} = 40 \text{ cm}$$

Assim, $d_i = 40$ centímetros — é um valor positivo, então a imagem é real. Isso significa que a ampliação é

$$m = -\frac{d_i}{d_o} = -\frac{40 \text{ cm}}{10{,}0 \text{ cm}} = -4{,}0$$

Portanto, a ampliação é - 4,0 — isto é, a imagem é quatro vezes a altura do objeto. A ampliação é negativa, o que nos diz que a imagem está invertida.

Então, agora você sabe tudo o que está acontecendo neste exemplo — onde a imagem aparece, se está na vertical ou invertida, se é real ou virtual e o tamanho de i. Nada mal para duas pequenas equações (a equação do espelho e a equação de ampliação).

Capítulo 11

Lançando Luz Sobre Interferência de Ondas de Luz e Difração

Neste Capítulo:

▶ Entenda a interferência de ondas de luz

▶ Como obter fontes de luz coerentes

▶ Olhando para a difração de fenda única

▶ Trabalhe com múltiplas fendas de grades de difração

▶ Descubra o poder de resolução quando a luz atravessa um orifício

Este capítulo é todo sobre a *interferência* — isto é, o que acontece quando ondas de luz colidem. Ela é uma propriedade de todas as ondas (como você viu no Capítulo 6). Como as ondas de luz são, na verdade, eletromagnéticas, seus campos elétricos e magnéticos podem se somar ou subtrair quando se sobrepõem e o que resulta de tal operação ser mais forte — ou mais fraca — do que os campos de cada onda de luz por si só, dando origem a alguns fenômenos inusitados. Este capítulo começa com a interferência de duas ondas de luz e continua a partir daí.

A interferência é a interação de ondas a partir de algumas fontes, mas se ela for a partir de um grande número de fontes é chamada *difração*. Eu discuto a difração de ondas sonoras no Capítulo 7, onde elas mudam de direção e se propagam quando encontram uma abertura em uma parede. Neste capítulo, você vai se familiarizar ainda mais com a difração para ondas luminosas usando o princípio de Huygens. Este princípio é uma nova maneira de pensar sobre como as ondas se propagam e explica por que elas podem se dobrar ao redor de cantos e se propagar quando passam através de aberturas em paredes. O princípio de Huygens mostra como a difração é realmente apenas a interferência de várias ondas e não uma coisa completamente nova.

Quando as Ondas Colidem: Apresentando a Interferência da Luz

Quando duas ou mais ondas de luz intervêm uma na outra, chamamos isto — *interferência*. A interferência ocorre quando os campos elétricos e magnéticos de duas ou mais ondas de luz interagem. Eles se somam para dar origem a uma nova onda.

Para que ocorra a interferência, são necessárias duas fontes de luz, uma para cada onda, que emitam o mesmo comprimento de onda de luz. Se isso não ocorrer, então a fase relativa entre as ondas de luz vai mudar com o tempo e não teremos interferência construtiva (onde os campos estão na mesma direção, resultando em um campo ainda mais forte) ou interferência destrutiva (onde os campos estão em direções opostas e se anulam).

Quando duas fontes de luz emitem o mesmo comprimento de onda continuamente, elas são chamadas *fontes coerentes*. A importância da luz coerente é esta — ela torna os efeitos da interferência de luz observáveis:

- Para se ter interferência construtiva, é preciso que os picos das ondas estejam alinhados.
- Para se ter interferência destrutiva, é preciso que o pico de uma onda esteja alinhado com a depressão da outra.

Mas, geralmente, para se ter interferência, é preciso que haja apenas uma relação constante entre as duas fases. Isso só pode vir de ondas coerentes. Nesta seção, você vai ver como as interferências construtiva e destrutiva trabalham quando temos duas fontes de luz coerentes.

Encontro nas barras: Em fase com a interferência construtiva

Como a luz é, na verdade, uma onda eletromagnética, você sabe que ela é composta de campos elétricos e magnéticos. A Figura 11-1 apresenta os campos elétricos para duas ondas de luz. Observe o que acontece quando elas ficam no mesmo lugar, que eu chamo de ponto P, ao mesmo tempo. Como você pode ver, as duas ondas que eu estou somando estão *em fase*. Isso significa que quando elas se encontram, os picos de uma onda vão se somar aos picos da outra, e as depressões de uma onda se somam às depressões da outra. Isto é, quando as duas ondas estão em fase, elas se encontram pico com pico e depressão com depressão.

Os campos elétricos das ondas de luz simplesmente se somam. As duas ondas têm a mesma amplitude, de forma que os picos de ondas resultantes são duas vezes mais altos, e suas depressões são duas vezes mais baixas.

Capítulo 11: Lançando Luz Sobre Interferência de Ondas de Luz... 223

Obtendo imagens fantasmagóricas

A interferência é o cerne do funcionamento de CDs, DVDs e, hoje em dia, dos discos Blu-ray. Imagens holográficas usam a interferência para fazer imagens tridimensionais. Mas, a interferência nem sempre é útil; às vezes é um obstáculo a ser superado.

Antigamente (antes da TV digital), as pessoas que viviam em áreas metropolitanas com muitos edifícios, frequentemente, experimentavam essa superposição de ondas, se tivessem uma televisão com antena. Os sinais da TV que vinham da estação saíam da antena da estação e vinham para a TV — mas as ondas também deixavam a estação, refletiam em um edifício e chegavam à antena. Isso significava que a antena tinha de lidar com dois sinais — e eles se somavam (ou às vezes se anulavam). O sinal da TV parecia ficar maluco e as pessoas podiam obter imagens e sombras fantasmagóricas ou coisas do tipo — até que elas mudavam a antena para se livrar desses problemas. O sinal digital de hoje é levado pelos mesmos tipos de onda, de forma que ainda existe interferência, mas não é tão aparente. Os sinais digitais são processados e, por isso, você perde as imagens fantasmagóricas.

A interferência também é um problema para redes telefônicas. Com tantos telefones móveis por aí, cada um enviando e recebendo sinais de radio, fica muito fácil para todos os sinais interferirem uns com os outros, criando uma confusão. Uma tecnologia muito inteligente supera essa interferência e garante que todos esses sinais fiquem separados.

Quando você soma duas ondas de luz de fontes coerentes, seus campos elétricos e magnéticos se somam linearmente. Isso é chamado o *princípio da superposição linear*.

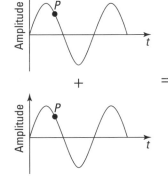
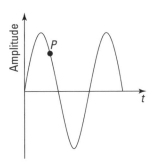

Figura 11-1: Somando duas ondas de luz em fase.

Quando duas ondas de luz colidem, como na Figura 11-1, pico com pico e depressão com depressão, e cada onda de luz tem o mesmo comprimento de onda (de forma que elas continuam somando pico com pico e depressão com depressão no decorrer do tempo), o resultado é maior do que qualquer uma das duas ondas por si mesmas; esse processo é chamado *interferência construtiva*. Com interferência construtiva, a onda de luz resultante é mais forte do que qualquer um dos dois componentes.

Dessa forma, se as duas ondas de luz que se somam na Figura 11-1 estiverem em fase, a magnitude do campo elétrico da Onda 1, no ponto P é

$$E_1 = E_0 \operatorname{sen}(\omega t)$$

E a magnitude do campo elétrico da Onda de luz 2, no ponto P é

$$E_2 = E_0 \operatorname{sen}(\omega t)$$

Isto é, elas atingem seus picos e depressões ao mesmo tempo, portanto, estão em fase. Quando essas duas ondas estão presentes, então o campo elétrico total é dado por

$$E_1 + E_2 = 2E_0 \operatorname{sen}(\omega t)$$

Esta é apenas uma onda que tem a mesma frequência, mas duas vezes a amplitude. A soma das duas ondas é a *superposição linear*.

Deixando tudo escuro: Fora de fase com interferência destrutiva

Duas ondas não precisam se encontrar pico com pico. Elas podem se encontrar fora de fase, como a Figura 11-2 mostra. As ondas estão se encontrando em algum ponto P, pico com depressão e depressão com pico. Em outras palavras, quando uma onda está no seu ponto mais alto, a outra, na qual está interferindo, está no seu ponto mais baixo, e vice-versa.

Em particular, as duas ondas na Figura 11-2 estão tão fora de fase quanto possível. Elas se somam e se anulam. Não sobra nada — elas se opõem, e, quando se encontram, o resultado é zero. Quando duas ondas se anulam dessa forma, temos a *interferência destrutiva*.

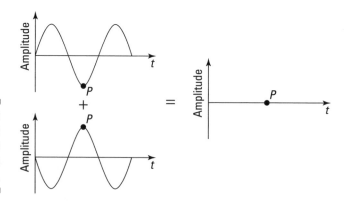

Figura 11-2: Subtraindo duas ondas de luz fora de fase.

Isso vem em um meio?

No século XIX, as pessoas pensavam que a luz, sendo uma onda, deveria ser transportada por um meio. Elas acreditavam que, assim como as ondas sonoras eram transportadas pelo ar, as ondas luminosas eram transportadas por um meio chamado *éter luminífero*.

Em 1887, Albert Michelson e Edward Morley usaram um equipamento — *o interferômetro* — e obtiveram um resultado que perturbou os físicos. Michelson e Morley usaram essa experiência para medir o movimento da Terra através do éter. Eles emitiram um feixe de luz coerente em direção a um espelho semiprateado (S) que permitia que metade da luz passasse diretamente até o espelho, no ponto M_2, enquanto a outra metade refletia para cima, em direção ao espelho no ponto M_1. As duas partes desse feixe dividido foram refletidas de volta a partir desses espelhos e recombinadas, tendo se propagado nas duas direções a 90° uma da outra. O espelho em M_1 poderia ser deslocado, de forma que esses raios colidiam destrutiva ou construtivamente — isto é, a diferença do comprimento do caminho, $2(l_1 - l_2)$, era um número inteiro de comprimentos de ondas (interferência construtiva) ou esse número mais a metade de um comprimento de onda (interferência destrutiva). As ondas de luz deveriam se propagar a uma velocidade constante em relação ao éter.

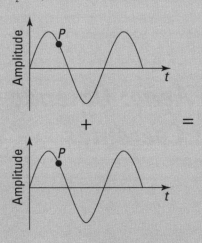

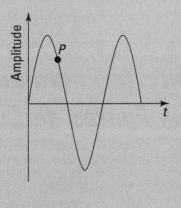

Vamos supor que o equipamento foi montado de tal maneira que os feixes colidem destrutivamente. Os pesquisadores esperavam que a velocidade da luz em cada direção dependesse do movimento da Terra através do éter. Isso significaria que, quando o espelho fosse girado em 90°, deveria haver uma diferença nas fases relativas e elas não mais teriam a interferência destrutiva. Mas Michelson e Morley perceberam que não houve nenhuma diferença! Isso só poderia significar que não havia éter. Foi só quando Einstein desenvolveu a teoria especial da relatividade (que eu vou abordar no Capítulo 12) que esse resultado fez sentido.

226 Parte III: Pegando Ondas: Sonoras e Luminosas

Em contraste com as ondas da Figura 11-1, as duas ondas de luz na Figura 11-2 estão tão fora de fase quanto possível. Dessa forma, se a primeira fica assim no ponto P:

$$E_1 = E_o \, \text{sen}(\omega t)$$

então a magnitude do campo elétrico da Onda 2 no ponto P é

$$E_2 = E_o \, \text{sen}(\omega t + \pi)$$

Nessas equações, quando uma onda está atingindo seu pico, a outra está atingindo seu ponto mais baixo (depressão). Elas estão fora de fase por um ângulo π — e isso é estar tão fora de fase quanto possível.

Quando essas duas ondas estão presentes, então a onda total que resulta é exatamente a soma:

$$E_1 + E_2$$
$$= E_0 \, \text{sen}(\omega t) + E_0 \, \text{sen}(\omega t + \pi)$$
$$= E_0 \, \text{sen}(\omega t) - E_0 \text{sen}(\omega t)$$
$$= 0$$

Portanto, você pode verificar que as duas ondas se anulam. Quando há a superposição linear das duas ondas não existe nenhuma onda.

A Interferência em Ação: Obtendo Duas Fontes de Luz Coerentes

Geralmente, quando várias ondas colidem, há lugares onde ocorre a interferência construtiva e outros onde ocorre a destrutiva (consulte a seção anterior "Quando as Ondas Colidem: Apresentando a Interferência de Luz" para mais informações sobre os tipos de interferência). O resultado é um padrão de áreas claras e escuras, com brilho intermediário entre elas. Isso produz um padrão chamado *padrão de interferência*.

Geralmente, para ser capaz de ver o padrão de interferência, você precisa ter uma diferença de fase constante entre as ondas. Para isso, são necessárias fontes de luz *coerentes*, que vão fornecer ondas de luz de mesma frequência. E como você pode obter duas fontes de luz coerentes, em primeiro lugar? Nesta seção, eu discuto dois métodos:

enviar luz a partir de uma única fonte através de duas fendas ou enviar luz através de um filme fino, usando os princípios da reflexão e refração para dividir a luz. Também vou mostrar o arranjo das áreas claras e escuras do padrão de interferência nesses casos.

Dividindo a luz com fendas duplas

Antes da invenção do laser, uma maneira inteligente de obter duas fontes de luz coerentes era usar a *mesma* fonte para os dois raios de luz através de um arranjo de fendas duplas.

Se você enviar luz de uma determinada cor (e, portanto, de um determinado comprimento de onda) através de fendas duplas, as duas fendas vão agir como duas fontes de luz coerentes — cada uma com o mesmo comprimento de onda. Esse tipo de arranjo é chamado de *Experiência de fendas duplas de Young* (atribuído a Thomas Young), e ele forneceu uma prova antecipada da natureza da luz. Nesta seção, você vai ver como fendas duplas produzem um padrão de interferência e vai prever onde as interferências construtivas e destrutivas ocorrem. Você também irá usar alguns números.

Obtendo um padrão de interferência

Quando você envia luz a partir de uma fonte única através de duas fendas, você tem duas fontes de luz coerentes (as duas fendas, como a Figura 11-3 mostra). Essas fendas são organizadas de forma que a luz que se origina delas vai incidir sobre uma tela, o que você pode verificar à direita da figura.

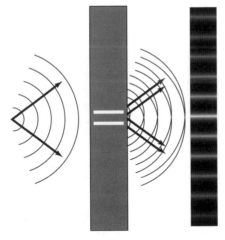

Figura 11-3: A luz passando através de duas fendas fornece feixes de luz claros e escuros.

Parte III: Pegando Ondas: Sonoras e Luminosas

LEMBRE-SE

Vamos dizer que a luz que vem de uma fenda ilumine um lugar específico da tela. Em seguida, a luz da outra fenda incide sobre o mesmo local na tela e as duas ondas de luz colidem. Essa interferência será construtiva ou negativa? Isso vai depender da distância que o local na tela está das duas fendas:

- **Construtiva:** Se o local que está sendo iluminado for um número inteiro de comprimentos de ondas de luz a partir de uma fenda, $m\lambda$, e estiver a $n\lambda$ da outra fenda (onde m e n são números inteiros e n pode ser igual a m), então as duas ondas de luz atingem o local em fase — pico com pico, depressão com depressão. Vamos ter uma interferência construtiva, que produz uma mancha brilhante na tela.

- **Destrutiva:** Se o local estiver a determinada distância de uma fenda que seja um número inteiro de comprimentos de ondas, $m\lambda$, e a distância até esse local a partir da outra fenda for um número inteiro de comprimentos de ondas mais a metade do comprimento de onda, $(n + \frac{1}{2})\lambda$ a partir da outra fenda (onde m e n são inteiros), então as duas ondas vão se encontrar no local completamente fora de fase e teremos uma interferência destrutiva. O resultado é uma mancha escura na tela.

Você pode verificar essa situação mais claramente na Figura 11-4. Ali, a distância entre as fendas é d e as fendas estão a uma distância L a partir da tela. A curva na tela representa a intensidade da luz em cada ponto (a intensidade está relacionada à média do campo elétrico ao quadrado — consulte o Capítulo 8). A luz resultante e as regiões escuras, chamadas *padrões de interferência*, aparecem na tela à direita.

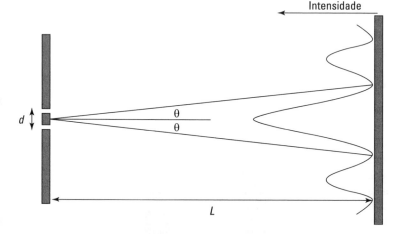

Figura 11-4: Esquema para uma configuração de fendas duplas.

A figura mostra que temos uma barra brilhante central, que está equidistante das duas fendas, onde a interferência construtiva ocorre. Em seguida, à medida que θ aumenta, temos interferência destrutiva entre os raios a partir das duas fendas e uma barra escura. Depois, temos outra barra clara quando os raios de luz entram em fase novamente — observe que essa barra clara é menos brilhante do que a barra central.

É com isso que o padrão de interferência se parece — uma barra central brilhante (também chamada *franja*) cercada por barras escuras e depois, sucessivamente, alternando-se com barras escuras e claras decrescentes. Veja a seguir como essas barras são nomeadas:

- A barra central brilhante é chamada de *barra brilhante de ordem zero (ou franja brilhante de ordem zero)*.
- A barra brilhante acima da barra central é chamada de *barra brilhante de primeira ordem*. Há duas destas, uma em cada lado da barra brilhante de ordem zero.
- A próxima barra brilhante é chamada de *barra brilhante de segunda ordem*, e assim por diante.

Prevendo onde estarão as manchas escuras e claras

Dê uma olhada nas fendas duplas e no ângulo envolvido na Figura 11-5. Para prever se teremos uma mancha escura ou uma mancha clara na tela, a um determinado ângulo θ, temos de saber a diferença da distância que o local está das duas fendas.

Assim, qual é a diferença na distância que a luz percorre, a partir de cada fenda, até o mesmo ponto na tela? Essa diferença na distância está marcada como Δd na Figura 11-5. Como a tela está muito distante das fendas, podemos assumir que os dois raios de luz são paralelos, de forma que cada um é emitido a partir de suas respectivas fendas no mesmo ângulo θ. Podemos também assumir que d é muito menor que L, a distância da tela.

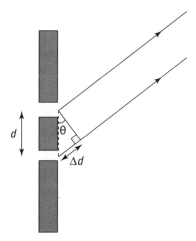

Figura 11-5: Um olhar aproximado nas fendas duplas.

Como você pode ver na figura, a diferença nas distâncias a partir das duas fendas até o mesmo local na tela é

$$\Delta d = d\, \text{sen}\, \theta$$

Assim, o sen θ é igual a

$$\frac{\Delta d}{d} = \text{sen}\,\theta$$

Observe que, quando Δd for um número inteiro de comprimentos de ondas, teremos a interferência construtiva, o que significa que para todas as faixas brilhantes no padrão de interferência, a seguinte equação é verdadeira:

$$\text{sen}\,\theta = m\frac{\lambda}{d} \qquad m = 0, 1, 2, 3, \ldots \qquad \text{Interferência construtiva}$$

E, quando Δd for um número integral de comprimentos de ondas mais a metade de um comprimento de onda, teremos a interferência destrutiva e uma faixa escura na tela. Dessa forma, para a interferência destrutiva, teremos esta relação:

$$\text{sen}\,\theta = \left(m + \frac{1}{2}\right)\frac{\lambda}{d} \qquad m = 0, 1, 2, 3, \ldots \qquad \text{Interferência destrutiva}$$

Portanto, agora você já sabe se vai ter uma barra brilhante ou uma barra escura a um determinado ângulo a partir das duas fendas.

Experimentando alguns números para fendas duplas

Vamos dizer que você emite uma luz vermelha (λ = 713 nanômetros) em duas fendas, separadas por uma distância de 2.00×10^{-4} metros e aparece um padrão de interferência na tela a 2.50 metros. A que distância ele estará da barra brilhante de ordem zero, no centro do padrão de interferência na tela, até a barra brilhante de terceira ordem?

Para barras brilhantes (interferência construtiva), esta é a equação que usamos:

$$\text{sen}\,\theta = m\frac{\lambda}{d} \qquad m = 0, 1, 2, 3, \ldots \qquad \text{Interferência construtiva}$$

Neste caso, você pode encontrar o ângulo entre a barra brilhante de ordem zero e a barra brilhante de terceira ordem definindo m = 3:

$$\text{sen}\,\theta = 3\frac{\lambda}{d}$$

Vamos converter o comprimento de ondas para metros para obter λ = 713 nanômetros = 7.13×10^{-7} metros. Colocando o comprimento de onda e a distância entre as fendas, teremos:

$$\text{sen}\,\theta = (3)\frac{7.13 \times 10^{-7}\ \text{m}}{2.00 \times 10^{-4}\ \text{m}} \approx 1.07 \times 10^{-2}$$

Tomando o inverso do seno, teremos θ:

$$\theta = \text{sen}^{-1}(1.07 \times 10^{-2}) \approx 0.613°$$

Capítulo 11: Lançando Luz Sobre Interferência de Ondas de Luz... **231**

Esse é um ângulo muito pequeno, mas talvez ele possa ter algum significado quando levarmos em conta a distância da tela.

Você sabe que a distância entre as fendas e a tela é 2,50 metros. Esse comprimento forma o lado horizontal de um triângulo retângulo, onde o lado vertical é a distância entre as barras brilhantes para as quais você está olhando e o ângulo entre esses dois lados é θ. Isso significa que se y é o comprimento que você quer descobrir, temos o seguinte:

$$\tan\theta = \frac{y}{L}$$
$$y = L\tan\theta$$

Colocando os números e fazendo os cálculos obtemos a resposta:

$$y = (2,50 \text{ m}) \tan(0,613°) \approx 2,67 \times 10^{-2} \text{ m}$$

Portanto, a distância entre a barra brilhante central e a brilhante de terceira ordem é 2,67 centímetros, que é aproximadamente 1 polegada. Como você pode ver, embora a luz vermelha tenha um comprimento de onda muito pequeno, $7,3 \times 10^{-7}$ metros, você ainda tem um efeito mensurável quando posiciona a tela suficientemente longe das fendas duplas e as coloca bem próximas uma da outra.

Arco-íris de poças de gasolina: Dividindo a luz com interferência de filme fino

Você já viu algum líquido oleoso, como a gasolina, derramado sobre uma poça de água? Se já viu, você provavelmente observou vários arco-íris de cores se formarem na camada de gasolina. Esse mesmo efeito é responsável pelo arco-íris que você vê nas bolhas de sabão. O que você está realmente vendo são os padrões de interferência construtiva e destrutiva para comprimentos de ondas de luz diferentes — a interferência construtiva produz uma faixa brilhante de cor. Nesta seção, você vai verificar como esse processo funciona — ele é chamado *interferência de filme fino*.

Enviando raios de luz em diferentes caminhos

Vamos supor que você tenha raios de luz que se propagam do ar (onde o índice de refração é $n_a = 1,00$) para a gasolina ($n_y = 1,40$) e, em seguida, para a camada encoberta de água ($n_w = 1,33$), como mostra a Figura 11-6 (eu discuto índices de refração no Capítulo 9). A cada fase há uma reflexão, como você vê na figura — e os dois raios que saem pela direita vão colidir como se estivessem vindo de duas fontes de luz coerentes.

Figura 11-6:
A refração e a reflexão produzem dois raios paralelos de luz que se interferem.

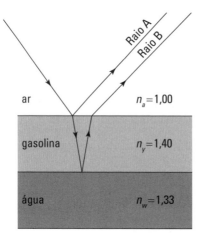

Aqui vai uma descrição tintim por tintim do que acontece com a interferência de filme fino:

1. **Primeiramente, a luz se propaga pelo ar, vindo da parte superior à esquerda.**

2. **A luz atinge o limite ar-gasolina**

   Parte da luz é refletida a partir desse limite e se propaga em direção à parte superior à direita.

   A maior parte da luz continua na gasolina e é refratada em direção à normal (uma linha perpendicular) para o limite gasolina-ar.

3. **A luz atinge o limite gasolina-água e parte dela volta e é refletida.**

4. **A luz refletida atinge o limite gasolina-ar.**

   Parte da luz passa através do limite gasolina-ar e é refratada para longe da normal. Acaba paralela, mas horizontalmente deslocada a partir do outro raio de luz, propagando-se à direita.

5. **Os dois raios de luz que saíram à direita vão interferir um com o outro, e a diferença nos comprimentos de seus caminhos (um raio passa através da gasolina) significa que eles podem estar fora de fase.**

   Quando essa diferença no comprimento de caminhos para as duas ondas for um múltiplo do comprimento da onda de luz, vamos ter interferência construtiva e, portanto, essa região do filme será brilhante.

Com a interferência de filme fino, você assume que o filme fino tem uma espessura uniforme, mas, na prática, isso não é verdade — a espessura de um filme fino de gasolina ou água com sabão em uma bolha de sabão varia realmente um pouco de lugar para lugar, e é por isso que você tem faixas de cores, em vez de um colorido uniforme.

Contabilização de alterações na fase da onda

Quando se trabalha com interferência de filme fino, você tem de levar em consideração mais um efeito, além da diferença no comprimento do caminho: uma mudança de fase da onda.

Se você amarrar uma corda a uma parede e movimentar uma ponta da corda para cima e para baixo, um pulso vai se propagar ao longo da corda até a parede. Quando ele atinge a parede, a corda vai refletir esse pulso — mas, primeiramente, o pulso é *invertido*. Isto é, ele sofre uma mudança de fase de exatamente igual à metade de um comprimento de onda. Desse modo, o pulso se propaga até a parede, atinge a parede, sofre inversão e se propaga de volta para você, supondo que exista uma tensão na corda. Por outro lado, se a ponta da corda estiver pendurada livremente, um pulso ainda será pelo menos parcialmente refletido a partir da extremidade da corda, mas não haverá mudança de fase.

Algo parecido acontece com a luz nos limites entre materiais que tenham índices de refração diferentes.

- **Baixo para alto:** Quando a luz, propagando-se através de um meio, é refletida a partir de uma interface com um material de índice de refração mais alto (como a luz no ar refletindo a partir da gasolina), haverá uma mudança de fase na luz refletida igual à metade de um comprimento de onda — metade do comprimento de onda que a luz teria no material com o índice de refração *mais alto*.

- **Alto para baixo:** Quando a luz, propagando-se através de um meio, é refletida a partir de uma interface com um material de índice de refração mais baixo (como a luz na gasolina refletindo a partir da água), não haverá mudança de fase na luz refletida.

Quando esta mudança de fase ocorre, você tem de levá-la em consideração — é como se o raio de luz percorresse a metade de um comprimento de onda adicional. Aqui está como você mostra isso matematicamente:

$$\text{Mudança de fase} = \frac{\lambda_{\text{filme}}}{2}$$

Fazendo alguns cálculos de interferência de filme fino

Vamos dizer que você está enchendo o tanque do seu carro com gasolina e percebe que o cliente anterior foi um pouco descuidado — um pouco de gasolina caiu em uma poça d'água ao lado do seu carro. Em uma inspeção mais próxima, você vê que o filme parece amarelado, e é quase meio-dia, de forma que a luz do Sol está incidindo sobre o filme de gasolina quase que verticalmente. O que está acontecendo, e que espessura mínima de filme de gasolina na água vai lhe dar esse resultado?

A luz solar é muito branca porque é composta de todos os comprimentos de onda que você normalmente vê, desde vermelho até violeta. O olho percebe a luz branca quando a maioria da parte azul foi removida como luz amarela, desse modo, se você vir a luz refletida a partir do filme de gasolina como amarelada, deve estar faltando uma grande parte de azul. (É por isso que o Sol, sendo branco, parece ser amarelo — a maioria dos comprimentos de onda azuis foi espalhada para fazer o céu azul.)

234 Parte III: Pegando Ondas: Sonoras e Luminosas

Em outras palavras, o filme de gasolina é espesso apenas o suficiente para lhe dar a interferência destrutiva da luz azul (que tem um comprimento de onda no ar de 469 nanômetros). Maravilhoso, você está no caminho certo para resolver este problema.

Que condições lhe dão a interferência destrutiva da luz azul? Bem, isso é simples — se o raio de luz marcado como A na Figura 11-6 estiver fora de fase com o Raio B, então eles vão interferir destrutivamente.

Como acontece essa diferença de fase? Primeiramente, ela acontece porque o Raio B percorre uma distância maior do que o Raio A, já que o Raio B vai até o fundo do filme de gasolina e reflete novamente para cima — uma distância de aproximadamente duas vezes a espessura do filme. Se a espessura do filme for t, então o Raio B percorre uma distância extra de $2t$ comparado ao Raio A. À medida que ele percorre essa distância, o Raio B faz alguns ciclos de onda que é igual ao número de comprimentos de ondas da luz na distância percorrida. Por exemplo, se o filme tiver espessura de um comprimento de onda, então o Raio B passa por dois ciclos enquanto viaja até o fundo e reflete novamente para cima (lembre-se de que a distância extra percorrida é $2t$).

Se o Raio B passa por um número inteiro de ciclos enquanto percorre o filme de gasolina, então

$$2t = m\lambda_{gas} \qquad m = 1, 2, 3, \ldots$$

onde λ_{gas} é o comprimento de onda da luz azul na gasolina e m é um número inteiro.

Se esse for o caso, então o Raio A e o Raio B estão em fase e interferem construtivamente, certo? Errado. Você precisa levar em conta as mudanças de fase que podem ocorrer quando a luz reflete. O Raio B reflete a partir do filme de gasolina até a superfície gasolina-água (Fase 3 na seção anterior). Mas, como a água tem um índice de refração mais baixo do que a gasolina, não haverá alteração de fase para esse raio. Entretanto, o Raio A reflete a partir do ar para a superfície ar-gasolina (Fase 2). Como a gasolina tem um índice de refração mais alto, esse raio passa por uma mudança de fase de meio ciclo. Portanto, nesse caso, o Raio A e o Raio B agora estão fora de fase, e a equação anterior será válida, caso em que os raios interferem destrutivamente.

Tudo que você precisa fazer agora é calcular o comprimento de onda da luz azul na gasolina. A chave é perceber que a frequência da luz é sempre a mesma, qualquer que seja o material no qual está se propagando. Apenas sua velocidade e comprimento de onda mudam para índices de refração diferentes.

Se você usar a equação para o índice de refração do material e dividir a parte de cima e a parte de baixo da fração pela frequência, f, você terá o seguinte:

$$n = \frac{c}{v} = \frac{\dfrac{c}{f}}{\dfrac{v}{f}}$$

_____Capítulo 11: Lançando Luz Sobre Interferência de Ondas de Luz... **235**

Mas, como você sabe que o comprimento de onda é apenas a velocidade dividida pela frequência, você pode escrever isso da seguinte forma:

$$n_{gas} = \frac{\lambda_{ar}}{\lambda_{gas}}$$

Reajustando isso e escrevendo uma equação para o comprimento de onda da luz na gasolina:

$$\lambda_{gas} = \frac{\lambda_{ar}}{n_{gas}}$$

Coloque os números para calcular o comprimento de onda da luz azul na gasolina. Você sabe que o comprimento de onda da luz azul no ar é λ_{ar} = 469 nm e o índice de refração da gasolina é n_{gas} = 1.40, assim

$$\lambda_{gas} = \frac{469 \text{ nm}}{1.40} = 335 \text{ nm}$$

Finalmente, você pode calcular qual deverá ser a espessura do filme de gasolina para fornecer uma interferência destrutiva para a luz azul e assim fazer a luz do Sol parecer amarela. Da seção anterior, você sabe que a espessura deve estar relacionada ao comprimento de onda da luz azul na gasolina por

$$2t = m\lambda_{gas} \qquad m = 1, 2, 3, \ldots$$

O mínimo ocorre quando m = 1, caso em que a espessura do filme é

$$t = \frac{335 \text{ nm}}{2} \approx 168 \text{ nm}$$

E assim você tem a resposta — o filme da gasolina precisa ter 168 nanômetros de espessura para que você possa ver luz amarela na poça.

Difração de Fenda Única: Recebendo Interferência de Ondulações

As pessoas geralmente pensam na luz se propagando em linhas retas. Entretanto, em determinadas circunstâncias, a luz pode mudar de direção em torno de cantos para alcançar lugares que ela não conseguiria caso se propagasse em linha reta (assim como as ondas sonoras podem mudar de direção em torno de cantos; veja o Capítulo 7). Você geralmente não percebe esse efeito porque comprimentos de ondas de luz pequenos costumam fazer uma curvatura muito pequena.

Essa curvatura, chamada *difração*, origina-se da interferência de um grande número de ondas. Nesta seção, explico como a luz se propaga quando atravessa uma fenda única e você vê estranhos padrões de faixas claras e escuras. Você também vai descobrir uma maneira de usar esse efeito para fazer medidas precisas de comprimentos de ondas.

O princípio de Huygens: Verificando como a difração funciona com uma fenda única

A Figura 11-7 mostra uma única fenda e a intensidade de luz à medida que ela aparece em uma tela a alguma distância da fenda única. Como se consegue a interferência de uma única fenda? Esse processo é chamado *difração* e conta com a ideia de que cada ponto na frente de uma onda age como uma fonte coerente de luz. Todas essas fontes pontuais que compõem a parte da frente de uma onda são responsáveis pelo padrão de interferência.

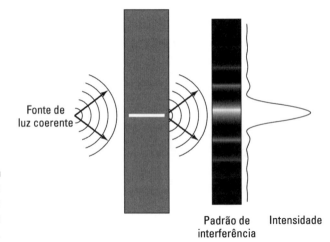

Figura 11-7: Difração de fenda única.

A difração acontece por causa do *princípio de Huygens,* que diz o seguinte:

> "Cada ponto na frente da onda age como uma fonte de ondulações que se deslocam para frente com a velocidade da onda total; em qualquer momento posterior, a onda é aquela superfície tangente a todas as ondulações que se deslocam."

Portanto, cada ponto da frente da onda que passa por uma fenda única (de uma largura W), como você vê na Figura 11-8, age como uma fonte coerente de ondulações. Se essa luz depois atinge uma tela, o resultado de todas as ondulações é um padrão de luz como aquele na Figura 11-7 — uma larga barra ou franja brilhante central, ladeada por sucessivas barras brilhantes menores com barras escuras entre elas. Se a luz não obedecesse ao princípio de Huygens, então você não teria nenhum padrão a partir de uma única fenda — você apenas veria a imagem de uma única fenda na tela distante.

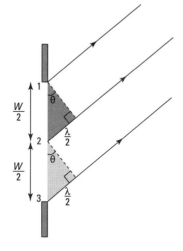

Figura 11-8: Um esquema para a primeira barra escura com difração de fenda única.

Obtendo as franjas no padrão de difração

Assim, como você faz para ter barras escuras no padrão de difração quando a luz passa através de uma única fenda? Esta seção explica com surgem essas barras escuras.

Chegando à primeira barra escura

Olhe novamente para a Figura 11-8. Nela, a luz que se propaga a partir da parte superior da fenda, Ponto 1, chega à tela exatamente fora de fase por metade de um comprimento de onda a partir da luz que se propaga do Ponto 2. Isso significa que as luzes dos Pontos 1 e 2 se anulam na tela, interferindo uma na outra de forma destrutiva. (Consulte a seção anterior "Deixando tudo escuro: Fora de fase com interferência destrutiva" para as noções básicas sobre interferência destrutiva.)

De fato, cada raio de luz que vem da parte superior da fenda é anulado por um que vem da metade inferior, que chega a exatamente metade do comprimento de onda fora de fase — de forma que você tem a primeira barra escura no padrão de difração.

Pense sobre a fenda na Figura 11-8 em duas seções iguais. Considere a onda dos Pontos 1 e 2. Você terá interferência destrutiva entre essas duas ondas se elas tiverem uma diferença no comprimento do caminho de metade de um comprimento de onda. O triângulo retângulo sombreado mostra que a diferença do comprimento do caminho entre as duas ondas é dada por

$$\frac{W}{2}\operatorname{sen}\theta = \frac{\lambda}{2}$$

Então, as ondas de cada ponto entre 1 e 2 vão interferir destrutivamente com uma onda do ponto correspondente entre 2 e 3. Portanto, você pode escrever o ângulo da primeira faixa escura como

$$\text{sen}\,\theta = \frac{\lambda}{W}$$ Primeira barra escura no padrão de difração

A maior parte da luz que passa através da fenda incide na região brilhante central, entre as primeiras barras escuras. Observe que a largura dessa região é inversamente proporcional à largura da fenda — quanto mais estreita a fenda, maior o ângulo sobre o qual a luz é propagada. Como o ângulo depende da relação entre o comprimento de onda e a largura da fenda, o padrão de difração torna-se perceptível apenas quando a largura da fenda não é muito maior que o comprimento de onda da luz (de forma que λ/W não seja muito pequena). O comprimento da onda da luz é muito pequeno para o dia-a-dia, o que explica por que você normalmente não percebe esse efeito e a maioria das pessoas pensa que a luz se propaga em linhas retas. (Mas confira o quadro "Os espertos da rua: Uma experiência de interferência da luz" para uma maneira bem legal de você realmente perceber esse padrão de interferência.)

Chegando à segunda barra escura e mais além

Dê uma olhada na situação da Figura 11-9, onde se tem uma luz passando através de uma única fenda e você está criando a segunda barra escura no padrão de difração. Os raios de luz que chegam do Ponto 1 são anulados pelos do Ponto 2, que chegam na tela a exatamente metade de um comprimento de onda fora de fase. A luz do Ponto 3 é anulada pela luz do Ponto 4, e assim por diante.

Os espertos da rua: Uma experiência de interferência da luz

Você pode fazer a interferência destrutiva acontecer muito facilmente agora que sabe o que procurar. Aqui está como: espere até a meia-noite, e encontre um poste de luz distante. Em seguida, coloque o dedo e o polegar juntos para formar uma abertura muito pequena entre eles. Cuidadosamente olhe para o poste de luz através dessa abertura. Com alguns pequenos ajustes e uma mão firme, você será capaz de ver o padrão de interferência. Seu dedo e polegar formam a fenda, e seu olho age como a tela. Se for realmente cuidadoso, você poderá ajustar a largura da abertura entre seu dedo e polegar e observar a largura do pico central crescer à medida que você diminui a abertura (fenda). Espero que você faça essa experiência — pode ser um pouco complicado, mas você conseguirá fazê-la se tiver uma mão firme.

Capítulo 11: Lançando Luz Sobre Interferência de Ondas de Luz... 239

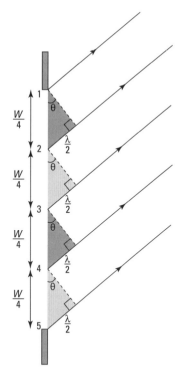

Figura 11-9: Um esquema para a segunda barra escura com difração de fenda única.

Aqui você pode ver a relação que conecta W, λ e θ do triângulo cujos dois lados menores são W e 2λ. Se você observar o triângulo sombreado entre os Pontos 1 e 2, então terá a interferência destrutiva, se a diferença de comprimento de caminho for dada por

$$\frac{W}{4} \operatorname{sen}\theta = \frac{\lambda}{2}$$

Isso se aplica a qualquer ponto e o correspondente $W/4$ abaixo dele. Assim, você pode dizer que o ângulo da segunda barra escura é dado por

$$\operatorname{sen}\theta = \frac{2\lambda}{W} \quad \text{Segunda barra escura no padrão de difração}$$

LEMBRE-SE Você também pode evoluir para barras escuras de ordens mais altas, e terá a equação a seguir, que vai dar o ângulo no qual as barras escuras aparecem na tela:

$$\operatorname{sen}\theta = \frac{m\lambda}{W} \quad m = 1, 2, 3, \ldots \quad \text{Barras escuras em um padrão de difração de fenda única}$$

240 Parte III: Pegando Ondas: Sonoras e Luminosas

Portanto, se você souber a largura da fenda única, poderá calcular onde as barras escuras vão aparecer no padrão de difração. E, como a barra brilhante central é abrangida pelas barras escuras de primeira ordem, você também poderá calcular a largura da barra brilhante central.

Fazendo cálculos de difração

Vamos dizer que você tenha a largura da fenda única, $W = 5,0 \times 10^{-6}$ metros, que está a $L = 0,5$ metros de distância da tela. Você incide uma luz azul ($\lambda = 469$ nanômetros) na fenda única. Qual é a largura da barra brilhante central no padrão de difração?

A barra brilhante central é abrangida pelas barras escuras de primeira ordem, de modo que, se a distância até a primeira barra escura for y, então a largura da barra brilhante central será $2y$. Então, tudo que você precisa fazer é encontrar a distância até a primeira barra escura e poderá usar a seguinte equação para isso:

$$\operatorname{sen}\theta = \frac{m\lambda}{W} \qquad m = 1, 2, 3, \ldots \quad \text{Barras escuras em um padrão de difração de fenda única}$$

Para a primeira barra escura, $m = 1$. Um nanômetro é um bilionésimo de metro, então 469 nanômetros $= 4,69 \times 10^{-7}$ metros. Para a primeira barra escura você terá o seguinte:

$$\operatorname{sen}\theta = \frac{\lambda}{W} = \frac{4,69 \times 10^{-7} \text{ m}}{5,0 \times 10^{-6} \text{ m}} \approx 0,094$$

Tomando o seno inverso, teremos o ângulo:

$$\theta = \operatorname{sen}^{-1}(0,094) = 5,4°$$

Portanto, esse é o ângulo no qual a primeira barra escura aparece. Você ainda precisa encontrar y, a distância da primeira barra escura a partir do centro do padrão de difração. Como a distância até a tela é L, teremos a seguinte equação:

$$\tan\theta = \frac{y}{L}$$

que você pode reorganizar desta forma:

$$y = L \tan \theta$$

Como $L = 0,50$ metros, você tem

$$y = (0,50 \text{ m}) \tan 5,4° \approx 0,047 \text{ m}$$

Ok! Assim, a primeira barra escura aparece a 0,047 metros, ou 4,7 centímetros, a partir do centro do padrão de difração. Você precisa encontrar 2y para obter a largura da barra brilhante central, portanto, multiplique por 2 e terá

$$2y = 2 \ (4{,}7 \text{ cm}) = 9{,}4 \text{ cm}$$

Portanto, neste caso, a barra brilhante central tem 9,4 centímetros de largura. Legal.

Fendas Múltiplas: Chegando ao Limite com Rede de Difração

Uma *rede de difração* tem muitas fendas — centenas, milhares delas. Agora você está muito além das fendas duplas. Uma grade de difração tem tantas fendas que elas são medidas por centímetro — e 40 mil fendas por centímetro não é algo incomum para uma grade de difração. Realmente, uma grande quantidade de fendas.

As grades de difração são frequentemente feitas de placas de vidro ou algo igualmente transparente e gravadas por um escriba usando uma ponta de diamante, controlada por uma máquina. O escriba desenha linhas da ordem de 40 mil por centímetro. As fendas são espaços livres entre as linhas.

As grades de difração funcionam da mesma forma que fendas únicas e duplas — através da interferência. Cada fenda age como uma fonte de luz coerente. Nesta seção, você vai ver como as grades de difração funcionam e como os físicos as usam para separar cores.

Separando cores com grades de difração

As grades de difração são ótimas para determinar exatamente com qual comprimento de onda de luz você está lidando. Quando você tem uma fenda única ou dupla, as barras brilhantes que você obtém na tela são muito amplas, tornando medições precisas do ângulo (e, consequentemente, do comprimento de onda) difícil. Se você estiver tentando encontrar o centro exato de uma barra brilhante que tenha 4 centímetros de largura, haverá muito espaço para erro.

Isso não acontece com as grades de difração. Você consegue barras brilhantes muito estreitas e nítidas, que são chamadas *máximos*. As barras brilhantes de uma fenda única são amplas, as da fenda dupla são um pouco menos amplas, e as de uma grade de difração são finas como uma navalha.

Além das barras brilhantes principais no padrão geradas por uma grade de difração, você também tem outras barras secundárias devido à difração da luz que passa através de cada uma das fendas únicas. Mas, embora as barras brilhantes secundárias sejam significativas quando temos uma configuração de fendas duplas, elas são quase invisíveis quando estamos usando uma grade de difração. Tudo que você vê são os *máximos principais*.

Para se obter um *máximo* no padrão de grades de difração, a luz da fenda superior se propaga até a tela. A luz da fenda inferior deve percorrer essa mesma distância mais um comprimento de onda. A luz da fenda posterior deve percorrer a mesma distância da fenda superior até o local na tela, mais dois comprimentos de onda, e assim por diante. Quando a luz percorre uma distância que tenha um comprimento de onda mais longo do que o caminho da fenda diretamente acima dela, teremos interferência construtiva — isto é, um *máximo* — naquele local.

Por analogia com o que foi mostrado anteriormente para fendas únicas e duplas nas seções "Dividindo a luz com fendas duplas" e "Difração de Fenda Única: Obtendo Interferência de Ondulações", você terá a seguinte relação para *máximos* nos padrões de grades de difração:

$$\operatorname{sen}\theta = \frac{m\lambda}{d} \qquad m = 0, 1, 2, 3, \ldots \text{ Máximos para grades de difração}$$

onde *d* é a distância entre as fendas na grade e θ é o ângulo do centro da grade de difração até o local na tela para o qual você está olhando. Tendo por base essa relação, você pode ver que há um máximo central (*m = 0*), outro máximo próximo a ela (*m = 1*), e depois outros máximos (*m = 2, 3*, e assim por diante).

Experimentando alguns cálculos de grades de difração

Vamos dizer que você tenha uma grade de difração com 10 mil fendas por centímetro e que você envia uma mistura de luz através dela, metade de luz violeta (θ = 410 nanômetros) e metade de luz vermelha (θ = 660 nanômetros). Experimente mostrar que a grade de difração decompõe a luz de forma que os dois componentes, vermelho e violeta, sejam claramente separados.

Para resolver esse problema, você pode encontrar o máximo de primeira ordem para cada cor de luz, vermelha e violeta, e mostrar que seus ângulos variam significativamente. Para os máximos de primeira ordem, *m = 1* nesta relação:

$$\operatorname{sen}\theta = \frac{m\lambda}{d} \qquad m = 0, 1, 2, 3, \ldots \text{ Máximos para grades de difração}$$

Portanto, se *m = 1*, temos

$$\operatorname{sen}\theta = \frac{\lambda}{d}$$

Capítulo 11: Lançando Luz Sobre Interferência de Ondas de Luz... 243

Qual é o ângulo para o máximo de primeira ordem? Tomando o inverso do seno teremos

$$\theta = \operatorname{sen}^{-1}\left(\frac{\lambda}{d}\right)$$

Portanto, quando a grade de difração tem 10 mil fendas por centímetro, isso significa que a distância entre cada fenda é

$$d = \frac{1}{10,000_{\,fendas}/cm} = 1,0 \times 10^{-4} \ cm$$

Para a luz violeta, você tem o seguinte (410 nm = 4,1 × 10⁻⁵ cm):

$$\frac{\lambda}{d} = \frac{4,1 \times 10^{-5} \ cm}{1,0 \times 10^{-4} \ cm} = 0,41$$

E tomando o inverso do seno

$$\theta = \operatorname{sen}^{-1}\left(\frac{\lambda}{d}\right) = \operatorname{sen}^{-1}(0,41) \approx 24°$$

Para a luz vermelha, você tem o seguinte (660 nm = 6,6 × 10⁻⁵ cm):

$$\frac{\lambda}{d} = \frac{6,6 \times 10^{-5} \ cm}{1,0 \times 10^{-4} \ cm} = 0,66$$

E tomando o inverso do seno

$$\theta = \operatorname{sen}^{-1}\left(\frac{\lambda}{d}\right) = \operatorname{sen}^{-1}(0,66) \approx 41°$$

Portanto, o primeiro máximo principal da luz violeta está a cerca de 24°, e o primeiro máximo principal de luz vermelha está a cerca de 41° — essa é uma separação muito ampla no ângulo, de modo que você pode dizer muito claramente a composição da luz que você está estudando.

Vendo com Clareza: O Poder de Resolução e de Difração a Partir de um Orifício

Aqui está um ponto interessante: a luz que viaja através da lente de uma câmera trata essa lente como se fosse uma fenda única, apenas de forma circular, o que significa que você acaba tendo um padrão de difração de fenda única no filme — isto é, a imagem aparece um pouco embaçada por causa da difração de fenda única (consulte a seção anterior "Difração de Fenda Única: Obtendo Interferência de Ondulações" para mais detalhes sobre a difração).

Na Figura 11-10, a luz de dois objetos está passando por uma abertura circular (muito parecido com uma lente) e incidindo em uma tela. Assim, qual o menor tamanho que pode ter essa abertura circular e ainda ser possível diferenciar os dois objetos na tela? Em outras palavras, qual o menor tamanho que você pode fazer essa abertura e ainda poder ver as imagens dos dois objetos separadamente? Esse valor é conhecido como o *poder de resolução* de uma abertura circular.

A regra é que você está praticamente no limite do poder de resolução para os dois objetos quando a primeira barra escura de uma imagem se sobrepõe à barra brilhante central da segunda imagem, como a Figura 11-10 ilustra.

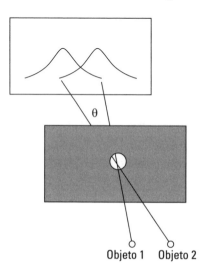

Figura 11-10: Poder de resolução, onde a primeira barra escura de uma imagem se sobrepõe à barra brilhante central de outra imagem.

Se a primeira franja escura de uma imagem se sobrepõe à franja brilhante central de outra imagem, isso não vai ofuscar a franja brilhante? Não, de jeito nenhum. Lembre-se que uma barra escura em um padrão de difração não quer dizer uma sombra ou algo parecido — significa apenas que nenhuma luz vem da fonte correspondente a esse ponto. Dessa forma, quando a barra escura da primeira imagem se sobrepõe a uma barra brilhante, isso apenas significa que nenhuma luz da primeira imagem vai incidir ali.

Quando a primeira franja escura de uma imagem se sobrepõe à barra central brilhante da outra imagem, o ângulo entre os raios de luz dos dois objetos será o seguinte:

$$\operatorname{sen}\theta = 1{,}22\frac{\lambda}{D}$$

Capítulo 11: Lançando Luz Sobre Interferência de Ondas de Luz... **245**

onde θ é o ângulo (que representa o ângulo mínimo entre dois objetos de forma que você ainda possa distingui-los), λ é o comprimento de onda da luz e D é o diâmetro da abertura. Portanto, para um determinado diâmetro de uma abertura circular e um determinado comprimento de onda, θ é a separação angular mínima entre os dois objetos de forma que você ainda possa vê-los separadamente.

Por exemplo, se dois objetos estão a 100 metros de distância de você, quanto eles devem estar distantes um do outro, de forma que você ainda possa distingui-los? Para esse exemplo, vamos trabalhar com a luz verde, que é o centro exato do espectro visível, $\lambda_{ar} = 555$ nanômetros. A pupila de seus olhos tem cerca de 3,0 milímetros.

Então, você está pronto para usar a equação do poder de resolução? Ainda não, porque, embora você conheça o comprimento de onda da luz, com o qual você está trabalhando no ar, você não conhece o comprimento de onda dessa luz onde ela é importante — no olho. Para calcular isso, use a equação deduzida anteriormente em "Fazendo alguns cálculos de interferência de filmes finos":

$$\lambda_{olho} = \frac{\lambda_{ar}}{n}$$

onde λ_{olho} é o comprimento de onda da luz no olho. O índice de refração do meio claro no olho é muito próximo ao da água — 1,36 (comparado ao 1,33 para a água). De forma que, colocando os números, você tem o seguinte comprimento de onda:

$$\lambda_{olho} = \frac{\lambda_{ar}}{n} = \frac{555 \text{ nm}}{1,36} \approx 408 \text{ nm}$$

Agora você está preparado para encontrar o poder de resolução. Observe que, para ângulos pequenos, sen θ = θ se você medir θ em radianos, assim, você tem a seguinte equação para o poder de resolução:

$$\theta \approx 1,22 \frac{\lambda}{D} \text{ radianos}$$

A pupila do olho tem 3,0 milímetros, ou $3,0 \times 10^6$ nanômetros. Inserindo os números você tem a resposta:

$$\theta \approx 1,22 \frac{\lambda}{D} = 1,22 \frac{408 \text{ nm}}{3,0 \times 10^6 \text{ nm}} \approx 1,7 \times 10^{-4} \text{ radianos}$$

Portanto, você pode calcular (teoricamente) um ângulo de $1,7 \times 10^4$ radianos. Se você estiver a 100 metros dos objetos, como isso funciona em termos de distância?

Com um ângulo tão pequeno, a distância que ele traduz é apenas o ângulo (em radianos) multiplicado pela distância que você está, assim, você tem o seguinte:

$$(1,7 \times 10^{-4}) \, (100 \text{ m}) = 1,7 \times 10^{-2} \text{ m}$$

Portanto, a 100 metros de distância, você pode distinguir (teoricamente) dois objetos se eles estiverem distantes pelo menos 1,7 centímetros.

Parte IV
A Física Moderna

A 5ª Onda Por Rich Tennant

Nesta parte...

Esta parte abrange tópicos emocionantes que você deve estar esperando: a relatividade especial (isto é, as ideias de Einstein sobre o que acontece perto da velocidade da luz), radioatividade, física quântica e ondas da matéria. Você vai compreender tudo, desde o espectro de hidrogênio até a famosa equação $E = mc^2$.

Capítulo 12

Preste Atenção ao que Einstein Disse: A Relatividade Especial

●●●●●●●●●●●●●●●●●●●●●●●●●●●●●●●●●●●●

Neste capítulo:

▶ Entendendo os sistemas de referência e os pressupostos da relatividade especial

▶ Verificando o que a relatividade especial prevê sobre tempo, comprimento e momento

▶ Relacionando massa e energia com $E = mc^2$

▶ Acrescentando velocidades perto da velocidade da luz

●●●●●●●●●●●●●●●●●●●●●●●●●●●●●●●●●●●●

*B*em-vindo à relatividade especial, o tópico que tornou Albert Einstein famoso. Neste capítulo, você vai lidar com os fatos estranhos, porém verdadeiros, da relatividade especial, onde poucas coisas são como parecem. Você vai observar como os sistemas de referência fazem determinados valores variarem, dependendo de quem está fazendo a medição e descobrir o que acontece às velocidades que se aproximam da velocidade da luz. O tempo desacelera, os comprimentos se contraem e a massa pode ser convertida em energia ($E = mc^2$ — você sabia que isto ia aparecer neste livro, não?). Você não deve se preocupar se os resultados deste capítulo parecem esquisitos para você — na verdade, se você puder apreciar a esquisitice deles, então você está no caminho certo.

A relatividade especial lhe dá muitos resultados maravilhosos e estranhos. Uma coisa, entretanto, parece sempre decepcionar: o fato de que a velocidade da luz é a velocidade final. Sim, isso é verdade até que provem o contrário. Desse modo, se você estiver esperando uma viagem verdadeira, mais rápida do que a velocidade da luz, sinto muito — você não vai encontrá-la na relatividade especial. (Eu compartilho sua decepção; sou fã de *Jornada nas Estrelas.*)

Entretanto, as discussões sobre a relatividade ainda deixam muito espaço para a imaginação. Não importa se os ônibus espaciais estão muito aquém da velocidade da luz ou se você tem sorte se alguma coisa, viajando nessa velocidade, é registrada como um borrão. Para esses exemplos, você pode ignorar os limites da tecnologia e do corpo humano e fingir que está trabalhando com uma excelente tripulação e com um poderoso equipamento, de modo que os únicos elementos em jogo possam ser os princípios da física. É verdade, você *pode* perceber exatamente o que está acontecendo naquele foguete transparente e veloz do lugar onde você está. Pronto? Todos os sistemas em funcionamento.

Decolando com os Fundamentos da Relatividade

Assim, a relatividade especial foi criada para lidar com o quê? E o que a torna tão especial? As leis do movimento de Newton funcionam bem para as velocidades que você experimenta no dia a dia, mas você precisa de uma nova maneira para descrever qualquer coisa que viaje perto do limite superior de velocidade: a velocidade da luz no vácuo. É aí que entra a teoria da relatividade especial de Einstein.

Nesta seção, primeiramente você vai explorar o que há de *especial* sobre essa teoria, o que é *relativo*, e o que essas ideias têm a ver com sistemas de referência. Em seguida, você vai examinar dois postulados, nos quais Einstein baseou essa teoria. Esses postulados são simplesmente suposições de onde o restante da teoria segue. Eles estão baseados nos resultados de experiências precisas. Um dos postulados não causa nenhuma surpresa, mas o outro é um pouco estranho, e, em combinação com o primeiro, significou para os físicos uma mudança em suas preciosas e velhas ideias sobre a própria natureza de espaço e tempo.

Comece a partir de onde você está: Entendendo sistemas de referência

A *relatividade* especial é uma teoria que prevê como os eventos são medidos em relação a vários observadores que podem estar em movimento em relação ao evento. Um *evento* é apenas um acontecimento físico, como a explosão de fogos de artifícios, o tique-taque de um relógio ou o passar de um trem em um determinado ponto. Os eventos acontecem em lugar e tempo específicos e são medidos pelas pessoas que os observam. Essas pessoas podem estar se movimentando em relação ao evento, ou elas podem estar paradas em relação ao evento.

Por exemplo, na Figura 12-1, um fogo de artifício estoura, causando um clarão de luz. Esse é um evento, e dois observadores o olham atentamente. Um observador está parado em relação ao fogo de artifício e o outro está se movimentando em um foguete — em linha reta a uma velocidade constante — em relação a ele. (Os foguetes aparecem muito nas discussões sobre relatividade especial.)

Cada observador leva seu próprio sistema de coordenadas, como mostra a figura e mede o evento — sua localização e tempo — em relação aos seus sistemas de coordenadas e relógios individuais. Dessa forma, cada observador obtém suas próprias coordenadas x, y e z para o evento e seu próprio tempo t. A relatividade especial está totalmente relacionada às medições que os dois observadores fazem.

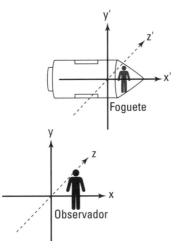

Figura 12-1: Um evento testemunhado por dois observadores.

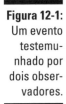

Os sistemas de coordenadas e relógios que os observadores levam com eles são chamados seus *sistemas referenciais,* ou *sistemas de referência.* Todas as medições feitas dizem respeito ao sistema de referência de cada um deles — que estão em repouso em relação às coordenadas no sistema de referência.

Então, por que ela é relatividade "especial"? Cada sistema de referência do observador é de um tipo especial — é um sistema de referência inercial; que é simplesmente um sistema que não está acelerando. Isto é, a lei de Newton, que fala como objetos em movimento tendem a permanecer em movimento e objetos em repouso tendem a permanecer em repouso, pode ser aplicada a sistemas de referência inerciais.

Mas nem todos os sistemas de referência são inerciais. Por exemplo, um sistema de referência que está girando não é inercial, porque está acelerando. A vida em um sistema de referência não inercial pode soar bastante surpreendente — talvez você possa colocar um objeto no chão e depois vê-lo, de repente, começar a se afastar, sem nenhum motivo aparente, porque seu sistema de referência está acelerando.

Tecnicamente, ficar de pé na superfície da Terra não o coloca em um sistema de referência inercial porque a Terra possui gravidade, de forma que todo o sistema de referência está sofrendo aceleração por causa da gravidade. E, é claro, a Terra está girando, então há aceleração centrípeta, e ela está oscilando, então existe a aceleração de oscilação, ela se movimenta ao redor do Sol, e assim por diante. Mas, por simplicidade, você pode ignorar todos esses efeitos neste capítulo e tratar os observadores de pé no chão, como estando em seus próprios sistemas de referência, ignorando temporariamente a força da gravidade e assim por diante.

Relatividade geral: Ajustando a teoria para incluir a gravidade

Na relatividade especial, se um corpo está se movendo sem uma força externa, então ele vai continuar a se mover em uma linha reta a uma velocidade constante — esse é o *movimento inercial*. Qualquer coisa submetida a um movimento inercial segue uma linha reta em um sistema inercial. Você pode pensar em uma bola rolando sobre uma mesa de bilhar (se você esquecer a fricção); a bola rola ao longo de uma linha reta, a uma velocidade constante.

Einstein fez uma extensão surpreendente à teoria da relatividade especial para explicar a gravidade: *a relatividade geral*. Nessa teoria, o movimento inercial pode sofrer aceleração se houver um campo gravitacional por perto. Você pode imaginar que a força da gravidade equivale a uma força externa, mas isso não é verdade. A gravidade é, na verdade, uma *curva* no espaço e no tempo que provoca a aceleração dos movimentos inerciais. Pense novamente sobre a bola de bilhar, mas em vez de uma mesa plana, existe uma curva nela, como uma bacia muito rasa. Neste caso, a trajetória da bola não é mais uma linha reta — isso é como o movimento inercial em um campo gravitacional.

Observando os postulados da relatividade especial

Quando Einstein criou a teoria da relatividade especial, ele começou com dois *postulados,* ou *suposições,* nos quais a teoria tem seu fundamento. São eles:

- **O postulado da relatividade:** As leis da física são as mesmas em todos os sistemas de referência inercial.

- **O postulado da velocidade da luz:** A velocidade da luz em um vácuo, c, tem sempre o mesmo valor em qualquer sistema de referência inercial, não importando a rapidez com que o observador e a fonte de luz estejam se movendo, um em relação ao outro.

Nesta seção, discuto o significado dos dois conceitos.

O postulado da relatividade

O *postulado da relatividade* diz que um sistema de referência inercial é tão bom quanto qualquer outro, e que você não pode distingui-lo através de experiências. Por exemplo, se você estiver em um sistema de referência inercial e outra pessoa estiver em outro, não será possível diferenciá-los através de testes. Assim, se você estiver no foguete na Figura 12-1, é tão válido dizer que a Terra está se movendo em sua direção como se você ficar de pé na Terra e disser que o foguete está se movendo em sua direção. É sobre isso que a relatividade tem a ver.

Isso também significa que não há qualquer "sistema de referência absoluta" onde os objetos estejam em "repouso absoluto". Tudo o que importa é o movimento relativo de sistemas de referência.

Capítulo 12: Preste Atenção ao que Einstein Disse: A Relatividade... 253

O postulado da velocidade da luz

O *postulado da velocidade da luz* diz que esta em um vácuo, c, é sempre c — mesmo que esta luz venha de um sistema de referência inercial que se movimenta em sua direção à metade da velocidade da luz.

Embora o postulado da relatividade (que diz que as leis da física são as mesmas em todos os sistemas de referência inercial) não seja difícil de assimilar, o postulado da velocidade da luz é mais difícil de aceitar. Afinal, se você está em um carro que vai a 5 metros por segundo e for abordado por outro carro que vai a 10 metros por segundo, você estará se movendo a 15 metros por segundo em relação ao outro carro. Desse modo, se você estiver de pé à beira da estrada e um carro se aproxima a 10 metros por segundo com seus faróis ligados, você não mediria a velocidade da luz a partir dos faróis como $c + 10$ metros por segundo?

Mas, não é assim que funciona com a velocidade da luz ou com velocidades que estão próximas à velocidade da luz. Como diz o postulado, a velocidade da luz, a partir dos faróis do carro que vem em sua direção, seria c, e não $c + 10$ metros por segundo. Esse é um resultado extraordinário e verificado repetidas vezes através de experiências.

Para chegar à relatividade, Einstein usou as equações de James Clerk Maxwell para ondas eletromagnéticas, que preveem que a velocidade da luz em um vácuo é uma constante dada por

$$c = \frac{1}{\left(\mu_o \varepsilon_0\right)^{1/2}}$$

onde μ_o e ε_o são a permeabilidade e a permissividade do espaço (consulte o Capítulo 8). Einstein foi o primeiro a usar essa equação para o que ela significa — qualquer observador vai usar esse valor constante para medir a velocidade da luz.

Entretanto, embora a velocidade da luz seja constante, pode haver uma mudança na frequência e no comprimento de onda da luz a partir de fontes móveis — para detalhes, consulte o quadro mais adiante "Luz vermelha, luz azul: Mudando frequências de luz".

Verificando a Relatividade Especial em Funcionamento

Para entender a relatividade especial, você tem de mudar sua maneira de pensar sobre espaço e tempo. Por exemplo, o período de tempo entre dois eventos depende do observador (e não apenas do fato de algumas pessoas estarem em fusos horários diferentes ou terem reflexos lentos ou relógios com defeito). Você pode achar isso esquisito. Se você perguntar para alguém que horas são, existe apenas uma resposta correta? Não! A distância entre dois eventos também depende do observador, o que também é muito estranho, mas verdadeiro.

Nesta seção, você vai explorar a dilatação do tempo e a contração do comprimento. Você também vai observar como tudo isso afeta a mecânica newtoniana ao perguntar sobre o momento de uma partícula na relatividade. Evidentemente, essas ideias tornam-se aparentes apenas com velocidades muito altas — como as que se aproximam da velocidade da luz. Se os humanos tivessem evoluído para serem capazes de andar a velocidades próximas à da luz, ou se esta fosse muito mais lenta, então a relatividade especial já teria feito sentido para você.

Tempo de desaceleração: Descontraindo com a dilatação do tempo

Vamos dizer que você esteja de pé na superfície da Terra e um foguete passe sobre você a uma velocidade alta. Você está em contato com as pessoas no foguete, às quais você deu instruções para ler os segundos em um relógio enquanto elas passam. Entretanto, quando elas leem os segundos, você nota que, de alguma forma, eles são mais longos que os segundos que você lê. O que está acontecendo? Dilatação do tempo.

A *dilatação do tempo* é o fenômeno previsto pela teoria da relatividade especial que diz que o tempo em dois sistemas de referência inercial que se movem um em relação ao outro vai parecer diferente. Em particular, os intervalos de tempo em um foguete que está acelerando vão parecer mais longos para você do que para as pessoas na nave.

Entendendo por que e como o tempo varia

Como acontece a dilatação do tempo? Para entender a história, vamos dizer que o tempo é medido em um foguete que está acelerando com um "relógio de luz", como mostra a Figura 12-2, de forma que cada tique-taque do relógio emita um raio de luz que se propaga de um espelho para outro e depois volta novamente.

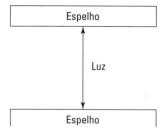

Figura 12-2: Relógio de luz.

Agora, dê uma olhada na situação a partir do ponto de vista de um observador no foguete, na parte superior da Figura 12-3, e do seu ponto de vista na Terra, na parte inferior da Figura 12-3. Para o observador no foguete, a luz estará apenas se refletindo entre os espelhos, a uma distância D, e cada tique-taque do relógio leva $2D/c$ segundos (o tempo para a luz percorrer a distância de um espelho para o outro e voltar novamente). Assim, para o observador no foguete, vamos chamar o intervalo de tempo entre os tique-taques de Δt_o.

O intervalo de tempo medido a partir de um sistema de referência em repouso em relação ao evento, Δt_o, tem um nome especial: *intervalo de tempo próprio*. Dessa forma, quando o relógio estiver no foguete, o tempo entre os tique-taques é um intervalo de tempo próprio (o evento está no mesmo sistema de referência onde a medição é feita).

Mas as coisas são diferentes do seu ponto de vista na Terra. Embora o raio de luz esteja percorrendo a distância D entre os espelhos, o foguete está avançando uma distância L, como você pode ver na parte inferior da Figura 12-3. Portanto, o raio de luz tem de percorrer uma distância maior, s (onde $s = [D^2 + L^2]^{1/2}$) — e não apenas D), para atingir o outro espelho. E a luz leva mais tempo para fazer essa viagem mais longa, assim, o tempo que você mede, Δt, é maior do que o medido no foguete, Δt_o. Em outras palavras, a distância é igual à velocidade vezes o tempo, portanto, se a velocidade da luz permanecer constante, então o tempo deverá aumentar para lhe dar uma distância maior.

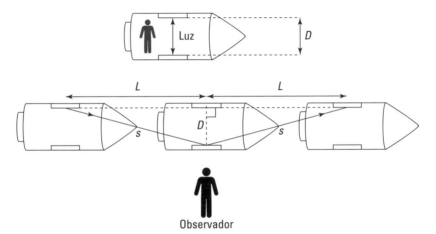

Figura 12-3: O tempo medido por dois observadores.

Olhe para isso usando um pouco de matemática para relacionar Δt_O (o tempo no foguete) e Δt (o tempo que você mede). Comece com a distância que você observa a luz viajar de um espelho para o outro e voltar novamente, $2s$. Observe que

$$2s = 2(D^2 + L^2)^{1/2}$$

Agora você precisa colocar algum tempo nesta equação. Observe que a distância L é apenas a que o foguete percorre no tempo que você mediu, Δt, multiplicado pela velocidade do foguete a partir do seu ponto de vista, que você chama v, dividido por 2. Portanto, $L = v\Delta t/2$, o que significa que você pode escrever o seguinte:

$$2s = 2\left(D^2 + L^2\right)^{\frac{1}{2}}$$
$$= 2\left(D^2 + \left(\frac{v\Delta t}{2}\right)^2\right)^{\frac{1}{2}}$$

Agora você precisa ficar esperto. Observe que a distância 2s é a que a luz percorre no intervalo de tempo Δt — isto é, $c\Delta t$. Desse modo:

$$c\Delta t = 2\left(D^2 + \left(\frac{v\Delta t}{2}\right)^2\right)^{1/2}$$

Fazendo o quadrado e calculando Δt teremos a mudança no tempo:

$$\Delta t = \frac{2D}{c}\frac{1}{\left(1-\frac{v^2}{c^2}\right)^{1/2}}$$

Mas, espere um pouco — $2D/c$ é o tempo que observador no foguete mede para cada tique-taque do relógio de luz:

$$\Delta t_o = \frac{2D}{c}$$

Assim, substituindo $2D/c$, finalmente, teremos

$$\Delta t = \frac{\Delta t_o}{\left(1-\frac{v^2}{c^2}\right)^{1/2}}$$

Aqui está uma lista de variáveis para ajudar você a manter as coisas sob controle:

- Δt: O tempo medido por um observador que está se movendo em relação ao evento que está sendo medido.
- Δt_o: O tempo medido por um observador em repouso em relação ao evento que está sendo medido.
- v: A velocidade relativa dos dois observadores
- c: A velocidade da luz no vácuo

A dilatação não se aplica apenas para relógios de luz — ela significa que o próprio tempo se desacelera. Assim, o tempo medido por *qualquer* relógio no sistema em repouso se dilata quando visualizado por um observador que está em movimento.

Observe que quando v é muito menor do que c ($v \ll c$), a equação da dilatação do tempo fica assim

$$\Delta t = \Delta t_o \quad (v \ll c)$$

_____Capítulo 12: Preste Atenção ao que Einstein Disse: A Relatividade... **257**

Em outras palavras, em velocidades baixas, a dilatação do tempo não é percebida (e é por isso que a maioria dos físicos antes de Einstein não tinha nada a dizer em relação a este assunto). Mas, à medida que v se aproxima de c, Δt torna-se muito maior do que Δt_o.

Fazendo cálculos de dilatação do tempo

Vamos dizer que o foguete está se movendo a 0,95 vezes a velocidade da luz, ou 0,95c. E um relógio no foguete mede 1,0 segundo entre tique-taques sucessivos. Qual é o período de tempo entre os tique-taques, medido no seu sistema de referência? A equação de dilatação do tempo vem nos socorrer aqui:

$$\Delta t = \frac{\Delta t_o}{\left(1 - \dfrac{v^2}{c^2}\right)^{\!\!\frac{1}{2}}}$$

Neste caso, Δt_o é 1.0 segundo (lembre-se de que Δt_o é o tempo medido no mesmo sistema de referência do evento que está sendo medido), assim

$$\Delta t = \frac{1,0 \text{ s}}{\left(1 - \dfrac{v^2}{c^2}\right)^{\!\!\frac{1}{2}}}$$

E $v = 0,95c$. Depois que você fizer o quadrado da velocidade, os termos c^2 se anulam no denominador e você tem o seguinte:

$$\Delta t = \frac{1,0 \text{ s}}{\left(1 - 0,95^2\right)^{\!\frac{1}{2}}} \approx 3,2 \text{ s}$$

Dessa forma, no chão, você mede o relógio do foguete como levando 3,2 segundos entre os tique-taques e não 1 segundo. Muito legal.

Observe que a dilatação do tempo é perceptível porque as velocidades relativas dos observadores são muito grandes: 0,95c. E se, em vez de um foguete, o relógio estivesse em um jato? Vamos supor que a velocidade relativa seja apenas cerca de 550 milhas (885 quilômetros) por hora, ou aproximadamente $(8,2 \times 10^{-7})c$. Neste caso, você teria essa dilatação do tempo:

$$\Delta t = \frac{1,0 \text{ s}}{\left(1 - \left(8,2 \times 10^{-7}\right)^2\right)^{\!\frac{1}{2}}} \approx 1,0000000000003 \text{ s}$$

Em outras palavras, você teria de esperar quase 100 mil anos antes da dilatação do tempo entre você e um relógio no jato correspondente a 1 segundo. Muito tempo para manter seu cronômetro funcionando.

Luz vermelha, luz azul: Mudando frequências de luz

Por causa do efeito Doppler (consulte o Capítulo 7), a intensidade das ondas sonoras através do ar depende do movimento da fonte e do ouvinte. Por exemplo, a sirene em um carro de polícia é mais aguda à medida que o carro move-se em sua direção e menos aguda quando se afasta de você.

Embora a luz esteja se propagando em um vácuo, você ainda tem uma mudança na frequência. Imagine que uma nave espacial esteja viajando muito rapidamente com seus faróis ligados. À medida que a nave se move em sua direção, você percebe uma frequência maior e comprimentos de ondas mais curtos (às vezes, isso é chamado de *blueshift* ou *deslocamento para o azul*). Se a nave se afasta de você, então você percebe uma frequência mais baixa e um comprimento de onda mais longo (às vezes, chamado de *redshift* ou *deslocamento para o vermelho*).

A ideia da dilatação do tempo pode ajudá-lo a entender como isso funciona. Para as pessoas na nave espacial, viajando à velocidade u, a luz tem uma frequência f_o e, portanto, um período $T_o = 1/f_o$. Que frequência de luz você percebe? Vamos chamar a frequência e o período da luz que você percebe de f e T (que é igual a $1/f$). À medida que você a olha, um pico de onda de luz deixa a nave e percorre uma distância de cT em um ciclo. Nesse tempo, você vê a nave espacial percorrer uma distância uT antes de emitir o próximo pico. Desse modo, você percebe um comprimento de onda de $(c-u)T$. Evidentemente, como qualquer pessoa, você observa a luz se propagando a uma velocidade c. Como você conhece o relacionamento entre a velocidade da onda de luz e a frequência ($c = \lambda f$), você pode escrever a frequência que observa da seguinte maneira

$$f = \frac{c}{(c-u)T}$$

Esse é exatamente o resultado que teria com o efeito Doppler para o som, mas desta vez, você tem uma diferença: a dilatação do tempo. Você sabe que o período da luz que observa, T, é a versão da dilatação do tempo do período de tempo adequado T_o, que é igual a $1/f_o$. Portanto, você pode escrever

$$f = \frac{c\left(1-\left(\frac{u}{c}\right)^2\right)^{1/2}}{(c-u)T_o} = \frac{c\left(1-\left(\frac{u}{c}\right)^2\right)^{1/2}}{(c-u)}f_o$$

Se você usar um pouco de álgebra para simplificar, fica assim

$$f = \left(\frac{c+u}{c-u}\right)^{1/2} f_o$$

Portanto, você percebe que, à medida que a nave viaja em sua direção, o numerador da fração é maior do que o denominador, o que vai lhe dar uma frequência maior. A luz pode parecer azul porque ela é deslocada para a extremidade violeta/azul do espectro de luz visível. Se a nave se afastar, você vai perceber uma frequência menor, o que faz a luz parecer vermelha.

Tudo isso tem alguma consequência para a viagem espacial. Dadas as grandes distâncias entre as estrelas, você pode pensar que não há qualquer esperança de alcançá-las, mesmo que seu foguete viaje a $0,99c$. Mas, graças à dilatação do tempo, o tempo a bordo da nave passaria muito mais lentamente do que aquele que um observador na Terra mediria.

Vamos dizer, por exemplo, que seu maior desejo é visitar uma estrela a 10 anos luz de distância da Terra (um *ano-luz* é a distância que a luz viaja em um ano, portanto, é c vezes o número de anos). A $0,99c$, um observador externo diria que a viagem demoraria

$$\Delta t = \frac{10c \text{ anos}}{0,99c} \approx 10,1 \text{ anos}$$

_____Capítulo 12: Preste Atenção ao que Einstein Disse: A Relatividade... **259**

Você pode pensar que levaria 10,1 anos para alcançar a estrela. Mas, no foguete, onde o evento é seu envelhecimento de segundo a segundo, o tempo passa muito mais lentamente. Em particular, se

$$\Delta t = \frac{\Delta t_o}{\left(1 - \dfrac{v^2}{c^2}\right)^{1/2}}$$

então

$$\Delta t_o = \Delta t \left(1 - \frac{v^2}{c^2}\right)^{1/2}$$

Dessa forma, o tempo a bordo do foguete seria

$$\Delta t_o = 10,1(1 - 0,990^2)^{1/2} \approx 1,4 \text{ anos}$$

Portanto, embora possa parecer, para um observador na Terra, que a viagem levaria 10,1 anos, para você, no foguete, teriam passado apenas 1,4 anos. A física não é maravilhosa? Desse modo, você não precisa ficar muito decepcionado por não poder viajar mais rápido do que a luz. Se você chegar muito perto de c, então poderá viajar muitos anos luz em um período curto de tempo.

Fazendo a compactação: A contração do comprimento

Como se a dilatação do tempo não fosse bastante, a relatividade especial também diz que os comprimentos se contraem a altas velocidades, um resultado da velocidade finita da luz. Assim, embora você possa pensar que alcançar as estrelas agora é possível por causa da dilatação do tempo, ainda terá de suportar o fato de ficar com apenas 5 centímetros de largura. Estou brincando — para você, no foguete, os comprimentos pareceriam ser normais. Mas, os observadores que estivessem medindo os mesmos eventos (que estão acontecendo no foguete), veriam os comprimentos sendo contraídos.

Verificando por que e como os comprimentos se contraem

Vamos supor que você queira examinar o comprimento de uma nave espacial que se move à velocidade da luz. Podemos esperar que as pessoas a bordo e as que observam da Terra irão discordar sobre o comprimento da nave, mas você sabe que elas *devem* concordar sobre a velocidade da luz.

O comprimento é igual à velocidade vezes o tempo, de modo que você pode calcular o comprimento da nave espacial medindo, primeiramente, o tempo que um raio de luz leva para percorrer uma distância; em seguida, usando a equação da dilatação do tempo (consulte a seção anterior), você pode encontrar os comprimentos que cada observador vê.

Parte IV: A Física Moderna

A equação da dilatação do tempo envolve o tempo entre eventos que acontecem no mesmo lugar, no *sistema de repouso* (Δt_0), assim, aqui está a maneira de configurar as medições: você planeja emitir um raio de luz a partir da traseira da nave, refleti-lo na parte dianteira e depois deixá-lo retornar para o mesmo lugar. Para as pessoas na nave, isso leva um tempo

$$\Delta t_0 = \frac{2L_0}{c}$$

como o raio de luz percorre uma distância igual a duas vezes o comprimento da nave, conforme medido na própria nave, L_0.

Que tempo um observador na Terra vai medir para esse trajeto do raio de luz? Você já sabe que ele observa a nave com um comprimento L, que pode ser diferente de L_0. Mas ele também vê a nave se movendo com velocidade v, de forma que quando o raio de luz se propaga a partir da traseira da nave para a dianteira, a nave também terá se movimentado; portanto, o raio deverá percorrer uma distância ligeiramente maior que L. Na viagem de volta, o raio de luz tem de percorrer uma distância ligeiramente mais curta do que L por causa do movimento da nave. Quando você calcula quanto tempo um raio de luz levaria para percorrer todo esse caminho, a uma velocidade c, você terá o seguinte

$$\Delta t = \frac{L}{c-v} + \frac{L}{c+v} = \frac{2L}{c\left(1-\dfrac{v^2}{c^2}\right)}$$

Agora você pode usar a equação da dilatação do tempo para relacionar L e L_0. Aqui está como os tempos estão relacionados pela equação da dilatação do tempo:

$$\Delta t = \frac{\Delta t_0}{\left(1-\dfrac{v^2}{c^2}\right)^{1/2}}$$

Então, se você colocar os valores de Δt e Δt_0 para o trajeto do raio de luz nesta equação, você tem

$$\frac{2L}{c\left(1-\dfrac{v^2}{c^2}\right)} = \frac{\dfrac{2L_0}{c}}{\left(1-\dfrac{v^2}{c^2}\right)^{1/2}}$$

Reorganizando isso para obter a equação da contração do comprimento:

$$L = L_0\left(1-\frac{v^2}{c^2}\right)^{1/2}$$

Capítulo 12: Preste Atenção ao que Einstein Disse: A Relatividade... 261

Legal! Relaciona o comprimento medido pelos dois observadores. Aqui está o que todas as variáveis significam:

- **L**: O comprimento medido por um observador que está em movimento em relação à distância que está sendo medida
- **L_o**: O comprimento medido por um observador em repouso em relação à distância que está sendo medida
- **v**: A velocidade relativa dos dois observadores
- **c**: A velocidade da luz no vácuo

Observe que o fator $(1 - v^2/c^2)^{1/2}$ é sempre menor que 1 (porque os objetos nunca podem realmente atingir a velocidade da luz, embora possam chegar bem perto). Isso significa que o observador da Terra percebe um comprimento medido na contração do foguete. Desse modo, mesmo que o foguete tenha 100 metros de comprimento, o observador da Terra poderá vê-lo com apenas 10 metros, dependendo da velocidade relativa dos dois observadores.

A contração do comprimento acontece apenas ao longo da direção do movimento. Distâncias perpendiculares à direção do movimento não são afetadas. Em outras palavras, se o foguete tem 100 metros de comprimento e 20 de largura, conforme medido por um observador no foguete, e estiver se movendo tão rapidamente ao passar pelo planeta que um observador na Terra irá medi-lo como tendo apenas 10 metros de comprimento, ainda assim, esse observador verá o foguete como tendo 20 metros de largura. (O observador na Terra pensaria, sem dúvida, se tratar de um foguete com aparência muito engraçada.)

Experimentando alguns cálculos de contração de comprimentos

Vamos dizer que a velocidade relativa entre a nave espacial e a Terra é $0,99c$. Os observadores na nave e da Terra perceberam que eles não estão de acordo sobre os comprimentos de itens na nave espacial. Assim, o observador da nave segura uma fita métrica (seu comprimento sendo na direção do movimento do foguete, afastando-se da Terra) e pede ao observador na Terra para medi-lo, esperando que este vá informar exatamente 1,00 m.

Você sabe que o comprimento ao longo da direção da viagem relativa vai se contrair quando medido pelo observador na Terra e você saca sua fórmula útil:

$$L = L_o \left(1 - \frac{v^2}{c^2}\right)^{1/2}$$

Aqui, L_o é o *comprimento próprio*, o medido pelo observador no foguete, e L é o comprimento medido pelo observador na Terra, que está em movimento em relação ao comprimento próprio.

Colocando os números, teremos:

$$L = (1,00)\left(1 - \frac{(0,99c)^2}{c^2}\right)^{\frac{1}{2}} \approx 0,14 \text{ m}$$

Então, você pode ouvir o observador da Terra falar pelo rádio com o observador no foguete e dizer: "Ei!, amigo, alguém lhe vendeu uma fita métrica defeituosa! Ela tem apenas 14 centímetros de comprimento. Dê uma olhada na minha."

E o observador da Terra segura uma fita métrica, também na direção do movimento do foguete. Uma risada volta pelo rádio: "Ei! Amigo, você é quem está com uma fita métrica defeituosa! Ela tem apenas 14 centímetros de comprimento. Não te ensinam nada na Terra?"

Em outras palavras, quando o observador da Terra segurou a fita métrica, ela mediu 1,00 metro, na Terra. Para o observador do foguete, a fita métrica está em movimento (portanto, a medição na Terra é o *comprimento próprio*, L_o, porque ela é feita em repouso em relação à fita métrica), e o observador do foguete a vê com um comprimento contraído.

L_o é sempre o comprimento próprio — o medido em repouso em relação àquilo que você está medindo — e t_o é o tempo próprio — o medido em repouso em relação a qualquer coisa que você estiver cronometrando.

Ganhando momento próximo à velocidade da luz

Como se não bastassem a dilatação do tempo e a contração do comprimento, a relatividade especial também afeta o momento linear. Na Física I, você aprendeu que um *momento* é a massa multiplicada pela velocidade e seu símbolo é *p*:

$p = mv$

Quando você rola uma bola de bilhar ou joga uma bola de beisebol, ela tem um momento — é o fator uf!, que torna difícil parar as coisas em movimento. (Observe que o momento é um vetor, evidentemente, mas eu falo apenas em termos de sua magnitude aqui).

A relatividade especial tem algo a dizer sobre momento. Em particular, a relatividade especial leva seu fator $(1 - v^2/c^2)^{1/2}$ para a mistura do momento, da seguinte forma:

$$p = \frac{mv}{\left(1 - \frac{v^2}{c^2}\right)^{\frac{1}{2}}}$$

_____Capítulo 12: Preste Atenção ao que Einstein Disse: A Relatividade... **263**

Aqui está como as variáveis se relacionam:

- **m:** Massa do objeto em movimento
- **v:** Velocidade do objeto que você mede
- **c:** Velocidade da luz em um vácuo
- **p:** Momento do objeto

Observe que, como $(1 - v^2/c^2)^{1/2}$ é sempre menor que 1, o momento relativista é sempre maior do que o momento clássico (mv), mas a diferença não é perceptível a velocidades mais baixas. Dessa forma, você pode seguramente assumir que o momento e o momento relativista de uma bola de bilhar que está rolando sobre a mesa para uma caçapa são praticamente os mesmos.

A diferença começa a se tornar perceptível com velocidades mais altas, é claro. De maneira aproximada, as velocidades mais altas que os seres humanos foram capazes de imprimir aos objetos que têm massa foram aquelas alcançadas em *aceleradores de partículas*, que são aqueles anéis ou faixas lineares que os físicos usam para colocar partículas, como elétrons, em movimento a velocidades relativistas.

As velocidades dos elétrons nesses aceleradores são muito rápidas, muito perto da velocidade da luz. O quão perto? No SLAC (sigla em inglês para Centro de Aceleração Linear de Stanford), na Califórnia, os elétrons são, rotineiramente, levados a velocidades de 0,9999999997c. Rápido o suficiente para você? Os físicos podem ser muito velozes quando querem.

Classicamente, esses elétrons deveriam ter apenas um momento de

$$p = mv$$
$$= (9{,}11 \times 10^{-31} \text{ kg})(0{,}9999999997c)$$
$$= 2{,}7 \times 10^{-22} \text{ kg-m/s}$$

Mas, Einstein diz que o momento dos elétrons é realmente

$$p = \frac{mv}{\left(1 - \dfrac{v^2}{c^2}\right)^{1/2}} \approx 1{,}0 \times 10^{-17} \text{ kg-m/s}$$

Observe que você pode não ser capaz de colocar todos os dígitos da velocidade dos elétrons em sua calculadora, mas se observar a Figura 12-4, poderá ver que o fator adicional que aparece no momento relativístico torna-se cada vez maior à medida que a velocidade se aproxima da velocidade da luz.

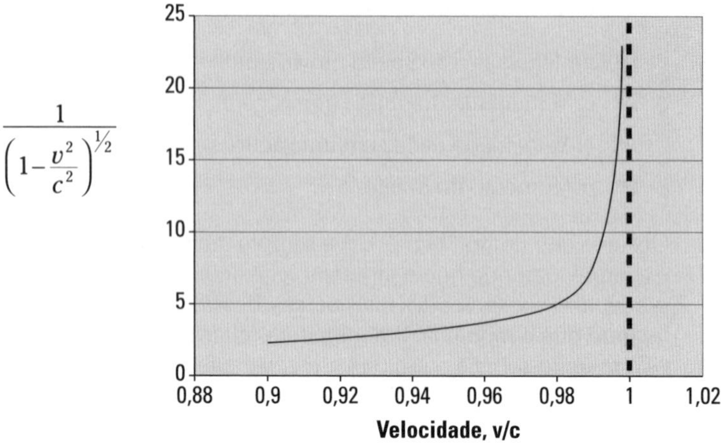

$$\frac{1}{\left(1-\dfrac{v^2}{c^2}\right)^{1/2}}$$

Figura 12-4:
O fator pelo qual o momento é reduzido na relatividade.

Assim, embora ainda pequeno, o momento dos elétrons é maior por um fator de

$$\frac{1{,}0\times 10^{-17}\ \text{kg m/s}}{2{,}7\times 10^{-22}\ \text{kg m/s}} \approx 3{,}7\times 10^{4}$$

Isto é, a velocidades relativistas, o momento dos elétrons é 37.000 vezes o que o momento seria se o momento clássico vigorasse.

Observe que diferentes sistemas de referência inercial podem se mover a velocidades diferentes um em relação ao outro — isso significa que aquele momento não é conservado entre sistemas de referência inercial. Por exemplo, uma bola rolando vagarosamente sobre a mesa de bilhar pode ser vista como se estivesse se movimentando muito rapidamente por um observador em um foguete — o que significa que os momentos que você e o observador no foguete medem seriam diferentes.

Aqui Está Ela! Igualando Massa e Energia com $E = mc^2$

Talvez o resultado mais surpreendente da relatividade especial, e o fundamento da equação de física mais conhecida no mundo, seja que massa e energia são equivalentes. Estritamente falando, isso significa que quando você acrescenta energia a um objeto é o mesmo que lhe acrescentar massa.

Capítulo 12: Preste Atenção ao que Einstein Disse: A Relatividade... **265**

Então, qual é a equação de física mais famosa do mundo? Aqui está ela:

$$E = \frac{mc^2}{\left(1 - \dfrac{v^2}{c^2}\right)^{1/2}}$$

Pode não ser exatamente o que você estava esperando. Essa é a versão completa da equação, que inclui a energia devido ao movimento relativo entre você e a massa (energia cinética). Provavelmente, você estava esperando isto:

$$E_o = mc^2$$

É a mesma equação, com $v = 0$ (você está em repouso em relação à massa envolvida, e é por isso que é E_o, não apenas E). E_o é chamada *energia de repouso* da massa.

Nesta seção, você trabalha com as duas versões da fórmula, observando tanto a energia de repouso como a cinética. Você também vai ver como incluir a energia potencial na equação.

A energia de repouso de um objeto: A energia que você poderia obter a partir da massa

A *energia de repouso* de um objeto, E_o, é a equivalente de uma massa em repouso se ela fosse convertida em energia pura. A famosa equação de Einstein diz que uma quantidade de massa m tem uma quantidade equivalente de energia E_o, dada por $E_o = mc^2$.

Os físicos podem observar a equivalência entre massa e energia em experiências onde partículas chamadas *píons neutros* desaparecem. Então, o que acontece com a conservação da massa? Bem, quando o píon desaparece, ele deixa uma luz, que possui uma energia que é equivalente à massa desaparecida (vezes c^2). Energia e massa são dois lados da mesma moeda, e juntas elas são conservadas.

Nesta seção, você vai ver como a massa pode se transformar em energia pura.

Conversão entre massa e energia

Como você pode mostrar que $E_o = mc^2$ experimentalmente? Bem, isso poderia ser feito se você tivesse duas bolas de bilhar, uma feita de matéria e a outra de *antimatéria* (o oposto da matéria, onde elétrons têm carga positiva e prótons têm carga negativa). Se você colocasse as bolas juntas, elas iriam emitir energia pura (liberada na forma de luz), e a energia liberada seria a mesma que a massa das duas bolas multiplicada por c^2.

266 Parte IV: A Física Moderna

De fato, os físicos que trabalham com aceleradores de partículas convertem massa em energia e vice-versa, todos os dias. Você pode estar interessado em saber (fãs de ficção científica tomem nota) que os físicos estão criando antimatéria aqui na Terra, todos os dias da semana, em pequenas quantidades. Os aceleradores de partículas criam *pósitrons* — a antimatéria equivalente a elétrons. Os pósitrons têm uma carga positiva, mas a mesma massa de um elétron normal. Aqui está como a conversão entre massa e energia funciona:

- **Convertendo massa em energia:** Quando você coloca um elétron e um pósitron juntos, ocorre uma explosão muito, muito pequena, e dois fótons de alta energia (raios gama) são criados. Essa é a conversão de massa em energia pura. Quando você mede a energia dos fótons criados, com certeza, vê que a teoria da relatividade especial está correta.

- **Convertendo energia em massa:** Inversamente, dois raios gama colidindo de frente podem fazer o inverso e tornam-se um elétron e um pósitron. Essa é a conversão de energia pura em massa.

As massas de elétrons e pósitrons são minúsculas, mas se você converter massas maiores em energia, a quantidade de energia criada pode ser enorme, porque toda a massa é convertida em energia. Por outro lado, em uma explosão nuclear, apenas cerca de 0,7 por cento da massa envolvida é convertida em energia.

Aumentando a capacidade: Encontrando a energia em um pote de comida para bebê

Agora verifique alguns números. Vamos supor que você tenha um pote de comida para bebê com uma massa de 46 gramas. Se você fosse converter toda a comida do pote em energia pura (não tente fazer isso em casa!), por quanto tempo ela manteria uma lâmpada de 100 watts funcionando?

Primeiramente, vamos encontrar a energia que seria liberada pela conversão da massa do pote de comida para bebê em energia, usando a equação da energia de repouso:

$$E_o = mc^2$$

Colocando os números, você tem

$$E_o = (0,046 \text{ kg})(3,0 \times 10^8 \text{ m/s})^2 = 4,1 \times 10^{15} \text{ J}$$

Uma grande quantidade de joules. Por quanto tempo ela manteria uma lâmpada de 100 watts funcionando? Bem, esse tempo é dado por

$$\text{Tempo} = \frac{\text{energia}}{\text{potência}}$$

Então

$$\text{Tempo} = \frac{4,1 \times 10^{15} \text{ J}}{100 \text{ W}}$$
$$= 4,1 \times 10^{13} \text{ s}$$

_____Capítulo 12: Preste Atenção ao que Einstein Disse: A Relatividade... **267**

E isso corresponde a apenas 1,3 milhão de anos. Nada mal para um pequeno pote de comida para bebê.

Encolhendo o Sol: Convertendo massa em luz

É claro que você não vai converter potes de comida para bebê em energia pura todos os dias. Aqui está outro exemplo: o Sol está ficando mais leve. Ele está perdendo massa através da conversão de sua massa em energia, que ele irradia como luz solar. Você não encontra pequenos pedaços de sol voando pelo espaço; as partículas de luz, os *fótons*, não possuem massa — eles se tornaram energia pura.

Quanta massa o Sol está perdendo a cada segundo? Bem, se o Sol fosse uma lâmpada, ele teria $3,92 \times 10^{26}$ watts — isto é, seria uma lâmpada de 392.000.000.000.000.000.000.000.000 watts. Assim, em um segundo, o Sol perde essa quantidade de energia (um watt corresponde a 1 joule por segundo):

$$\Delta E_{o} = 3,92 \times 10^{26} \text{J}$$

E como $E_{o} = mc^2$, a quantidade de massa que o Sol perde é

$$\Delta m = \frac{\Delta E_{o}}{c^2} = \frac{3,92 \times 10^{26} \text{ J}}{\left(3,0 \times 10^8 \text{ m/s}\right)^2} \approx 4,36 \times 10^9 \text{ kg}$$

Esta é, aproximadamente, a massa de quase 47 porta-aviões, o que é uma grande quantidade de massa para queimar a cada segundo.

A energia cinética de um objeto: A energia do movimento

Da versão completa da equação de Einstein, que relaciona massa e energia, você sabe que a energia total de um objeto em movimento é a seguinte:

$$E = \frac{mc^2}{\left(1 - \frac{v^2}{c^2}\right)^{1/2}}$$

Do que essa *energia total* é composta? Você sabe que, para um objeto em repouso, a energia é $E_{o} = mc^2$. O restante da energia total é *energia cinética* — a energia do movimento:

Energia total = energia em repouso + energia cinética

Assim, isso significa que a energia cinética de um objeto é

Energia cinética = energia total - energia em repouso

Portanto, a energia cinética, E_c, é igual a

$$E_c = \frac{mc^2}{\left(1 - \dfrac{v^2}{c}\right)^{1/2}} - mc^2$$

$$= mc^2 \left(\frac{1}{\left(1 - \dfrac{v^2}{c^2}\right)^{1/2}} - 1 \right)$$

Relacionando a fórmula relativista a uma fórmula da mecânica clássica

A fórmula relativista para a energia cinética não se parece muito com a antiga versão não relativista familiar para a energia cinética aqui:

$$E_c = \frac{1}{2}mv^2$$

Mas, na verdade, a versão relativista se reduz à forma não relativista quando v é muito menor que c (isto é, $v \ll c$). Isso acontece porque a baixas velocidades, v é pequeno, e você pode expandir o fator $1/(1 - v^2/c^2)^{1/2}$ para obter o seguinte (esta é uma expansão de Taylor):

$$\frac{1}{\left(1 - \dfrac{v^2}{c^2}\right)^{1/2}} = 1 + \frac{1}{2}\left(\frac{v^2}{c^2}\right) + \frac{3}{8}\left(\frac{v^4}{c^4}\right) + \dots$$

Como $v \ll c$, você pode ignorar do terceiro termo para cima, aqui; assim, para uma boa aproximação, você pode dizer o seguinte:

$$\frac{1}{\left(1 - \dfrac{v^2}{c^2}\right)^{1/2}} = 1 + \frac{1}{2}\left(\frac{v^2}{c^2}\right) + \frac{3}{8}\left(\frac{v^4}{c^4}\right) + \dots$$

Capítulo 12: Preste Atenção ao que Einstein Disse: A Relatividade... 269

Coloque esse resultado na equação para a energia cinética e simplifique para obter a versão familiar da equação da E_c a partir da mecânica:

$$E_c = mc^2 \left(\frac{1}{\left(1 - \frac{v^2}{c^2}\right)^{1/2}} - 1 \right) \quad (v \ll c)$$

$$E_c \approx mc^2 \left(1 + \frac{1}{2}\left(\frac{v^2}{c^2}\right) - 1 \right)$$

$$E_c \approx mc^2 \left(\frac{1}{2}\right)\left(\frac{v^2}{c^2}\right)$$

$$E_c \approx \frac{1}{2} mv^2$$

Assim, durante o tempo que você passou usando essa equação para energia cinética, estava realmente usando uma aproximação à equação relativista:

$$E_c = mc^2 \left(\frac{1}{\left(1 - \frac{v^2}{c^2}\right)^{1/2}} - 1 \right)$$

Como você poderia imaginar?

Uma consequência da equação da energia cinética é a conclusão de que objetos com massa não podem atingir a velocidade da luz (sinto muito). Isso acontece porque, à medida que você se aproxima da velocidade da luz, o denominador aqui se aproxima de zero, o que faz a energia cinética se aproximar do infinito. E levaria uma quantidade infinita de trabalho para dar a algum objeto uma energia cinética infinita. Entretanto, uma quantidade infinita de trabalho não está disponível (e imagine sua conta de luz se isso fosse possível!), assim, a conclusão é que é impossível gerar a velocidade da luz em um objeto que tenha massa. A única saída é fazer m igual a zero, o que torna a equação de energia cinética sem sentido.

Inserindo alguns números para encontrar a E_c

Vamos dizer que você tenha um foguete com massa de 10,000 kg passando sobre você a $0.99c$. Quais são as energias cinética e total? A energia total é

$$E = \frac{mc^2}{\left(1 - \frac{v^2}{c^2}\right)^{1/2}}$$

$$= \frac{(10{,}000 \text{ kg})(3{,}0 \times 10^8 \text{ m/s})^2}{(1 - 0{,}99^2)^{1/2}}$$

$$\approx 6{,}4 \approx 10^{21} \text{ J}$$

Por outro lado, a energia cinética é igual a

$$E_c = mc^2 \left(\frac{1}{\left(1 - \frac{v^2}{c^2}\right)^{1/2}} - 1 \right)$$

$$= 10{,}000 \text{ kg} \left(3{,}0 \times 10^8 \text{ m/s}\right)^2 \left(\frac{1}{\left(1 - 0{,}99^2\right)^{1/2}} - 1 \right)$$

$$\approx 5{,}5 \times 10^{21} \text{ J}$$

Omitindo a E_p

A equação da energia total de Einstein é apenas a soma da energia cinética com a de repouso de um objeto — ela ignora a energia potencial. Se você quiser incluir a energia potencial nessa equação, você terá de adicioná-la. Por exemplo, se um objeto tem energia potencial por estar a uma determinada altura no campo gravitacional da Terra, você pode adicionar essa energia potencial, mgh, à equação da energia total:

$$E = \frac{mc^2}{\left(1 - \frac{v^2}{c^2}\right)^{1/2}} + mgh$$

onde m é a massa do objeto, g é a aceleração devido à gravidade na superfície da Terra, e h é a altura do objeto.

A energia de repouso de uma partícula não é um tipo de energia cinética; é a que uma partícula maciça tem quando em repouso, apenas porque possui massa. A energia potencial origina-se da posição de uma partícula em um campo de qualquer tipo — gravitacional, elétrico, e assim por diante.

Nova Matemática: Somando Velocidades Próximas à da Luz

O postulado da velocidade da luz (da seção anterior "Verificando os postulados da relatividade especial") diz que a velocidade da luz em um vácuo, c, tem sempre o mesmo valor em qualquer sistema de referência inercial, não importando o quão rápido o observador e a fonte de luz estejam se movimentando um em relação ao outro.

Capítulo 12: Preste Atenção ao que Einstein Disse: A Relatividade... 271

Suponha que você tenha dois foguetes viajando um em direção ao outro a 0,75c, medido pelo observador na Terra. O observador de um dos foguetes veria o outro foguete se aproximando à velocidade de 0,75c + 0,75c? Não, porque isso seria 1,5c, o que não é possível.

Como você pode ver, a relatividade especial tem de fazer algumas disposições para acrescentar velocidades, de forma que você não tenha velocidades maiores que c. Essa fórmula permite-lhe encontrar a soma das velocidades, levando-as próximo ao limite, c, mas sem ultrapassá-lo.

Dê uma olhada na situação da Figura 12-5. Ali, um foguete está passando por um observador na Terra a uma velocidade $v_{foguete}$ (o observador na Terra percebe a mesma velocidade para o foguete, mas na direção oposta). Agora, vamos dizer que a tripulação do foguete recentemente fez alguns trabalhos na parte externa do foguete e, por descuido, deixou uma chave inglesa lá fora. Essa chave está se movimentando para longe do foguete — observadores no foguete medem a velocidade da chave inglesa como v_o.

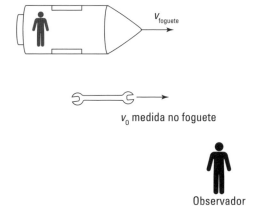

Figura 12-5: Um foguete e uma chave inglesa que se movimentam a velocidades próximas de c.

Qual a velocidade da chave inglesa medida pelo observador na Terra, na parte inferior da figura? Esse observador mede a velocidade da chave inglesa como v, assim, a equação a seguir é verdadeira?

$$v = v_o + v_{foguete}\ ?$$

Não, porque você poderia ter uma velocidade maior que a velocidade da luz pelo acréscimo de duas velocidades dessa forma. Em vez disso, Einstein diz que a velocidade da chave inglesa medida na Terra é

$$v = \frac{v_o + v_{foguete}}{1 + \dfrac{v_o v_{foguete}}{c^2}}$$

onde

- v é a velocidade da chave inglesa medida na Terra
- v_o é a velocidade da chave inglesa medida no foguete
- v_{foguete} é a velocidade do foguete em relação à Terra

Vamos dizer que a velocidade do foguete em relação à Terra é 0.75c, e a velocidade da chave inglesa em relação ao foguete, medida no foguete, também é 0.75c. Em vez de simplesmente acrescentar essas velocidades para obter 1.5c, você usa a equação relativista. Colocando os números, $v_o = v_{\text{foguete}} = 0.75c$, teremos

$$v = \frac{0{,}75c + 0{,}75c}{1 + 0{,}75^2}$$
$$= \frac{0{,}75c + 0{,}75c}{1 + 0{,}75^2}$$
$$\approx 0{,}96c$$

A regra para acrescentar velocidades na relatividade foi observada antes mesmo de Einstein descobrir a relatividade. Em 1851, Hippolyte Fizeau usou um interferômetro de Michelson com água corrente entre os espelhos, para comparar a velocidade da luz na água parada à velocidade da luz na água corrente (um *interferômetro* separa os feixes de luz, de forma que os pesquisadores podem observar padrões de interferência e tirar conclusões sobre as ondas luminosas — consulte o Capítulo 11). A expectativa era a de que as velocidades da luz e da água deveriam simplesmente se somar. Entretanto, as velocidades se somaram relativisticamente. Ninguém conseguiu explicar o resultado dessa experiência até que Einstein apareceu e mostrou como as pessoas precisavam repensar suas ideias mais básicas sobre espaço e tempo.

Capítulo 13
Entendendo Energia e Matéria como Partículas e Ondas

● ●

Neste Capítulo

▶ Radiação de corpo negro

▶ O efeito fotoelétrico

▶ O espalhamento Compton

▶ O comprimento de onda da matéria de De Broglie

▶ O princípio da incerteza de Heisenberg

● ●

O que é *matéria*? Essa é uma pergunta que os físicos há muito tempo vêm fazendo. E apresentaram algumas respostas surpreendentes. Todo mundo sabe o que são elétrons e prótons, não é mesmo? São pequenas partículas que orbitam em torno de si mesmas para formar átomos, além de serem os elementos fundamentais da matéria. Mas, acontece que a natureza das partículas de elétrons e prótons e de toda a matéria não é muito precisa: elas também podem agir como ondas. Isso pode apresentar um desafio à imaginação — como uma bola de beisebol pode agir, senão como um objeto? Como pode a matéria agir como uma *onda*, uma perturbação itinerante que transfere energia? Esse é o tipo de pergunta que você vai examinar neste capítulo.

Por outro lado, os físicos também foram se questionando sobre o que é a luz, conhecida pelas suas qualidades de onda. O Capítulo 11 trata de como a luz pode funcionar como uma onda — por exemplo, como a luz que passa através de um par de fendas pode interferir com ela mesma e causar interferências construtivas e destrutivas. Mas a luz também pode mostrar qualidades de partículas — você já ouviu falar de *fótons*, que são partículas de luz. Então, o que é a luz? Ondas ou partículas? A resposta a essa pergunta é: *as duas coisas*. A luz exibe qualidades de partículas e qualidades de onda, dependendo daquilo que você está medindo.

Neste capítulo, você observa a natureza das partículas de luz, a natureza de onda dos elétrons, e as experiências que sugeriram as relações entre energia e matéria. Tudo isso se relaciona muito bem com a ideia de Einstein de que massa e energia são equivalentes, $E = mc^2$, que analiso no Capítulo 12. O resultado é um quadro mais completo das ondas, partículas, energia e momento. Eu começo este capítulo — como os físicos começaram historicamente — falando sobre a natureza das partículas de luz.

Radiação de Corpo Negro: Descobrindo a Natureza Corpuscular da Luz

A primeira experiência que mostrou como a luz poderia agir como partículas tinha a ver com a explicação do espectro de radiação da luz que cada objeto emite.

Radiação de corpo negro é a de uma superfície ideal, que absorve qualquer comprimento de onda da radiação incidente sobre ela. Os físicos estudaram a radiação de corpo negro extensivamente através de experiências e sabiam muito sobre ela em 1900, mas pouco foi compreendido até que ocorressem algumas mudanças bastante revolucionárias na física. Não só o problema da radiação de corpo negro sugere a natureza da partícula da luz, como também conduziu ao campo da física quântica. Nesta seção, vou explicar os resultados experimentais que sugeriram que a luz é mais do que apenas uma onda.

Entendendo o problema com radiação de corpo negro

Um pedaço brilhante de carvão vegetal, com temperatura de cerca de 1.000 kelvins, emite uma forte cor de cereja que é possível ver. E, embora as pessoas que têm uma temperatura de cerca de 310 kelvins não brilhem no espectro visível, elas emitem luz infravermelha, que é visível aos visores noturnos.

Os físicos estudaram o espectro dessa luz e descobriram que ele variava com a temperatura do objeto em questão. A figura 13-1 mostra o espectro da luz emitida, intensidade versus comprimento de onda, de um corpo negro perfeito (*intensidade* é a quantidade de energia irradiada pela onda por unidade de área e por unidade de tempo, como eu explico no Capítulo 8). Um *corpo negro perfeito* é simplesmente um objeto, qualquer um, que emite toda luz que incide sobre ele a partir de seu ambiente.

A única coisa que deixou os físicos confusos no início do século 20 foi a forma do espectro. À medida que a temperatura do corpo negro aumentava, o comprimento de onda da luz emitida com a maior intensidade diminuía, criando um espectro com a forma característica que você vê na figura. Os físicos desenvolveram diversas teorias sobre como um corpo negro funcionava, mas cada teoria estava incompleta — na melhor das hipóteses, poderia coincidir com apenas uma parte do espectro, com comprimentos de onda baixa ou com comprimentos de onda alta. Mas ninguém pôde oferecer um método teórico satisfatório de como corpos negros produziam exatamente o espectro que você vê na figura 13-1.

Uma tentativa de explicação do espectro de corpo negro só em termos de ondas foi feita por Lord Rayleigh (John William Strutt, terceiro barão de Rayleigh). Sua teoria produziu uma previsão para o espectro de corpo negro que se encaixa muito bem em comprimentos de ondas grandes, no entanto, ela tinha um problema sério — ela previu que um corpo negro irradiaria com poder infinito! O espectro previsto aumentou até o infinito em comprimentos de onda mais curtos. Todas as tentativas para explicar o espectro de corpo negro apenas com ondas tinham problemas semelhantes.

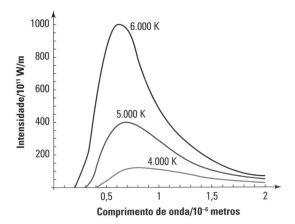

Figura 13-1: O espectro de corpos negros.

Mantendo a discrição com a constante de Planck

Max Planck, um físico alemão, apresentou uma ideia verdadeiramente radical: ele disse que você tem de considerar o corpo negro como uma coleção de muitos osciladores atômicos, cada um dos quais emite radiação. A parte radical da ideia de Planck foi que esses osciladores de dimensões atômicas só podiam emitir energia de

$$E = nhf \quad n = 0, 1, 2, 3, ...$$

onde n é um inteiro positivo, f é a frequência do oscilador e h é uma constante conhecida como constante de Planck:

$$h = 6.626 \times 10^{-34} \text{ J} \cdot \text{s}$$

Ou seja, cada oscilador atômico poderia apenas irradiar energias que fossem discretas, que fossem múltiplas de hf. Outras energias não eram permitidas. Hoje, quando apenas determinados estados de energia são permitidos, você diz que o sistema é *quantizado*. Esse foi o início da física quântica. (Você pode descobrir mais sobre a física quântica no meu livro , *Quantum Physics For Dummies*, da Wiley]).

O fato de que a energia podia ser emitida apenas com certas energias significou que os osciladores atômicos não eram apenas quantizados, mas também emitiam luz. Em outras palavras, a luz gerada por um corpo negro existe em *quanta* discretos, com apenas certas energias permitidas. O que contradizia a imagem clássica da luz como um espectro contínuo de todos os comprimentos de onda possíveis. O resultado de Planck sugeriu à natureza de partícula da luz com cada partícula de luz tendo a sua própria energia permitida.

Pacotes de Energia de Luz: Avançando com o Efeito Fotoelétrico

Albert Einstein foi quem primeiro propôs que a luz consiste de pacotes de energia. Fez isso como resultado de suas tentativas de explicar o chamado efeito fotoelétrico, um fenômeno que Heinrich Hertz observou pela primeira vez, acidentalmente, em 1887.

O *efeito fotoelétrico* é chamado assim porque ele depende de elétrons que são ejetados de um pedaço de metal por fótons que atingem esse metal. Esta seção descreve o efeito e como Einstein o explicou.

Compreendendo o mistério do efeito fotoelétrico

Um aparato experimental para medir o efeito fotoelétrico aparece na Figura 13-2. Veja como funciona: Os elétrons estão normalmente presos ao metal, atraídos pela carga positiva dos núcleos dos átomos do metal. Mesmo quando uma voltagem é aplicada em todo o espaço na figura (entre a placa de metal e o coletor), os elétrons estão ligados tão fortemente ao metal que não conseguem deixar a superfície.

Mas, quando a luz brilha sobre a placa de metal, ela interage com os átomos do metal, estimulando-os. Sob certas circunstâncias, esta luz pode causar a liberação dos elétrons da superfície do metal. Quando a luz fornece aos elétrons a energia necessária para deixar a superfície do metal, eles são expelidos.

Em seguida, os elétrons emitidos viajam para uma placa positiva, chamada de *coletor,* como mostra a Figura 13-2. A placa de metal e o coletor estão em um vácuo (dentro de uma redoma de vidro ou tubo) para minimizar as colisões dos elétrons com os átomos do ar, o que poderia complicar as coisas. Como os elétrons viajam de uma placa de metal para outra, a corrente flui (embora seja uma corrente muito pequena) e pode ser medida pelo medidor na parte inferior da figura. Então, quando você faz a luz brilhar sobre o metal, a corrente flui. Simples assim.

Para isolar o efeito da frequência da luz incidente, os pesquisadores decidiram emitir luz monocromática (luz de uma frequência específica) na placa de metal. Eles puderam, então, estudar os efeitos da variação da frequência e a intensidade dessa luz separadamente.

Capítulo 13: Entendendo Energia e Matéria como Partículas... **277**

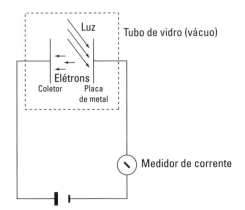

Figura 13-2:
O efeito fotoelétrico.

A luz incidiria sobre os átomos do metal e os físicos esperavam que, quando a quantidade de ondas de luz fosse suficiente, os elétrons iriam reunir energia o bastante para serem emitidos. Assim, classicamente, quanto mais intensamente a luz brilhasse sobre o metal, mais energia os elétrons emitidos teriam. A suposição era que, em níveis muito baixos de luz, os elétrons precisariam de algum tempo para reunir energia suficiente para serem emitidos. Mas não foi isso que aconteceu. Aqui estão duas descobertas surpreendentes:

- A energia dos elétrons emitidos mostrou ser independente da intensidade da luz: quando os pesquisadores dobraram a quantidade de luz, eles observaram que os elétrons não apresentaram qualquer energia diferente de quando eram emitidos.

- Mesmo quando os pesquisadores incidiram luz de baixa intensidade sobre o metal, os elétrons começaram a ser emitidos imediatamente; não demorou muito para que eles reunissem energia suficiente antes disso.

A contribuição de Einstein: Apresentando os fótons

Einstein, com base no trabalho publicado por Max Planck (consulte a seção anterior "Mantendo a discrição com a constante de Planck"), propôs que a luz era realmente composta por pacotes discretos de energia — hoje, você os conhece como os *fótons*. Em particular, mais uma vez seguindo os passos de Planck, Einstein disse que a energia de cada fóton é igual a

$$E = hf$$

onde E é a energia do fóton, h é a constante de Planck ($6{,}6626 \times 10^{-34}$ joules-segundo), e f é a frequência do fóton.

Calculando a emissão de fótons por segundo a partir de uma lâmpada

Considere uma lâmpada elétrica de 100 watts. Quantos fótons ela emite por segundo? Você pode mesmo pensar, em termos, essa pergunta? Sim, você certamente pode. Mas precisa conhecer a energia que a luz emite a cada segundo e a energia de cada fóton. Como o espectro de uma lâmpada elétrica abrange mais ou menos o espectro visível, vamos supor que o comprimento médio de onda da luz visível da lâmpada é luz verde (λ = 555 nanômetros).

Ok! Qual a quantidade de energia que a lâmpada emite por segundo? São 100 watts que correspondem a 100 joules por segundo, correto? Não exatamente. As lâmpadas incandescentes têm apenas cerca de 2 por cento de eficiência — isto é, uma lâmpada de 100 watts emite apenas 2 joules de luz visível por segundo.

Ok, mas quantos fótons existem em 2 joules por segundo? Para determinar isso, você tem de encontrar a energia de cada fóton. Você está supondo que o comprimento de onda da luz emitida é verde, em média, λ = 555 nanômetros. Qual é a frequência? Você pode relacionar a velocidade da luz (c) a sua frequência (f) e ao comprimento de onda (λ), da seguinte forma:

$$f = \frac{c}{\lambda}$$

Assim, a frequência da luz verde é

$$f = \frac{c}{\lambda} = \frac{3{,}0 \times 10^{8}\ \text{m/s}}{555 \times 10^{-9}\ \text{m}} \approx 5{,}40 \times 10^{14}\ \text{Hz}$$

Isso significa que a energia de um fóton é

$$E_{\text{fóton}} = (6{,}626 \times 10^{-34}\ \text{J-s})(5{,}40 \times 10^{14}\ \text{Hz})$$
$$\approx 3{,}58 \times 10^{-19}\ \text{J}$$

Portanto, o número de fótons emitidos por segundo é

$$\frac{\text{Energia/segundo emitido}}{E_{\text{fóton}}} = \frac{2\ \text{J/s}}{3{,}58 \times 10^{-19}\ \text{J}}$$
$$\approx 6 \times 10^{18}\ \text{fótons/s}$$

Assim, uma lâmpada de 100 watts emite cerca de 6 x 10^{18} fótons por segundo no espectro visível — um número enorme.

A equação de Einstein mostra que a energia de cada fóton depende da frequência da luz. Para o efeito fotoelétrico, Einstein sugeriu que cada elétron absorve um fóton, então, a energia dos elétrons emitidos depende da frequência da luz também. A luz mais intensa contém mais fótons. Assim, a intensidade pode afetar o número de elétrons emitidos, mas não a energia.

Agora que você está lidando com fótons, vale a pena perguntar qual é a massa deles. Afinal, o assunto aqui é que os fótons agem como partículas. Então, eles têm massa? Do Capítulo 11, você sabe que a energia de algo em movimento é

$$E = \frac{mc^{2}}{\left(1 - \dfrac{v^{2}}{c^{2}}\right)^{1/2}}$$

Então, reorganizando a equação para isolar o termo mc^2

$$E\left(1 - \frac{v^2}{c^2}\right)^{1/2} = mc^2$$

Agora, o termo $(1 - v^2/c^2)^{1/2}$ é zero, porque, por definição, para fótons, $v = c$. A energia não é zero, mas o produto de E por zero é zero, então $mc^2 = 0$ — o que significa que m é zero. Assim, a massa dos fótons é nada, zero.

Explicando por que a energia cinética dos elétrons não depende da intensidade

Então, como exatamente Einstein usa os fótons para explicar o efeito fotoelétrico? Ele tinha duas questões para explicar aqui: a ideia de que a energia cinética dos elétrons emitidos não depende da intensidade da luz e o fato de que os elétrons são emitidos imediatamente, mesmo sob luz de baixa intensidade. Discuto energia cinética nesta seção e a liberação imediata de elétrons na próxima.

Normalmente, era de se esperar que os elétrons fossem emitidos por ondas eletromagnéticas com um espectro contínuo — e, quanto mais intensa a luz, mais rapidamente os elétrons ejetados deveriam partir. Mas não foi isso que aconteceu. Para uma determinada frequência de luz, os elétrons ejetados têm uma energia cinética específica e, mesmo se você emitir o dobro da luz sobre o metal, não obtém elétrons com mais energia cinética (entretanto, obtém mais elétrons).

A teoria das partículas de fótons explica o efeito fotoelétrico ao dizer que a energia de cada fóton — e, portanto, a energia que ele pode entregar a um único elétron — depende apenas de sua frequência. Então, em vez de ter elétrons absorvendo energia por estarem banhados em luz contínua, cada elétron absorve um fóton.

É por isso que a energia cinética dos elétrons emitidos independe da intensidade da luz — esta determina apenas o número de fótons, e não a sua energia individual. É a energia do fóton que determina a energia cinética dos elétrons ejetados.

De acordo com o modelo de fóton de Einstein, a energia de cada um faz parte da:

- Energia necessária para retirar um elétron do metal
- Energia cinética desse elétron

A energia necessária para retirar os elétrons do metal é chamada de *função de trabalho* desses *metais*, ou *WF (sigla em inglês)*, assim a energia de cada fóton, que é *hf*, é igual ao seguinte:

$$hf = E_C + WF$$

onde E_C é a energia cinética do elétron ejetado e h é a constante de Planck ($6,626 \times 10^{34}$ J-s).

Esta equação para a energia cinética do elétron emitido diz tudo: A energia cinética de um elétron emitido depende apenas da frequência dos fótons que entram e não da quantidade deles, além da função de trabalho do metal.

Explicando por que os elétrons são emitidos instantaneamente

Para descrever o efeito fotoelétrico, o segundo problema que Einstein teve que resolver foi por que os elétrons eram emitidos instantaneamente quando a luz — mesmo a de baixa intensidade — incidia sobre o metal.

Normalmente, esperava-se que a intensidade da luz teria de acumular energia suficiente para começar a ejetar elétrons. Mas, usando a teoria de pacotes de energia de Einstein, você não precisa esperar até que as ondas de luz de baixa intensidade acumulem energia suficiente para emitir elétrons, porque a luz é realmente feita de pacotes de energia, cuja energia depende apenas da sua frequência.

Isso significa que, logo que você incidir a luz sobre o metal, terá fótons com energia suficiente para ejetar elétrons — sem necessidade de esperar que a luz acumule energia suficiente: Cada fóton já tem energia suficiente. Portanto, você ainda tem elétrons quando incidir luz de baixa intensidade sobre o metal; apenas em menor número do que quando você incide uma luz mais intensa. Einstein triunfou novamente.

Einstein e o grande prêmio

Todo mundo sabe que Einstein ganhou o Prêmio Nobel, em 1921, por causa da equação $E = mc^2$, não é mesmo? Ele ganhou por causa de seu trabalho sobre o efeito fotoelétrico. No entanto, foi tão prolífero que poderia ter vencido várias vezes.

Ganhar o grande prêmio é algo muito importante. Eu tenho um amigo da Universidade de Cornell que ganhou o Prêmio Nobel em Física. Eles telefonaram para ele às 5 horas da manhã, direto de Estocolmo, ele ficou tão empolgado que não conseguiu dormir pelo resto da manhã — nem na noite seguinte.

_____ **Capítulo 13: Entendendo Energia e Matéria como Partículas...** **_281_**

Fazendo cálculos com o efeito fotoelétrico

Dê uma olhada neste exemplo. Vamos dizer que, como um bom físico, você pratica o efeito fotoelétrico com o primeiro metal que encontra e, neste caso, foi o lindo conjunto de colheres de prata da sua mãe. Quando incide a luz de sua lanterna na prata aparecem elétrons?

A função de trabalho de um metal é geralmente dada em elétrons-volt, eV, e um _elétron volt_ é a energia necessária para mover um elétron através de um volt de potencial (você tem que empurrar o elétron para realizar um trabalho sobre ele, então, você pode pensar nisso como se estivesse empurrando o elétron em direção à placa de um capacitor de placas paralelas carregada negativamente):

$$1 \text{ eV} = 1{,}60 \times 10^{-19} \text{ J}$$

(Isso é porque o trabalho $= q\Delta V$, e q para um elétron $= 1{,}60 \times 10^{-19}$ C, enquanto que $\Delta V = 1{,}0$ V).

A função de trabalho da prata _(WF)_ é 4,72 eV, então, você precisa de elétrons-volt para liberar um elétron da prata. Então, qual é a frequência necessária para se começar a liberar elétrons?

Convertendo 4,72 eV em joules teremos a energia necessária para superar a função de trabalho:

$$E_{\text{necessário}} = (4{,}72 \text{ eV}) (1{,}60 \times 10^{-19} \text{ J/eV}) \approx 7{,}55 \times 10^{-19} \text{ J}$$

Ok!, então você precisa de fótons com uma energia de $7{,}55 \times 10^{-19}$ J. A que frequência isso corresponde? Você sabe que

$$E_{\text{fótons}} = hf$$

onde h é a constante de Planck ($6{,}626 \times 10^{-34}$ joules-segundo) e f é a frequência do fóton. Assim, você pode reorganizar a fórmula para obter

$$f = \frac{E_{\text{fóton}}}{h}$$

Como o fóton precisa ter uma energia de pelo menos, $7{,}55 \times 10^{-19}$ J, você sabe que a frequência mínima necessária é

$$f = \frac{7{,}55 \times 10^{-19} \text{ J}}{6{,}626 \times 10^{-34} \text{ J-s}}$$
$$\approx 1{,}14 \times 10^{15} \text{ Hz}$$

282 Parte IV: A Física Moderna

Ok então a luz que você incide na prataria de sua mãe deve ter uma frequência de pelo menos 1.14×10^{15} hertz para conseguir ejetar elétrons. A que comprimento de onda da luz, λ, isso corresponde? Como $c = \lambda f$, você sabe que

$$\lambda = \frac{c}{f}$$

Assim, o comprimento da onda de luz correspondente à frequência mínima que você precisa é

$$\lambda = \frac{3{,}00 \times 10^8 \text{ m/s}}{1{,}14 \times 10^{15} \text{ Hz}} \approx 2{,}63 \times 10^{-7} \text{ m} = 263 \text{ nm}$$

Assim, a luz deve ter um comprimento de onda igual ou menor que 263 nanômetros - e esse valor está na faixa ultravioleta, de modo que a lanterna não vai funcionar para o truque.

Colisões: Demonstrando a Natureza da Partícula da Luz com o Efeito Compton

Embora Einstein tivesse anunciado que a luz se propaga em pacotes de energia, a natureza da partícula da luz não foi totalmente aceita durante mais alguns anos. O que aconteceu para que todo mundo mudasse de ideia? Em 1923, o físico Arthur Compton realizou uma experiência na qual colidiu fótons com elétrons, mostrando que tanto um quanto o outro eram dissipados pela colisão. E se isso não prova a natureza da partícula dos fótons, o que poderia provar?

Compton emitiu feixes de *raios-X* (isto é, fótons de alta frequência) em alvos feitos de grafite, que tinham elétrons em repouso, os quais estavam apenas esperando para serem atingidos. Ele observou que os fótons foram realmente dissipados por suas colisões com elétrons. Ele também observou que a frequência dos fótons espalhados foi menor que a dos incidentes, indicando que o fóton havia transferido um pouco de energia para o elétron, que estava inicialmente em repouso.

Os fótons e elétrons não apenas colidem - eles colidem *elasticamente*, o que significa que momento e energia cinética são conservados durante a colisão. Em outras palavras, o elétron e o fóton colidem praticamente da mesma maneira que as bolas de bilhar. Você pode ver um diagrama do espalhamento na Figura 13-3.

A energia é conservada quando o elétron é espalhado pelo fóton. O que isso quer dizer? Isso significa que

$$E_{\text{fóton incidente}} = E_{\text{fóton espalhado}} + E_{\text{elétrons espalhados}}$$

Capítulo 13: Entendendo Energia e Matéria como Partículas...

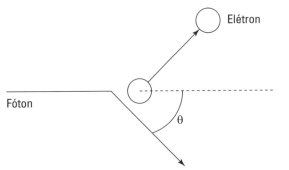

Figura 13-3: O efeito Compton.

Ou seja, a energia do fóton incidente é transferida para a do fóton dissipado e para a energia cinética do elétron dissipado (lembre-se de que o elétron está inicialmente em repouso). Isso é apenas a metade — a metade da conservação de energia. E a metade da conservação do momento?

Para um fóton e um elétron colidindo, a equação da conservação do momento é semelhante à equação de conservação da energia, exceto que aqui você está lidando com vetores momento, p, assim:

$$p_{\text{fóton incidente}} = p_{\text{fóton espalhado}} + p_{\text{elétron espalhado}}$$

O momento de um elétron espalhado não é problema — ele é mv, ou o seguinte, na forma relativista (ver Capítulo 12 para obter detalhes sobre a relatividade especial e o que acontece a velocidades perto da velocidade da luz):

$$p = \frac{mv}{\left(1 - \frac{v^2}{c^2}\right)^{1/2}}$$

onde p é o momento de um objeto, m é sua massa, e v é a sua velocidade.

Então, para um elétron é isso aí. Mas, e quanto ao momento para um fóton, que não tem qualquer massa? Será que isso significa automaticamente que os fótons não têm momento? Não, como o efeito Compton demonstra. A energia de uma partícula relativista é a seguinte (também a partir do Capítulo 12):

$$E = \frac{mc^2}{\left(1 - \frac{v^2}{c^2}\right)^{1/2}}$$

Essa equação também contém a massa da partícula. Então, você está numa sinuca de bico ao tentar compreender a energia e o momento de um fóton, que não tem massa? Não é bem assim. Você pode dividir o momento pela energia e obter a perda de massa - e isso funciona mesmo para os fótons. Assim, dividindo a equação para momento pela equação para a energia, você obtém o seguinte:

$$\frac{p}{E} = \frac{v}{c^2}$$

Para fótons, $v = c$, então

$$\frac{p}{E} = \frac{1}{c}$$

$$p = \frac{E}{c}$$

E para os fótons, $E = hf$, então

$$p = \frac{hf}{c}$$

E você pode notar que $c = \lambda f$, portanto, para um fóton, o que se segue é verdadeiro:

$$p = \frac{h}{\lambda}$$

Colocando tudo isso junto, Compton foi capaz de mostrar que podemos relacionar o comprimento de onda dos fótons incidentes e espalhados da seguinte forma:

$$\lambda_{\text{fótons espalhados}} - \lambda_{\text{fóton incidente}} = \frac{h}{mc}(1 - \cos\theta)$$

onde h é a constante de Planck ($6{,}626 \times 10^{-34}$ joules-segundo), m é a massa do elétron ($9{,}11 \times 10^{-31}$ kg), e θ é o ângulo de espalhamento do fóton, como mostra a Figura 13-3, anteriormente nesta seção.

Assim, a diferença no comprimento de onda entre o fóton incidente e o dissipado varia de zero, se o fóton continua seu caminho sem se desviar ($\theta = 0°$) até h/mc se o fóton for dissipado a 90° ($\theta = 90°$). Na verdade, a quantidade h/mc aparece frequentemente no espalhamento Compton, por isso é chamada de *comprimento de onda de Compton*:

$$\lambda_{\text{Compton}} = \frac{h}{mc}$$

O comprimento de onda de Compton é igual ao seguinte:

$$\lambda_{\text{Compton}} = 2{,}43 \times 10^{-12} \text{ m}$$

_____ **Capítulo 13: Entendendo Energia e Matéria como Partículas...** **285**

Então, usando o comprimento de onda de Compton, a fórmula para espalhamento lhe dá

$$\lambda_{\text{fóton espalhado}} - \lambda_{\text{fóton incidente}} = \lambda_{\text{Compton}} (1 - \cos \theta)$$

O espalhamento de Compton realmente coloca um fim na questão — os fótons podem agir como partículas. As experiências de corpo negro (que discuto anteriormente em "Radiação de Corpo Negro: Descobrindo a Natureza da Partícula de Luz") deram origem à ideia de que a luz era quantizada, e Einstein explicou o efeito fotoelétrico ao dizer que a luz era constituída de pacotes de energia (consulte a seção anterior "Pacotes de Energia de Luz: Avançando com o Efeito Fotoelétrico"), mas o que realmente atingiu o alvo foi o efeito Compton.

O Comprimento de Onda de De Broglie: Observando a Natureza Ondulatória da Matéria

Em 1924, um estudante de física, Louis de Broglie, apresentou uma sugestão incrivelmente arrojada: Ele propôs que os físicos mudassem radicalmente suas ideias sobre a natureza das partículas, sem qualquer razão experimental direta para isso. Os físicos já haviam descoberto os aspectos de partícula das ondas de luz, mas não havia qualquer evidência que os obrigasse a alterar drasticamente suas ideias sobre partículas.

No entanto, de Broglie sentiu que a natureza seria mais bonita se houvesse uma espécie de simetria, onde as partículas também pudessem se comportar como ondas. Como os fótons obedecem à seguinte equação (que você viu na seção anterior):

$$p = \frac{h}{\lambda}$$

Talvez os elétrons e outras partículas obedecessem a esta equação:

$$\lambda = \frac{h}{p}$$

Isto é, talvez as partículas de matéria tenham um comprimento de onda que é dado por h/p. Surpreendentemente, De Broglie provou que estava certo. Esta seção explica as experiências que apoiaram essa ideia e, em seguida, mostra como a matemática funciona.

Elétrons interferentes: Confirmando a hipótese de De Broglie

Experiências têm confirmado a ideia de De Broglie. Tentativas iniciais foram realizadas bombardeando cristais de níquel com elétrons para obter um padrão de difração, tal como aconteceria com qualquer onda. Mais recentemente, os físicos enviaram elétrons através de uma configuração de dupla fenda, produzindo o padrão de interferência característico da fenda dupla (ver Capítulo 11 para obter informações sobre interferência da luz).

Esses físicos tinham uma máquina que emitia fluxos de elétrons e, um dia, eles decidiram passar este fluxo através de um arranjo de dupla fenda — o tipo que dá origem a padrões de interferência com ondas de luz. Uma coisa engraçada aconteceu: depois de ajustar a distância que separava as fendas duplas, o *mesmo* tipo de padrão de interferência aparecia — barras claras e escuras — em um filme fotográfico (que registra as posições nas quais os elétrons as atingem). As barras claras e escuras resultantes pareciam exatamente um padrão de interferência, como a Figura 13-4 mostra.

Figura 13-4: Padrão de interferência de elétrons enviados através de fendas duplas.

Esse foi um resultado surpreendente para a época — um fluxo de elétrons passando por uma fenda dupla e criando um padrão de interferência, assim como a luz. Os elétrons estavam agindo como ondas. Assim, o mundo teria que lidar com essa nova ideia de que os elétrons podiam agir como ondas ou partículas.

Isto significou que os físicos precisavam mudar sua imagem mental sobre elétrons. Já não se poderia pensar confortavelmente sobre eles como bolas de bilhar, orbitando ao redor do núcleo de um átomo. Em vez disso, os estudiosos tiveram de pensar em termos de pequenos pacotes de ondas de matéria.

Calculando comprimentos de onda da matéria

De Broglie afirmou que o comprimento de onda de um elétron (λ) é igual à constante de Planck ($h = 6{,}626 \times 10^{-34}$ joules-segundo) dividida pelo momento (p):

$$\lambda = \frac{h}{p}$$

_____ **Capítulo 13: Entendendo Energia e Matéria como Partículas...** *287*

Assim, apenas elétrons têm um comprimento de onda de De Broglie? Não. Qualquer objeto que tenha um momento também tem um comprimento de onda de De Broglie, embora o comprimento de onda de objetos que você pode ver a olho nu seja incrivelmente pequeno. Nesta seção, você calcula comprimentos de onda de dois elétrons e de objetos maiores.

Encontrando comprimento de onda de De Broglie de um elétron

Experimente usar alguns números para ver como o comprimento de onda de De Broglie funciona. Por exemplo, digamos que você solte um elétron em sua casa e ele comece a circular a $1,9 \times 10^6$ metros por segundo. Qual é o seu comprimento de onda de De Broglie? A velocidade do elétron é não relativística, muito aquém da velocidade da luz em um vácuo, c, de modo que o momento do elétron é dado por

$$p = mv$$

A massa de um elétron é $9,11 \times 10^{31}$ kg, de modo que o momento do elétron é

$$p = (9,11 \times 10^{31} \text{ kg}) \, (1,9 \times 10^6 \text{ m/s}) \approx 1,74 \times 10^{24} \text{ kg-m/s}$$

Assim, o comprimento de onda de De Broglie do elétron é

$$\lambda = \frac{h}{p} = \frac{6,626 \times 10^{-34} \text{ J-s}}{1,74 \times 10^{-24} \text{ kg-m/s}} \approx 3,81 \times 10^{-10} \text{ m}$$

Isso significa que o comprimento de onda do elétron é 0,381 nanômetros – cerca de mil vezes menor do que o comprimento de onda da luz visível.

Encontrando o comprimento de onda de De Broglie de objetos visíveis

Qualquer objeto que tenha um momento também tem um comprimento de onda de De Broglie. Com cerca de 0,381 nanômetros, o comprimento de onda de De Broglie do elétron na seção anterior é enorme em comparação com o comprimento de onda de De Broglie de um objeto visível a olho nu.

Vamos dizer que está determinado a verificar por você mesmo o comprimento de onda de De Broglie e decidiu jogar uma bola de beisebol através de um medidor de comprimento de onda. Você joga a bola, com massa de 0,150 kg, em uma arremesso de 90,0 milhas por hora (145 quilômetros por hora). Qual é seu comprimento de onda de De Broglie?

Primeiramente, você calcula a velocidade da bola em metros por segundo. Como todos sabem, um metro por segundo é cerca de 2,23693629 milhas por hora. Ok! Isso é um pouco ridículo em relação aos dígitos significativos, mas você sabe que 90,0 milhas por hora (145 quilômetros por hora) é igual ao seguinte:

$$v = \frac{90,0 \text{ mph}}{1} \times \frac{1 \text{ m/s}}{2,24 \text{ mph}} \approx 40,2 \text{ m/s}$$

Então, o momento da bola de beisebol é

$$p = mv = (0{,}150 \text{ kg})(40{,}2 \text{ m/s}) = 6{,}03 \text{ kg-m/s}$$

Agora você pode calcular o comprimento de onda de De Broglie da bola de beisebol usando a equação:

$$\lambda = \frac{h}{p}$$

$$\lambda = \frac{6{,}626 \times 10^{-34} \text{ J-s}}{6{,}03 \text{ kg-m/s}} \approx 1{,}10 \times 10^{-34} \text{ m}$$

Assim, o comprimento de onda da bola é $1{,}10 \times 10^{-34}$ metros, ou $1{,}10 \times 10^{-25}$ nanômetros — uma distância incrivelmente pequena. Você não consegue medir distâncias tão pequenas. Eu reconheço que dizer isso é arriscado em um campo tão imprevisível como a Física, mas esse comprimento de onda está na ordem do comprimento de Planck.

Algumas teorias sobre gravidade quântica dizem que o *comprimento de Planck* é o comprimento em que a estrutura aparentemente contínua do Universo se rompe. Em uma escala tão diminuta, a Física Quântica predomina e antigas medições só podem ser discutidas em termos de probabilidades. Então, qual é o comprimento de Planck? Levaria 100.000.000.000.000.000.000 (isto é, 10^{20}) comprimentos de Planck para atravessar um único próton. E isso é quase o comprimento de onda de uma bola de beisebol a 90 milhas por hora (145 quilômetros por hora). Dá para pirar, não é?

Não Tenho Certeza Sobre Isso: O Princípio da Incerteza de Heisenberg

Você pode ter ouvido falar do princípio da incerteza — é um daqueles conceitos da Física que está na fala cotidiana, como em "Onde está o pequeno Jimmy?"..."Eu não sei — quanto mais gente tenta mantê-lo por perto, mais longe ele vai. Você sabe, o princípio da incerteza das crianças."

Dê uma olhada no princípio da incerteza real aqui, incluindo uma derivação da equação do que você vê na seção anterior sobre ondas da matéria.

Entendendo a incerteza na difração de elétrons

A Figura 13-5 mostra um fluxo de elétrons passando por uma fenda única e criando um padrão de difração de fenda única em uma tela (ver Capítulo 11 para mais informações sobre padrões de difração de fenda única). Na época de Newton, você não esperaria ver um padrão de difração quando passasse

_____ **Capítulo 13: Entendendo Energia e Matéria como Partículas...** **289**

um fluxo de elétrons através de uma fenda única.Você poderia esperar ver uma imagem exata da fenda única na tela (se você usar filme fotográfico como a tela, o padrão seria gravado nele).

Hoje, no entanto, sabe-se que não é assim. Podemos obter um padrão de difração — isto é, uma barra central brilhante rodeada por barras escuras e menos barras brilhantes, como mostra a figura 13-5. Aqui está a compreensão que isso traz: Quando se está lidando com o mundo pequeno (como elétrons), não se pode mais expressar as coisas de forma exata.

Para qualquer elétron individual passando pela fenda única, não se pode dizer exatamente em que lugar da tela ele vai estar — ele poderá ficar em qualquer lugar onde haja uma barra brilhante no padrão de difração. Não se pode tomar por certo que o elétron vá continuar se mantendo em linha reta. Você pode falar sobre a localização do elétron na tela apenas em termos de probabilidades — e à medida que você envia mais e mais elétrons através da fenda, você vai acabar finalmente tendo o padrão de difração.

Deduzindo a relação de incerteza

Vamos dizer que o comprimento de onda dos elétrons que passam por uma fenda única é λ, e a largura é Δy, como na Figura 13-5. Podemos encontrar o ângulo, θ, da primeira barra escura no padrão de difração (como indicado na figura) com a seguinte equação:

$$\operatorname{sen} \theta = \frac{\lambda}{\Delta y}$$

Em outras palavras, θ informa a largura angular da barra central brilhante (onde o elétron vai pousar em cerca de 85 por cento do tempo). E, se θ for pequeno, o sen θ é aproximadamente igual à tan θ (isto é, para ângulos pequenos, o sen $\theta \approx$ tan θ), assim, você tem a seguinte relação:

$$\tan \theta \approx \frac{\lambda}{\Delta y}$$

Mas, qual é o comprimento de onda do elétron, λ? É aí que De Broglie entra, porque você sabe que, para ondas de matéria, o que se segue é verdadeiro (a partir da seção anterior "O Comprimento de Onda de De Broglie: Observando a Natureza Ondulatória da Matéria"):

$$\lambda = \frac{h}{p_x}$$

Onde p_x é o momento dos elétrons na direção x e h é a constante de Planck (6.626×10^{-34} joules-segundo).

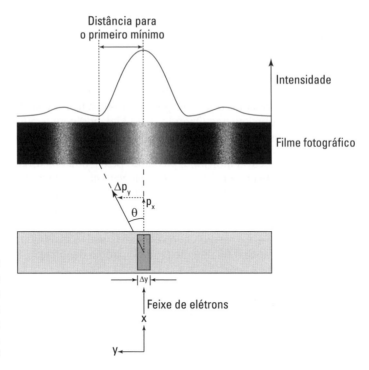

Figura 13-5: Difração de fenda única para elétrons.

Substituindo este valor por λ na equação para tan θ lhe dá este resultado:

$$\tan \theta \approx \frac{h}{p_x \Delta y}$$

Até agora, tudo bem. Dê uma olhada na Figura 13-5. Se os elétrons entrarem na fenda com momento p_x, então, depois de passar através da fenda, eles vão adquirir um momento desconhecido de Δp_y na direção y (antes da fenda, você está admitindo que o momento dos elétrons na direção y era zero). Portanto, você tem esta relação entre p_x e Δp_y

$$\tan \theta = \frac{\Delta p_y}{p_x}$$

Assim, configurando as duas equações e igualando as duas tan θ, nos dá este resultado:

$$\frac{h}{p_x \Delta y} \approx \frac{\Delta p_y}{p_x}$$

Capítulo 13: Entendendo Energia e Matéria como Partículas... 291

Multiplicando ambos os lados por p_x e calculando h:

$$\frac{h}{\Delta y} \approx \Delta p_y$$

$$\Delta p_y \Delta y \approx h$$

E, na verdade, isso é muito próximo ao verdadeiro princípio da incerteza de Heisenberg, que diz que

$$\Delta p_y \Delta y \geq \frac{h}{2\pi}$$

ou de forma mais genérica:

$$\Delta p \Delta x \geq \frac{h}{2\pi}$$

Onde Δp e Δx são as incertezas no momento e na posição, respectivamente. A relação de incerteza de Heisenberg diz que a incerteza no momento de um objeto multiplicada pela incerteza na posição deve ser maior ou igual a $h/2\pi$. De fato, $h/2\pi$ é tão comum que recebeu seu próprio nome, $\hbar$ (pronuncia-se "h-barra"'), então, muitas vezes, você vê a relação da incerteza de Heisenberg escrita assim:

$$\Delta p \Delta x \geq \hbar$$

onde

- $\hbar = \dfrac{h}{2\pi}$ (*a* constante de Planck dividida por 2π)
- Δp é a incerteza no momento de uma partícula
- Δx é a incerteza na posição de uma partícula

Veja como pensar na relação de incerteza para elétrons passando por uma fenda única: Ao localizar os elétrons para Δy (fenda), você introduz uma incerteza no momento Δp_y tal que $\Delta p_y \Delta y \geq \hbar$.

Como você pode ver, a partir da relação de Heisenberg, quanto maior a precisão com que você conhece o momento da partícula — isto é, quanto menor a incerteza no momento, Δp — maior a incerteza na posição, Δx. Reciprocamente, quanto maior a precisão com que você conhece a posição da partícula — isto é, quanto menor a incerteza na posição, Δx — maior a incerteza no momento, Δp.

Na realidade, o princípio da incerteza de Heisenberg também pode conectar a energia de uma partícula, E, com o tempo que essa partícula tem essa energia, t, assim:

$$\Delta E \Delta t \geq \hbar$$

onde

- $\hbar = \dfrac{h}{2\pi}$ (a constante de Planck dividida por 2π)
- ΔE é a incerteza na energia de uma partícula
- Δt é a incerteza no intervalo de tempo durante o qual a partícula está neste estado

Cálculos: Observando o princípio da incerteza em ação

O princípio da incerteza de Heisenberg mostra uma relação inversa: quanto mais precisamente você souber a posição de uma partícula, menos precisamente você poderá conhecer seu momento, e vice-versa.

Nesta seção, você vai usar alguns números para ver como a identificação de uma medição leva a uma menor precisão na outra.

Encontrando a incerteza na velocidade, dada a posição de um elétron

Digamos que você use o seu novo supermicroscópio (é totalmente teórico) para localizar a posição de um elétron a 1.00×10^{-11} metros. Qual é a incerteza mínima na velocidade do elétron? Heisenberg diz que

$$\Delta p \Delta x \geq \hbar$$

Então, a incerteza mínima no momento do elétron é

$$\Delta p_{min} = \dfrac{\hbar}{\Delta x}$$

Colocando os números, teremos

$$\Delta p_{min} = \dfrac{6{,}626 \times 10^{-34} \text{ J-s}}{2\pi \left(1{,}00 \times 10^{-11} \text{ m}\right)} \approx 1{,}05 \times 10^{-23} \text{ kg-m/s}$$

Qual é a incerteza na velocidade? Bem, para uma partícula não relativista, $p = mv$, de modo que

$$\Delta p = m \Delta v$$

$$\Delta v = \dfrac{\Delta p}{m}$$

_____ **Capítulo 13: Entendendo Energia e Matéria como Partículas...** **293**

Portanto, a incerteza mínima na velocidade é

$$\Delta v_{min} = \frac{1,05\times10^{-23} \text{ kg-m/s}}{9,11\times10^{-31} \text{ kg}} \approx 1,15\times10^7 \text{ m/s}$$

Então, se você souber a posição de um elétron dentro de $1,0 \times 10^{11}$ metros de sua localização real, você poderá apenas restringir sua velocidade para algo dentro de $1,15 \times 10^7$ metros por segundo da velocidade real — apenas 25.700.000 milhas por hora.

Isso, é claro, levanta a questão de como você pode medir qualquer coisa sobre algo se movendo a 25.700.000 milhas por hora em relação a você, e a resposta é que isso seria muito difícil.

Encontrando a incerteza na posição, dada a velocidade

Vamos dizer que você queira manter um elétron praticamente imóvel, a $1,00 \times 10^5$ metros por segundo — com que precisão você poderá localizá-lo? A $1,00 \times 10^5$ metros por segundo, o momento do elétron é

$$\Delta p = m\Delta v = (9,11 \times 10^{-31} \text{ kg})(1,00 \times 10^{-5} \text{ m/s})$$

$$\approx 9,11 \times 10^{-36} \text{ kg-m/s}$$

E você pode encontrar a incerteza mínima na posição, dada uma incerteza do momento, da seguinte forma:

$$\Delta x_{min} = \frac{\hbar}{\Delta p}$$

$$\Delta x_{min} = \frac{6,626\times10^{-34} \text{ J-s}}{2\pi\left(9,11\times10^{-36} \text{ kg-m/s}\right)} \approx 11,6 \text{ m}$$

Então, se você fixar a velocidade de um elétron em $1,0 \times 10^5$ metros por segundo da velocidade real, você não poderá localizá-lo a menos de 11,5 metros de seu verdadeiro local. Coisas muito enganosas esses elétrons!

294 Parte IV: A Física Moderna

Capítulo 14

Uma Pequena Visualização: A Estrutura dos Átomos

Neste Capítulo

▶ Encontrando o núcleo com a experiência de Rutherford

▶ Retratando Orbitais com o modelo de Bohr

▶ Ligando a Física Quântica à estrutura atômica

Com a física do átomo, você pode entender de maneira incrivelmente ampla o comportamento do seu mundo. Quando você sabe que a matéria comum é composta de átomos, pode entender por que ela está disponível em três estados principais: Sólido, líquido e gasoso. Pode compreender a estrutura de sólidos, como cristais, além da origem das leis da pressão em gases e ainda como os átomos se unem para formar moléculas. Você pode ter uma ampla visão sobre como os átomos e as moléculas interagem entre si — em suma, pode entender a química. Essa química é vital para a compreensão do funcionamento das células vivas. Portanto, é fundamental para a biologia, também. Se você quer um ponto de partida para compreender o mundo de forma ampla, com certeza, você tem que conhecer o átomo!

Embora você possa observar os átomos através de diversos microscópios de alta tecnologia, eles são invisíveis a olho nu. Assim, não deve causar surpresa o fato de ninguém saber como eram formados até o início do século 20. Embora filósofos gregos tivessem formado teorias sobre os átomos, como sendo os componentes essenciais da matéria, ninguém conhecia a estrutura deles — nem Galileu, nem Benjamin Franklin, nem Isaac Newton — até o início de 1900.

A história do átomo — o que o faz funcionar e o que lhe dá as propriedades que observamos hoje — é o assunto deste capítulo. Você vai descobrir como os físicos começaram a aceitar um modelo que incluía os elétrons orbitando ao redor de um núcleo. Você também vai ver aperfeiçoamentos nesse modelo e informações sobre o que a Física Quântica diz sobre a estrutura atômica.

Compreendendo o Átomo: O Modelo Planetário

No início do século 20, o modelo aceito do átomo foi um modelo inglês. As pessoas já sabiam que o átomo consistia de partes iguais de cargas positivas e negativas. J.J. Thomson, que descobriu o elétron, sugeriu que a carga positiva se espalhava por todo o átomo em uma espécie de pudim ou de material pastoso. Todo o átomo era preenchido com massa positiva. As cargas negativas estavam incorporadas na massa positiva e aí se mantinham suspensas. Esse era o quadro — cargas negativas suspensas como ameixas na massa positiva. Os físicos já sabiam que as cargas negativas eram muito leves.

Este modelo ficou conhecido como o *modelo do pudim de ameixa* do átomo. E foi universalmente aceito até que um físico chamado Rutherford apresentou uma experiência para contradizê-lo. Esta seção descreve tal experiência e como ela levou a um modelo planetário do átomo.

O espalhamento de Rutherford: Encontrando o Núcleo a Partir do Espalhamento de Partículas Alfa

Como em tantas outras experiências, desde a descoberta do átomo, Ernest Rutherford (juntamente com seus alunos Hans Geiger e Ernest Marsden) precisava de uma ferramenta minúscula para investigar distâncias muito pequenas. Ele escolheu um feixe de partículas carregadas que se movimentavam a velocidades da luz.

Alguns materiais radioativos emitem *partículas alfa,* que têm uma carga positiva dupla e são muito compactas (atualmente, os físicos sabem que as partículas alfa são núcleos de átomos de hélio mas, naquele tempo, isso não era conhecido, motivo pelo qual elas são chamadas de *partículas alfa* e não *núcleos de hélio.* Rutherford dirigiu um fluxo de partículas alfa em um pedaço de folha de ouro e observou os resultados em telas que circundavam a folha-alvo. As telas foram dispostas de modo que o maior número possível de ângulos de deflexão pudesse ser observado (quase o total de 360° ao redor do alvo). Você pode ver essa instalação na Figura 14-1.

Naturalmente, era de se esperar que todas as partículas alfa fossem passar pela folha de ouro sem mudar de direção — elas são relativamente pesadas e não se esperava que as cargas negativas, superleves, no modelo do pudim de ameixa pudessem desviá-las. Pensou-se que a carga positiva tivesse se espalhado em uma camada muito fina para poder oferecer qualquer resistência às partículas alfa que estavam penetrando.

Em vez disso, o que aconteceu foi que muitas partículas alfa foram desviadas enquanto passavam através da folha, como você pode ver na figura. De fato, algumas ricochetearam no alvo e mudaram completamente de direção. Rutherford disse que isso era "tão incrível como se você disparasse uma bomba de 38 cm em um lenço de papel e ela voltasse e acabasse atingindo você".

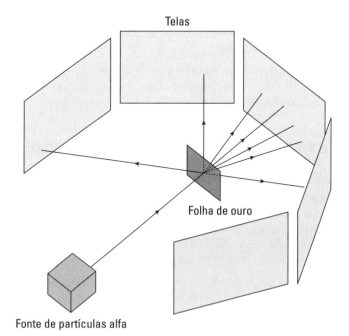

Figura 14-1: No espalhamento de Rutherford, algumas partículas alfa ricocheteiam no núcleo na folha de ouro.

Claramente, o modelo clássico do pudim de ameixa precisava de algum aperfeiçoamento. Rutherford propôs que a carga positiva no átomo deveria estar concentrada em um volume muito pequeno — o *núcleo*. Esse foi o começo da teoria moderna da estrutura atômica.

Hoje, os físicos sabem que, embora o átomo seja pequeno — cerca de 10^{-10} metros —, o núcleo no centro é ainda menor — cerca de 10^{-15} metros. Dito de outra forma, se o núcleo fosse do tamanho da extensão de uma moeda de um centavo, o átomo inteiro teria cerca de um quilômetro de diâmetro. Então, como você pode ver, o núcleo é muito pequeno se comparado ao átomo.

Átomos em colapso: Desafiando o modelo planetário de Rutherford

O pequeno tamanho do núcleo levou Rutherford a modelar o átomo de acordo com o sistema solar. Afinal, os planetas orbitam em torno do Sol, de modo que a analogia foi algo normal. Os elétrons eram os planetas, o Sol era o núcleo.

Mas, logo que esse modelo foi proposto, outros físicos o atacaram. Se os elétrons estavam simplesmente em órbita ao redor do núcleo, eles passariam por uma aceleração centrípeta. E, quando elétrons são acelerados, eles emitem radiação eletromagnética — luz (como analiso no Capítulo 7). Então, era de se esperar que o átomo fosse irradiar luz, e assim, à medida que os elétrons perdessem energia, eles entrariam em colapso no núcleo. Em teoria, um átomo baseado no modelo planetário simples iria durar apenas cerca de 10^{-10} segundos.

Isso não correspondeu à observação — a matéria é bastante estável; ela não entra em colapso num piscar de olhos. Assim, parecia claro que o modelo planetário simples também precisava de alguns ajustes.

Respondendo aos desafios: Mantendo a discrição com a linha espectral

O modelo planetário simples do átomo teve problemas porque os elétrons irradiavam e perdiam energia, eventualmente caindo no núcleo. Esse problema intrigou os físicos por algum tempo. Rutherford provou a existência do núcleo atômico, mas o modelo planetário não parecia funcionar direito porque os elétrons na órbita atômica apenas irradiavam sua energia.

Ou não? No início do século 20, os átomos eram o assunto do momento e os pesquisadores fizeram muitas experiências. Algumas delas, discutidas nesta seção, incluíam observar o espectro eletromagnético que os átomos emitiam quando eram aquecidos.

Observando átomos livres em gases

O espectro eletromagnético emitido por um sólido, tal como um filamento de lâmpada, é contínuo. Ou seja, uma faixa contínua de comprimentos de onda é emitida, algumas visíveis, outras não. E isso levou os físicos a desconsiderar o modelo planetário, porque eles compreenderam que os elétrons continuariam apenas a emitir radiação até que caíssem no núcleo.

Em um sólido, os átomos são fortemente influenciados por seus vizinhos. Todos os átomos ligados no sólido emitem e absorvem luz e, como eles são todos ligados, você acaba tendo um espectro contínuo de comprimentos de onda de luz, algumas visíveis, outras não, mas quando você observa os átomos livres em gases, não em sólidos, a história é diferente.

Quando você examina os átomos em um gás aquecido, percebe que eles estão livres para fazer qualquer coisa, como átomos individuais. É nesse momento que suas características atômicas individuais aparecem. O espectro observado a partir de gases aquecidos não mostrou ser contínuo — os comprimentos de onda são discretos. Ou seja, apenas determinados comprimentos de onda estão presentes.

Por exemplo, dê uma olhada na Figura 14-2, que mostra o espectro do hidrogênio emitido na região visível do espectro eletromagnético. Observe que apenas comprimentos de onda específicos estão presentes no espectro de luz emitido pelo hidrogênio — o que indica que algo, então desconhecido, estava acontecendo com o átomo.

Figura 14-2:
Linha espectral de átomos de hidrogênio.

A rejeição do modelo planetário do átomo foi baseada na suposição de que os elétrons continuariam apenas emitindo luz em energias cada vez mais baixas até que caíssem no núcleo. Mas a experiência indicou que os elétrons não estavam livres para emitir quaisquer comprimentos de onda — eles tinham que emitir apenas comprimentos de onda específicos. Talvez, finalmente, houvesse alguma esperança para o modelo planetário.

Identificação de padrões de comprimento de onda com as séries de Lyman, Balmer e Paschen

Experimentalmente, observou-se que o hidrogênio criava várias séries diferentes de linhas com um padrão definido de comprimentos de onda. A série se repetiu em todo o espectro — no infravermelho, visível, ultravioleta e em outras partes desse espectro.

Três dessas séries são as de Lyman, Balmer, Paschen, e os pesquisadores observaram que seus padrões específicos de comprimentos de onda se equiparavam. Embora os comprimentos de onda reais de cada série sejam diferentes, cada uma tem as mesmas características — muitos comprimentos de onda juntos, em seguida, comprimentos de onda mais separados, terminando com alguns muito distantes uns dos outros.

Os pesquisadores descobriram equações que fornecem os comprimentos de onda dessas séries. Veja como obter os comprimentos de onda dessas séries de hidrogênio:

- ✔ **Série de Lyman:** $\frac{1}{\lambda} = R\left(\frac{1}{1^2} - \frac{1}{n^2}\right)$ $\quad n = 2, 3, 4, \ldots$

- ✔ **Série de Balmer (a série visível):** $\frac{1}{\lambda} = R\left(\frac{1}{2^2} - \frac{1}{n^2}\right)$ $\quad n = 3, 4, 5, \ldots$

- ✔ **Série de Paschen:** $\frac{1}{\lambda} = R\left(\frac{1}{3^2} - \frac{1}{n^2}\right)$ $\quad n = 4, 5, 6, \ldots$

Em todas essas séries, R é a *constante de Rydberg*, 10,973,731.6 m^{-1}, ou cerca de 1.097×10^7 m^{-1}.

LEMBRE-SE A descoberta de que os átomos — em particular os de hidrogênio — irradiavam luz apenas em comprimentos de onda específicos, deu nova vida ao modelo planetário do átomo, porque ele dizia que nem todos os comprimentos de onda eram permitidos, mas apenas os específicos, o que mostrou que os elétrons não poderiam simplesmente continuar irradiando quantidades de energia cada vez menores.

Encontrando o menor comprimento de onda na série de Balmer

Qual é o menor comprimento de onda na série visível, a de Balmer? Você pode usar a seguinte equação para esta série:

$$\frac{1}{\lambda} = R\left(\frac{1}{2^2} - \frac{1}{n^2}\right) \qquad n = 3, 4, 5, \ldots$$

O menor comprimento de onda (λ) corresponde à maior recíproca ($1/\lambda$), e isso vai acontecer quando o termo $1/n^2$ for zero:

$$\frac{1}{n^2} \to 0$$

E isso significa que $n \to \infty$. Então, para o menor comprimento de onda da série de Balmer, você tem o seguinte:

$$\frac{1}{\lambda} = R\frac{1}{2^2}$$
$$\frac{1}{\lambda} = \frac{1{,}097 \times 10^7 \, \text{m}^{-1}}{2^2}$$
$$\frac{1}{\lambda} \approx 2{,}74 \times 10^6 \, \text{m}^{-1}$$

Tomando a recíproca, você vai obter o menor comprimento de onda na série de Balmer. Assim, você tem o seguinte:

$$\lambda \approx \frac{1}{2{,}74 \times 10^6 \, \text{m}^{-1}} \approx 3{,}65 \times 10^{-7} \, \text{m} = 365 \text{ nm}$$

Então, esse é o menor comprimento de onda na série de Balmer; 365 nm, que corresponde ao violeta escuro.

Encontrando o maior comprimento de onda na série de Balmer

E o comprimento de onda mais extenso na série de Balmer? Você pode usar a equação:

$$\frac{1}{\lambda} = R\left(\frac{1}{2^2} - \frac{1}{n^2}\right) \qquad n = 3, 4, 5, \ldots$$

O maior comprimento de onda (λ) corresponde à menor recíproca ($1/\lambda$), e você terá isso quando o termo $1/n^2$ for tão grande quanto possível — ou seja, quando $n = 3$ (esse é o valor mínimo possível para n na série de Balmer). Portanto, para o maior comprimento de onda da série de Balmer, você tem

$$\frac{1}{\lambda} = R\left(\frac{1}{2^2} - \frac{1}{3^2}\right)$$

$$\frac{1}{\lambda} \approx 1{,}52 \times 10^6 \, m^{-1}$$

Tomando a recíproca, você vai obter o maior comprimento de onda na série de Balmer:

$$\lambda = \frac{1}{1{,}52 \times 10^6 \, m^{-1}} \approx 6{,}56 \times 10^{-7} \, m = 656 \, nm$$

E esse é o maior comprimento de onda na série de Balmer: 656 nm, que corresponde ao vermelho. Assim, a série de Balmer nitidamente engloba a maior parte do espectro visível — do violeta escuro ao vermelho.

Ajustando o Modelo Planetário do Átomo de Hidrogênio: O Modelo de Bohr

Um físico chamado Niels Bohr apresentou um novo modelo do átomo de hidrogênio. Ele fundiu as novas ideias quânticas de Max Planck e Albert Einstein para criar o modelo Bohr do átomo. Ele postulou que apenas determinadas energias nos átomos eram permitidas para os elétrons — eles não poderiam ter acesso a qualquer energia. Essa ideia estava próxima às teorias sobre a quantização em radiação de corpos negros, tratadas no Capítulo 13.

O modelo de Bohr do átomo violou a lei do eletromagnetismo, que dizia que cargas aceleradas irradiavam ondas eletromagnéticas. Mas Bohr não se importou muito, as leis atuais da física não podiam explicar como o átomo funcionava (pelo menos, não ao ponto de prever a linha espectral, como a série de Balmer), mas seu modelo podia.

Bohr organizou os elétrons em um átomo em *órbitas específicas*, que correspondiam aos níveis totais de energia permitidos para os elétrons em termos de energia cinética e potencial. Você pode ver a ilustração do modelo de Bohr na Figura 14-3. Observe como este modelo é consistente com as descobertas de Rutherford: as cargas positivas deveriam estar concentradas e não suavemente distribuídas (como o modelo do pudim de ameixa).

Além disso, Bohr assumiu as ideias de Einstein, novas na época, sobre fótons e disse que quando os elétrons vão de uma órbita mais alta (com mais energia e um maior raio orbital) para uma mais baixa (com menos energia e um menor raio orbital), um fóton é emitido pelo elétron.

O fato de apenas órbitas específicas terem permissão explica os comprimentos de onda específicos no espectro de gases (para detalhes, consulte a seção anterior "Respondendo aos desafios: Mantendo a discrição com a linha espectral").

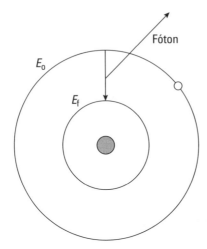

Figura 14-3: Modelo do átomo de Bohr.

Em outras palavras, quando um elétron cai de uma órbita mais alta, onde ele tem energia total E_0, para uma órbita mais baixa, onde tem uma energia E_f, a energia do fóton emitido, hf, é

$$hf = E_0 - E_f$$

onde h é a constante de Planck, $6{,}626 \times 10^{-34}$ J-s, e f é a frequência do fóton. O modelo de Bohr explicou muito bem os espectros atômicos observados e assim, gradualmente, passou a ser aceito.

Encontrando as energias permitidas dos elétrons no átomo de Bohr

Após desenvolver seu modelo, Bohr tentou calcular os níveis de energia permitidos para os elétrons no átomo. A energia total de um elétron é a soma de sua energia cinética e potencial:

$$E = E_c + E_p$$

E que pode ser escrito assim

$$E = \frac{1}{2}mv^2 - \frac{kZe^2}{r}$$

Capítulo 14: Uma Pequena Visualização: A Estrutura dos Átomos 303

onde m é a massa do elétron, v é sua velocidade, k é constante de Coulomb, Z é o número de prótons no núcleo, e é a carga do elétron e r é o raio da órbita do elétron (ver Capítulo 3 para saber mais sobre a energia potencial das cargas pontuais).

Como você calcula mv^2? A força centrípeta sobre um elétron é igual a

$$F = \frac{kZe^2}{r^2}$$

E a força centrípeta também é igual a

$$F = \frac{mv^2}{r}$$

Assim, você pode igualar as duas forças e calcular mv^2:

$$\frac{mv^2}{r} = \frac{kZe^2}{r^2}$$
$$mv^2 = \frac{kZe^2}{r}$$

Substituindo isso na equação para energia total vai lhe dar

$$E = \frac{1}{2}\frac{kZe^2}{r} - \frac{kZe^2}{r}$$
$$E = \frac{-kZe^2}{2r}$$

E essa é a expressão para a energia de um elétron em um átomo. **Nota:** É negativa porque o elétron está confinado no átomo.

Encontrando os raios permitidos das órbitas dos elétrons no átomo de Bohr

A equação de Bohr para a energia de um elétron em um átomo não ajuda muito até você descobrir os valores permitidos do raio r.

Bohr propôs que o momento angular, isto é, o momento angular de elétrons, estava quantizado em átomos. O momento angular, L, é igual a

$$L = mvr$$

Assim, Bohr impôs essa quantização no momento angular:

$$L_n = mv_n r_n = \frac{nh}{2\pi} \qquad n = 1, 2, 3, ...$$

onde h é a constante de Planck, $6,626 \times 10^{-34}$ J-s, e n é um inteiro, onde os vários valores permitidos do momento angular correspondem aos valores de n. Em outras palavras, ele disse que o momento angular é um múltiplo de $h/2\pi$.

Resolvendo esta equação para v_n teremos

$$v_n = \frac{nh}{2\pi m r_n} \qquad n = 1, 2, 3, ...$$

Na seção anterior, você vê que

$$mv^2 = \frac{kZe^2}{r}$$

Calculando a velocidade ao quadrado

$$v_n^2 = \frac{n^2 h^2}{4\pi^2 m^2 r_n^2} \qquad n = 1, 2, 3, ...$$

E mv_n^2 é igual a

$$mv_n^2 = \frac{n^2 h^2}{4\pi^2 m r_n^2} \qquad n = 1, 2, 3, ...$$

Portanto, igualando os dois valores de mv^2:

$$\frac{kZe^2}{r_n} = \frac{n^2 h^2}{4\pi^2 m r_n^2} \qquad n = 1, 2, 3, ...$$

Calculando r_n aqui, temos

$$r_n = \frac{h^2}{4\pi^2 mke^2} \frac{n^2}{Z} \qquad n = 1, 2, 3, ...$$

E esses são os raios permitidos de Bohr. Com essa informação, você pode finalmente calcular as energias permitidas.

Aqui estão os raios permitidos de Bohr em metros:

$$r_n = \left(5,29 \times 10^{-11} \text{m}\right) \frac{n^2}{Z} \qquad n = 1, 2, 3, ...$$

Capítulo 14: Uma Pequena Visualização: A Estrutura dos Átomos   *305*

Encontrando a energia permitida para o hidrogênio usando os raios de Bohr

Agora volte e encontre os níveis de energia permitidos. Você sabe que

$$E = \frac{-kZe^2}{2r}$$

Então, substituindo para r, teremos

$$E_n = \frac{-2\pi^2 mk^2 e^4}{h^2} \frac{Z^2}{n^2} \qquad n = 1,\ 2,\ 3,\ \dots$$

Aqui está a fórmula em joules:

$$E_n = \left(-2,16 \times 10^{-18}\right)\left(\frac{Z^2}{n^2}\right) \qquad n = 1,\ 2,\ 3,\ \dots$$

E aqui estão os níveis de energia permitidos em elétrons-volt

$$E_n = \left(-13,6\right)\left(\frac{Z^2}{n^2}\right) \qquad n = 1,\ 2,\ 3,\ \dots$$

Por exemplo, qual é a menor energia que um elétron pode ter no hidrogênio? Isso aconteceria quando $n = 1$ e Z (o número de prótons no átomo) $= 1$, então você terá o seguinte:

$$E_1 = \left(-13,6\right)\left(\frac{1^2}{1^2}\right) \qquad \text{Hidrogênio, } n = 1$$
$$= -13,6 \text{ eV}$$

Isto é o mais firme que você pode vincular um elétron ao hidrogênio: -13,6 elétrons-volt. Isto é, são necessários 13,6 elétrons-volt de energia para liberar um elétron no estado $n = 1$, também chamado de *estado fundamental*.

E o estado $n = 2$ do hidrogênio? A energia deste nível é:

$$E_2 = \left(-13,6\right)\left(\frac{1^2}{2^2}\right) \qquad \text{Hidrogênio, } n = 2$$
$$= -3,4 \text{ eV}$$

Assim, a energia com que um elétron está vinculado ao estado $n = 2$ do hidrogênio é -3,4 elétrons-volt. Como você pode ver, os níveis de energia dos estados sucessivamente mais elevados diminuem, até que finalmente se obtenha uma energia de estado vinculado 0 — o que significa que o elétron não está ligado de modo algum.

Encontrando níveis de energia permitidos para os íons de lítio, Li²⁺

Aqui está algo que você deve saber: O modelo de Bohr só se aplica aos átomos que tenham um elétron. Isso acontece porque ele ainda é um modelo relativamente simples, que não leva em consideração a interação entre elétrons (todos os elétrons se repelem, e isso afeta sua energia total).

Então, se você quiser usar o modelo de Bohr para, digamos, o lítio, que tem três prótons no seu núcleo ($Z = 3$), você poderá usar a equação para os níveis de energia somente se tiver lítio duplamente ionizado — isto é, se tiver um átomo de lítio onde dois dos elétrons foram removidos e sobrou apenas um (esses íons de lítio têm uma carga líquida positiva de +2). Para o lítio duplamente ionizado, a energia do estado fundamental é

$$E_1 = (-13.6)\left(\frac{3^2}{1^2}\right) \qquad \text{Lítio, } n = 1$$
$$\approx -122 \text{ eV}$$

Assim, o estado fundamental do lítio duplamente ionizado tem uma energia de 122 elétrons-volt.

Encontrando a constante de Rydberg usando a linha espectral do hidrogênio

Tendo em mente o átomo de hidrogênio de Bohr, a equação geral para o comprimento de onda da transição do elétron no hidrogênio é

$$\frac{1}{\lambda} = R\left(\frac{1}{n_f^2} - \frac{1}{n_i^2}\right) \qquad n_f = 2, 3, 4, \ldots \qquad n_i = n_f + 1, n_f + 2, n_f + 3, \ldots$$

Onde n_i é o nível inicial de energia do elétron e n_f é o nível final.

Na seção anterior "Identificando padrões de comprimento de onda com as séries de Lyman, Balmer e Paschen", os comprimentos de ondas da série do hidrogênio de Balmer são dados por

$$\frac{1}{\lambda} = R\left(\frac{1}{2^2} - \frac{1}{n^2}\right) \qquad n = 2, 3, 4, \ldots$$

Isso porque a série de Balmer inclui transições de elétrons a partir de órbitas mais elevadas para o estado $n = 2$.

A série de Lyman é apenas a série com $n_f = 1$:

$$\frac{1}{\lambda} = R\left(\frac{1}{1^2} - \frac{1}{n_i^2}\right) \qquad n_i = 2, 3, 4, \ldots$$

_____ **Capítulo 14: Uma Pequena Visualização: A Estrutura dos Átomos** **307**

E a série de Paschen é a série com $n_f = 3$

$$\frac{1}{\lambda} = R\left(\frac{1}{3^2} - \frac{1}{n_i^2}\right) \qquad n_i = 4,\ 5,\ 6,\ ...$$

Além disso, os níveis de energia de um elétron no hidrogênio são

$$E_n = \frac{-2\pi^2 m k^2 e^4}{h^2}\frac{1}{n^2} \qquad n = 1,\ 2,\ 3,\ ...$$

Para fótons, $E = hf$. E como $f = \frac{c}{\lambda}$, isso significa que

$$E = \frac{hc}{\lambda}$$

$$\frac{1}{\lambda} = \frac{E}{hc}$$

Então, substitua o valor de E_n na equação para $1/\lambda$, e ela fica assim

$$\frac{1}{\lambda} = \frac{2\pi^2 m k^2 e^4}{h^3 c}\left(\frac{1}{n_f^2} - \frac{1}{n^2}\right) \qquad \begin{array}{l} n_f = 2,\ 3,\ 4,\ ... \\ n_i = n_f + 1,\ n_f + 2,\ n_f + 3,\ ... \end{array}$$

Em outras palavras, a teoria de Bohr prevê que a constante de Rydberg, R, é igual a

$$R = \frac{2\pi^2 m k^2 e^4}{h^3 c}\ ...$$

Uau, que monte de letras! E isso está completamente certo. Assim, o modelo do átomo de hidrogênio de Bohr prevê a constante de Rydberg como uma combinação de outras constantes. Muito legal!

Colocando tudo isso junto com diagramas de níveis de energia

Manter o controle das transições de elétrons em um átomo como o hidrogênio pode ser difícil. Você tem a transição $3 \rightarrow 2$ (isto é, a partir do terceiro estado agitado para o segundo), a transição $5 \rightarrow 3$, a transição $7 \rightarrow 5$, e muito mais, é claro.

Para ajudar a manter o controle de todas as transições possíveis, você pode verificar os diagramas de níveis de energia. Um exemplo para hidrogênio pode ser visto na Figura 14-4. Nela, os vários níveis de energia são representados como linhas horizontais (algumas das linhas estão marcadas, na figura, com seus níveis de energia em elétrons-volt).

As transições de um nível de energia para outro aparecem como setas apontando para baixo. Assim, você pode ver que a primeira linha na série de Lyman vai desde o nível de energia de -3,4 elétrons-volt para o nível de energia de -13,6 (o que significa que o fóton emitido tem energia de 13,6 — 3,4 eV = 10,2 eV), e assim por diante.

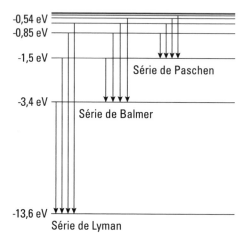

Figura 14-4: Diagrama de níveis de energia.

Você pode ver as várias séries populares do átomo de hidrogênio marcadas de acordo com suas transições de níveis de energia na figura (existem muitas outras séries, além das mostradas).

De Broglie pondera sobre a teoria de Bohr: Dando uma razão para a quantização

Louis de Broglie (que aparece na discussão de ondas de matéria no Capítulo 13) avaliou a teoria de Bohr e se perguntou por que o momento angular deveria ser quantizado dessa forma:

$$L_n = mv_n r_n = \frac{nh}{2\pi} \qquad n = 1, 2, 3, ...$$

Em outras palavras, por que são permitidos apenas momentos angulares específicos?

A explicação de De Broglie foi que, se você pensar sobre o elétron em movimento ao redor do núcleo em termos de ondas de matéria (que eram sua especialidade), então a condição de quantização torna-se simplesmente a seguinte: Um comprimento de onda completo (ou dois comprimentos de onda, ou um número inteiro) deve ser igual à circunferência da órbita do elétron, $2\pi r$, onde r é o raio da órbita do elétron.

Em outras palavras, de acordo com De Broglie, a quantização do momento angular realmente significava que

$$2\pi r = n\lambda \qquad n = 1, 2, 3, \ldots$$

E como, segundo a teoria de De Broglie, o comprimento de onda de uma onda de matéria é $\lambda = \dfrac{h}{p}$, você pode fazer as substituições para obter

$$2\pi r = n\dfrac{h}{p} \qquad n = 1, 2, 3, \ldots$$

E como $p = mv$, você tem

$$2\pi r = n\dfrac{h}{mv} \qquad n = 1, 2, 3, \ldots$$

Então, calculando mvr, o momento angular, você tem

$$mvr = n\dfrac{h}{2\pi} \qquad n = 1, 2, 3, \ldots$$

Mas como o momento *angular, L, é igual a mvr*, isto é simplesmente a quantização de Bohr do momento angular:

$$L_n = mv_n r_n = n\dfrac{h}{2\pi} \qquad n = 1, 2, 3, \ldots$$

E isso é um resultado muito bom. Em vez de dizer que o momento angular deve ser quantizado — não é óbvio porque deveria ser assim — você diz que um múltiplo de onda de matéria do elétron deve ser igual à circunferência de cada órbita. Mais um ponto para De Broglie.

Configuração do Elétron: Relacionando a Física Quântica ao Átomo

O modelo de Bohr do átomo de hidrogênio foi algo muito bom, além de representar um marco. Pela primeira vez, os níveis de energia de um átomo não tinham permissão para serem contínuos, mas descobriu-se que eram discretos — ou seja, apenas raios específicos permitidos dos elétrons foram autorizados: $n = 1, 2, 3$ e assim por diante.

Como apenas valores específicos são permitidos, n tornou-se o primeiro *número quântico* do átomo. *Este* indica em qual dos estados permitidos uma partícula (como um elétron) está. Esta seção apresenta quatro números quânticos e explica seus significados.

Compreendendo os quatro números quânticos

Até o momento, a física descobriu quatro números quânticos para os elétrons em um átomo. Aqui eu explico todos os quatro.

O número quântico principal, n

O número quântico principal é n, o número quântico que Bohr descobriu e que corresponde à órbita na qual o elétron está. O estado fundamental tem $n = 1$, o nível seguinte tem $n = 2$, e assim por diante. Cada nível de energia sucessivo corresponde a um raio orbital mais distante do núcleo.

O número quântico do momento angular orbital, l

Além do número quântico principal, os elétrons também têm um *número quântico do momento angular*, que é dado pela letra l. Este número quântico relaciona em qual dos estados permitidos do momento angular o elétron está.

O número quântico l pode variar de 0 a $n-1$. O momento angular total, L, de um elétron com número quântico do momento angular l é

$$L = \left(l(l+1)\right)^{1/2} \frac{h}{2\pi} \qquad l = 0, 1, 2, 3, ..., n-1$$

Quando o número quântico do momento angular de um elétron for zero, o elétron não tem momento angular líquido.

A imagem da mecânica quântica do átomo não considera o elétron como uma partícula orbitando ao redor do núcleo. Em vez disso, o elétron é um tipo de onda que tem permissão para ter determinadas configurações específicas. Então não se fala em órbitas de elétrons, mas *estados* de elétrons, que correspondem a diferentes configurações das ondas. A onda quantifica a probabilidade de encontrar o elétron em um determinado ponto. Se a magnitude da onda for maior, então é mais provável que o elétron seja encontrado nesse lugar, se medirmos sua posição.

Você pode ver uma imagem dessa onda para um elétron em um estado de momento angular igual a zero $(l = 0)$ na Figura 14-5. A onda do elétron é uma esfera simples para o estado de momento angular igual a zero.

Figura 14-5:
Elétrons em um *estado* $l = 0$.

A onda de elétrons pode parecer muito esquisita se o elétron tiver um número quântico de momento angular diferente de zero. Por exemplo, dê uma olhada na órbita de um elétron de $l = 2$, na Figura 14-6. À medida que l aumenta (até n-1), as órbitas dos elétrons podem tornar-se correspondentemente complexas.

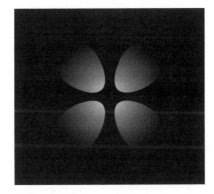

Figura 14-6:
Elétrons em um *estado* $l = 2$, $m = \pm 1$.

O número quântico magnético, m

O número quântico m é chamado de *número quântico magnético* porque resulta da aplicação de um campo magnético ao átomo. Aplicando um campo magnético a um elétron com momento angular significa que os elétrons podem ter um componente do momento angular na direção do campo aplicado. Essa direção do campo magnético define um eixo, que se convencionou chamar na física de eixo *z* (em oposição a *x* ou *y*).

O *momento magnético angular* é o componente do momento angular do elétron ao longo do eixo *z*, de forma que *m* possa assumir valores de - *l* até + *l* — e é por isso que, às vezes, nos referimos ao número quântico magnético como m_l. E como ele representa o estado do momento angular na direção *z*, é também conhecido como m_z em alguns livros de física. Mas, neste livro, eu simplesmente uso *m*.

O componente *z* do momento angular do elétron, L_z, é igual ao seguinte:

$$L_z = m\frac{h}{2\pi} \qquad m = -l, \ -l+1, \ ..., \ l-1, \ l$$

Observe que o número quântico magnético, *m*, da onda do elétron na Figura 14-6 é ±1.

O número quântico de rotação (spin), m_s (ou s)

Finalmente, os físicos descobriram que cada elétron também tem uma rotação (spin) intrínseca. Ou seja, mesmo quando um elétron está em um estado *l* = 0, onde *m* também é 0, o elétron ainda tem uma rotação (spin) intrínseca. *A rotação (spin)* do elétron é algo como a rotação da Terra, que gira sobre seu eixo, ao mesmo tempo em que gira ao redor da Terra.

Ao número quântico de rotação (spin) foi atribuída a letra *s*. Desde então, os físicos determinaram que muitas partículas subatômicas, incluindo os fótons, têm uma rotação intrínseca. A rotação de um fóton é 1 e a de um elétron é *s* = ½.

Assim como o momento angular orbital, a rotação pode ter um componente ao longo de um campo magnético aplicado — m_s. O número quântico m_s é o quarto número quântico de um elétron em um átomo (o número quântico *s* é intrínseco ao elétron e não muda, quer ele esteja ou não em um átomo). Para um elétron, m_s pode ter os valores -½ ou ½.

Para um elétron, m_s = ½ é chamado *rotação para cima (spin up)*, e m_s = -½ é chamado rotação para baixo (*spin down*), correspondente ao componente de rotação do elétron ao longo ou contrário a um campo magnético externo aplicado.

Cálculos numéricos: Calculando o número de estados quânticos

Os elétrons em um átomo podem ter quatro números quânticos — *n*, *l*, *m* e m_s. Se você souber o valor de *n*, pode descobrir o número de diferentes estados quânticos que um elétron pode ter. Veja como isso funciona:

Capítulo 14: Uma Pequena Visualização: A Estrutura dos Átomos

1. Use *n* para encontrar o número de estados *l*.

Vamos supor que você queira descobrir quantos estados quânticos diferentes um elétron no nível de energia $n = 2$ pode ter. A equação para L na seção anterior "Entendendo os quatro números quânticos" diz que $l = 0, 1, 2, 3,..., n-1$. Assim, para $n = 2$, você pode ter números quânticos de momentos angulares *l* de 0 a n-1, ou de 0 a 1. Assim, esses são dois estados quânticos para começar.

2. Use os estados *l* para encontrar o número de estados *m*.

A equação para o componente *z* do momento angular do elétron, L_z, em "Compreendendo os quatro números quânticos", diz que $m = -l, -l + 1, ... l - 1, l$. O estado $l = 0$ só pode ter $m = 0$, mas o estado $l = 1$ pode ter m = -1, 0 ou 1. Portanto, aí temos um total de quatro estados quânticos até agora.

3. Explicação para a rotação em cada um dos estados *m*, *l*, e *n*.

O elétron também pode ter um número quântico de rotação, m_s. Não importam quais sejam os outros estados quânticos do elétron, ele pode ter uma rotação para baixo (spin down) ou rotação para cima (spin up) — isto é, $m_s = -1/2$ ou $m_s = 1/2$. Assim, cada um dos estados *n*, *l*, *m* de 2, 0, 0 se divide em dois estados:

- **Rotação para baixo (Spin down)**: 2, 0, 0, -1/2
- **Rotação para cima (Spin up)**: 2, 0, 0, ½

O estado 2, 1, 1 também se divide em dois estados:

- **Rotação para baixo (Spin down)**: 2, 1, 1, -1/2
- **Rotação para cima (Spin up)**: 2, 1, 1, 1/2

E, da mesma forma, os estados 2, 1, 0 e 2, 1, -1 também se dividem em dois estados. Cada um dos estados *n*, *l*, *m* se divide em outros dois quando você acrescenta a rotação do elétron: *n*, *l*, *m*, -1/2 e *n*, *l*, *m*, 1/2, de forma a converter os quatro estados quânticos em oito.

E esta é a resposta: um elétron com número atômico de órbita igual a 2 pode ter um total de oito estados quânticos.

Figura 14-7 mostra um diagrama de árvore dos números quânticos dos primeiros estados de elétrons em um átomo de hidrogênio. Nesta figura, você pode ver como cada número quântico introduz um novo ramo à árvore de modo que o número de possíveis estados aumenta. (Explico o significado da legenda do lado direito desta figura mais adiante em "Usando notação abreviada para a configuração eletrônica".)

Embora existam quatro números quânticos para cada elétron, apenas o número quântico principal, *n*, e o número quântico do momento angular *l*, determinam o nível de energia do elétron. O nível de energia é determinado, principalmente, pelo número quântico principal, *n*, mas existem algumas pequenas diferenças na energia, dependendo do número quântico do momento angular *l*. Nestas circunstâncias, a energia do estado do elétron não depende dos outros dois números quânticos. No entanto, se um campo magnético estiver presente, então poderá haver uma interação que faz com que os outros dois números quânticos alterem o nível de energia do estado.

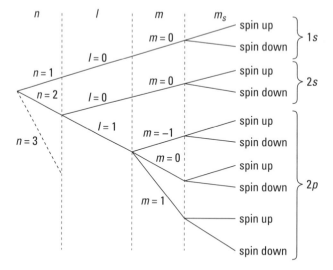

Figura 14-7: Diagrama de árvore que mostra os números quânticos dos primeiros estados dos elétrons.

Átomos de múltiplos elétrons: Acrescentando elétrons com o princípio de exclusão de Pauli

Nem todo átomo é de hidrogênio (graças a Deus). Outros átomos têm mais elétrons, e esses elétrons podem interagir uns com os outros.

No hidrogênio, você tem apenas um próton, de modo que o *número atômico* Z é igual a um. Em átomos neutros, Z é sempre igual ao número de elétrons em um átomo (porque é o mesmo que o número de prótons). O único elétron no hidrogênio passa a maior parte de seu tempo no estado fundamental, $n = 1$. Se ele estiver em um nível quântico principal superior, ele emite um fóton e cai para o estado fundamental muito rapidamente — ele não fica nos estados agitados por muito tempo.

Então, o que impede que todos os elétrons em um átomo, com um valor de Z, maior caiam para o estado fundamental? Por exemplo, digamos que você tenha um átomo de níquel, que tem $Z = 28$. Os elétrons dele estão em todos os tipos de estados: n-1, n-2, n-3 e assim por diante. Por que todos eles não caem para o estado fundamental, $n = 1$?

Capítulo 14: Uma Pequena Visualização: A Estrutura dos Átomos

Ligação com átomos: A física da química

A estrutura de átomos específicos e de seus estados de elétrons significa que eles gostam de se combinar com outros átomos de forma muito particular. Assim, quando átomos e moléculas se juntam, eles podem ser reconfigurados ou reagir. O estudo de como átomos e moléculas reagem é exatamente aquilo que você aprende em química.

Por exemplo, muitas vezes átomos se ligam entre si para criar moléculas. Ligações químicas geralmente envolvem os elétrons das camadas periféricas dos átomos (elétrons de valência), porque eles estão em estados mais elevados de energia e, por isso, precisam de menos energia para serem removidos. Assim, estes elétrons estão menos firmemente ligados ao átomo.

As ligações iônicas ocorrem quando um elétron em um átomo está em um estado de energia especial e não há um estado desocupado que tenha uma energia mais baixa em um átomo vizinho. Os átomos podem, então, permutar elétrons, deixando o átomo de onde o elétron veio carregado positivamente e o átomo para o qual é movido carregado negativamente — os átomos ficam *ionizados*. Então, os dois átomos carregados permanecem juntos pela força eletrostática entre eles, formando uma *ligação iônica*.

Em outros momentos, quando os átomos se unem, a forma de uma das ondas do elétron torna-se distorcida, até que ela se espalhe entre os dois átomos. Dois elétrons com rotações opostas podem ficar neste estado. Quando isso acontece, esses elétrons são efetivamente compartilhados entre os dois átomos, resultando em uma *ligação covalente*.

A estrutura atômica também desempenha um papel na liberação de calor durante algumas reações químicas. Um exemplo simples de uma reação química é a queima de carvão. Há uma ligação covalente muito forte entre os átomos de oxigênio e os de carbono por causa das configurações de seus estados de elétrons. Quando estes átomos ficam muito perto, eles podem combinar de forma muito violenta por causa da força do vínculo. Esse movimento violento faz os átomos vizinhos vibrarem — este é o calor liberado na queima do carbono no oxigênio.

O *princípio da exclusão de Pauli* diz que dois elétrons em um átomo não podem ter a mesma combinação de todos os quatro números quânticos. Isto significa que você pode ter apenas dois elétrons no estado fundamental porque $n = 0$ só permite que $l = 0, m = 0$, e elétrons de rotação positiva (spin up) (1/2) ou de rotação negativa (spin down) (-1/2). O estado $n = 2$ só pode ter oito elétrons (como você viu na seção anterior) e assim por diante.

Primeiramente, Wolfgang Pauli propôs seu princípio de exclusão para apenas descrever a estrutura do átomo, conforme deduzida em experiências. Sem isso, não haveria explicação por que todos os elétrons não caíam em colapso no mesmo estado de energia mais baixa. Mais tarde, quando a mecânica quântica se desenvolveu, este princípio encontrou um forte fundamento teórico visto que ele se aplicava a todas as partículas com spin não inteiro, e não apenas ao elétron.

Digamos que você esteja construindo um átomo de níquel a partir do zero, partícula por partícula. Primeiramente, você monta os prótons e nêutrons no núcleo do átomo. Em seguida, você começa a acrescentar elétrons:

1. **Os dois primeiros elétrons entram no estado fundamental, o estado $n = 1$.**

   Este estado corresponde a um raio especial, a partir do núcleo, onde a onda do elétron tem a maior magnitude, ele é, às vezes, chamado de *camada K*.

2. **Depois, você começa a abastecer o estado $n = 2$; oito elétrons no total se encaixariam neste.**

   Este estado é, às vezes, chamado de *camada L*.

3. **Coloque elétrons no próximo nível, o nível $n = 3$.**

   A *camada M* comporta até 18 elétrons. Juntamente com os 2 elétrons na camada *K* e os 8 na camada *L*, temos aí todos os 28 elétrons.

Com todos esses números quânticos disponíveis, pode ser muito difícil sua localização. Então, a tempo, os físicos desenvolveram uma notação abreviada, que explico em seguida.

Usando notação abreviada para a configuração eletrônica

Pegue um pedaço de boro, número atômico 5. Qual é o elétron mais externo em qualquer um dos átomos? Ora, é o elétron $2p^1$. Este é o tipo de notação abreviada que os cientistas desenvolveram para nomear o estado de um elétron. Cada número, letra e expoente representa alguma coisa:

- **O primeiro número é o número quântico principal.** Para o elétron mais externo no boro, o 2 em $2p^1$ significa que o número quântico principal, n, é 2.

- **A letra representa o número quântico do momento angular l.** E aqui é onde fica complicado. Historicamente, foram atribuídas letras diferentes aos diversos valores de l, e aqui estão elas:

  - $l = 0 \to s$
  - $l = 1 \to p$
  - $l = 2 \to d$
  - $l = 3 \to f$

Capítulo 14: Uma Pequena Visualização: A Estrutura dos Átomos   *317*

- $l = 4 \to g$
- $l = 5 \to h$

e assim por diante. Assim, em $2p^1$, o p significa um número quântico do momento angular de 1.

✔ **O expoente indica o número quântico do elétron para o momento angular.** Assim, o primeiro elétron que você adiciona a um átomo é o elétron $1s^1$, e o próximo é o elétron $1s^1$.

O elétron seguinte é o elétron $2s^1$, seguido pelo elétron $2s^2$. Em seguida, vêm os elétrons $2p^1, 2p^2, 2p^3$ e assim por diante.

Assim, em termos de configuração eletrônica completa, você pode designar um átomo de boro $(Z = 5)$ como $1s^2 2s^2 2p^1$, onde cada elétron está no estado de energia disponível mais baixo.

Para compreender melhor como a notação abreviada se relaciona com os números quânticos, confira a Figura 14-7, anteriormente neste capítulo. As legendas à direita mostram como dois elétrons podem se encaixar na subcamada $1s$ (onde $n = 1, l = 0$), dois elétrons se encaixam na subcamada $2s$ (onde $n = 2, l = 0$), e seis elétrons se encaixam na subcamada $2p$ (onde $n = 2, l = 1$). Se você fosse desenhar o gráfico mais detalhadamente, poderia ver que, por causa da forma como o diagrama de árvore se ramifica, dois elétrons se encaixam em subcamadas s, seis se encaixam em subcamadas p, dez se encaixam em subcamadas d, quatorze se encaixam em subcamadas f, e assim por diante.

A Tabela 14-1 mostra os estados dos elétrons para átomos com valores de Z até 18. Lembre-se que estas configurações eletrônicas são para um átomo em seu estado de energia mais baixo. Por exemplo, o átomo de hidrogênio tem um único elétron no estado $1s$ quando está com a energia mais baixa. No entanto, se o átomo for agitado, o elétron estará em uma camada mais alta e momento angular diferente de zero (*número quântico l*).

Tabela 14-1 - Configurações de elétrons para os primeiros 18 elementos

Elemento	Z	Configuração do elétron
Hidrogênio	1	$1s$
Hélio	2	$1s^2$
Lítio	3	$1s^2 2s$
Berílio	4	$1s^2 2s^2$
Boro	5	$1s^2 2s^2 2p$
Carbono	6	$1s^2 2s^2 2p^2$
Nitrogênio	7	$1s^2 2s^2 2p^3$

(continua)

Tabela 14-1 - *(continuação)*

Elemento	*Z*	*Configuração do elétron*
Oxigênio	8	$1s^2 2s^2 2p^4$
Flúor	9	$1s^2 2s^2 2p^5$
Néon	10	$1s^2 2s^2 2p^6$
Sódio	11	$1s^2 2s^2 2p^6 3s$
Magnésio	12	$1s^2 2s^2 2p^6 3s^2$
Alumínio	13	$1s^2 2s^2 2p^6 3s^2 3p$
Silício	14	$1s^2 2s^2 2p^6 3s^2 3p^2$
Fósforo	15	$1s^2 2s^2 2p^6 3s^2 3p^3$
Enxofre	16	$1s^2 2s^2 2p^6 3s^2 3p^4$
Cloro	17	$1s^2 2s^2 2p^6 3s^2 3p^5$
Argônio	18	$1s^2 2s^2 2p^6 3s^2 3p^6$

Capítulo 15
Física Nuclear e Radioatividade

Neste Capítulo

▶ Compreendendo a estrutura nuclear
▶ Verificando a força que mantém prótons e nêutrons juntos
▶ Entendendo o decaimento alfa, beta e gama
▶ Medição da radioatividade

A estrutura eletrônica de um átomo (tratada no Capítulo 14) é o que dá a ele suas propriedades químicas. Os elementos agem quimicamente dependendo da camada mais externa dos elétrons. Mas os elétrons são apenas parte da história. Você também tem o núcleo, que é o assunto deste capítulo. Os elétrons orbitam ao redor do núcleo denso e relativamente pequeno, além disso, o núcleo, compõe, de longe, a maior parte da massa em um átomo.

Embora o núcleo não seja abordado nas aulas de química geral, na física, ele é. Os físicos puderam sondar o núcleo usando partículas subatômicas e, como resultado, as pessoas sabem muito sobre o núcleo. E, é claro, é o local onde a radioatividade dos átomos está centrada. Portanto, neste capítulo, você vai explorar a estrutura do núcleo, examinar as forças que mantêm os prótons e nêutrons juntos, e descobrir o que acontece quando outras forças prevalecem e o átomo sofre decaimento radioativo.

Mexendo com a Estrutura Nuclear

O núcleo fica no centro do átomo. Antigamente, as pessoas achavam que ele fosse completamente sólido, com toda a carga positiva do átomo concentrada nele. Pensava-se que o núcleo fosse uma esfera minúscula, na ordem de 10^{-15} metros.

E 10^{-15} metros é realmente um valor muito pequeno? Bem, dito de outra forma, 10^{-15} metros é um valor significativo? Ele corresponde a cerca de 10.000 vezes a distância até o Sol, e um metro está para de 10^{15} metros, assim como 10^{-15} está para 1 metro.

Os cientistas agora sabem que esse quadro está errado, o núcleo tem uma grande estrutura. Ela é composta de vários núcleons, como a Figura 15-1 mostra. Sem dúvida, você já ouviu falar dos dois tipos de *núcleons* — prótons e nêutrons:

- **Prótons:** São minúsculas partículas de carga positiva de uma massa muito pequena, cerca de $1,672 \times 10^{-27}$ kg. Embora isso possa fazê-los parecer pequenos, são enormes quando comparados à parte realmente leve do átomo, o elétron, com uma massa de $9,11 \times 10^{-31}$ kg (assim, o próton tem cerca de 1,800 vezes mais massa do que o elétron). A carga de um próton é 1.60×10^{-19} coulombs, exatamente a mesma magnitude (embora de sinal oposto) da carga do elétron.

- **Nêutrons:** São partículas eletricamente neutras, mais maciças que os elétrons — e ligeiramente mais maciças que os prótons. Os nêutrons têm uma massa de cerca de $1,675 \times 10^{-27}$ kg, em comparação com a massa do próton de $1,672 \times 10^{-27}$ kg.

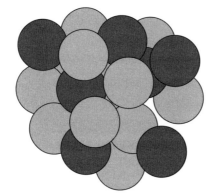

Figura 15-1: Um núcleo atômico.

Observe que os nêutrons são mais maciços que os prótons. De certa forma, você quase pode pensar em nêutrons como combinações de prótons e elétrons, o que resulta em uma partícula neutra. Embora essa imagem não seja exata, os nêutrons podem decair — e quando o fazem, eles produzem um próton e um elétron.

Então, seria o núcleo apenas um monte de núcleons (prótons e nêutrons)? Os núcleos seriam apenas pacotes esféricos de núcleons? Praticamente. experiências mostram que o núcleo tem uma estrutura aproximadamente esférica e que é, na verdade, composto de grupos de núcleons separados. Assim, a imagem na Figura 15-1 é realmente muito precisa.

Agora um pouco de química: Classificação da massa e do número atômico

O número de prótons em um átomo define o número atômico, Z, que lhe diz o tipo de átomo com que você está lidando. Por exemplo, se $Z = 2$, você tem um átomo de hélio. Se $Z = 6$, você tem um átomo de carbono. Assim, essa é a principal conexão entre a química e o núcleo: O número atômico do átomo determina qual elemento você tem.

O número de nêutrons em um átomo, que tem a letra N, não afeta a maioria dos processos químicos. Quimicamente falando, os nêutrons são inertes.

Tomados em conjunto, o número de nêutrons e prótons, N e Z, é o *número de massa atômica* (ou *número de núcleons*), A:

$A = N + Z$

Assim, a massa de um átomo é apenas A multiplicado pela média da massa de um núcleon (a média da massa de um próton e um nêutron)? Aproximadamente, sim. Digo *aproximadamente* porque alguns núcleos têm números desiguais de prótons e nêutrons, como eu mostro na próxima seção.

Em termos de química e da tabela periódica, você usa uma abreviação particular quando estiver indicando elementos, assim: $^{12}_{6}C$. Esse é o símbolo para o carbono padrão (C), que tem seis prótons ($Z = 6$) e número de massa atômica 12 ($A = 12$).

Em geral, o símbolo usado para um elemento é

$^{A}_{Z}X$

onde A é o número de massa atômica do elemento, Z é o número atômico e X é o símbolo de uma ou duas letras para o elemento (como H para o hidrogênio, He para o hélio, C para o carbono e, é claro, Os para o ósmio, como todos sabem).

Números de nêutrons: Apresentando os isótopos

O número atômico de um átomo determina o elemento com o qual você está lidando. Assim, $Z = 6$ é o Carbono. Mas o número de nêutrons, que não afeta as propriedades químicas de um átomo em sua maior parte, pode realmente variar. Assim, você tem duas formas de carbono na natureza. A primeira forma tem 6 prótons, é claro, e 12 núcleons totais (prótons mais nêutrons):

$^{12}_{6}C$

Mas, alguns átomos de carbono — cerca de 1,10 por cento — têm 13 núcleons, não apenas 12, assim seu símbolo é

$^{13}_{6}C$

Pesando um número definido de átomos com mols

Quando o número de moléculas ou átomos é importante, os cientistas podem apresentar outra quantidade: *O mol*. Você tem um mol de uma substância quando um número de átomos ou moléculas é igual ao *número de Avogadro*, que é aproximadamente igual a 6,022 x 10²³.

Como unidade de massa atômica, o mol é definido em termos do átomo de carbono-12: 1 mol de uma substância é a quantidade que tem o mesmo número de átomos (ou moléculas se for uma substância molecular) como o número de átomos em 12 gramas de carbono-12. Quando você tem um mol, você tem 6,022 x 10²³ átomos (ou moléculas).

Para se obter um mol de outro elemento, encontre o seu número de massa atômica e escreva as unidades como gramas em vez de unidades de massa atômica. Em seguida, pese-o.

Essas duas formas de carbono são chamadas de *isótopos* de carbono, átomos do mesmo elemento que diferem no número de nêutrons.

Os isótopos são frequentemente denotados com seus números de massa atômica, assim o primeiro isótopo de carbono, $^{12}_{6}C$, é o carbono-12, e o segundo, $^{13}_{6}C$, é o carbono-13. Você também pode vê-los denotados como C-12 e C-13 ou mesmo como C12 e C13.

Então, por que você vê um símbolo como esse na tabela periódica dos elementos?

$$^{12,011}_{6}C$$

É porque o número de massa atômica na tabela periódica, 12,011, é o número de massa atômica *médio* de todos os átomos de carbono que ocorrem naturalmente.

A unidade de medição para a massa atômica é a adequadamente chamada de *unidade de massa atômica (uma)*, que equivale a $1,66 \times 10^{-27}$ kg. Consequentemente, o núcleo médio de carbono tem uma massa de

$$^{12,011}_{6}C \text{ mass} = (12,011)(1,66 \times 10^{-27} \text{ kg}) \approx 1,99 \times 10^{-26} \text{ kg}$$

A unidade de massa é tecnicamente definida como um doze avos da massa de um átomo de carbono-12 (ou seja, seis prótons, seis nêutrons e doze elétrons compondo o átomo). Mas, essa unidade é uma escala conveniente para se usar para todos os átomos.

Você pode observar que uma *uma* tem massa ligeiramente menor do que o núcleo, o próton ou o nêutron, e pode se perguntar por quê. Isso acontece porque a massa de um núcleo é ligeiramente inferior à soma das massas de seus núcleons individuais. Você pode entender esse resultado estranho porque um pouco da massa vai para a energia de ligação para manter o núcleo coeso (um assunto que vou abordar na seção "Segure firme: Encontrando a energia de ligação do núcleo").

Capítulo 15: Física Nuclear e Radioatividade   *323*

Nem todos os isótopos são igualmente estáveis. Como você verá mais adiante em "Compreendendo os Tipos de Radioatividade, de γ a g", os núcleos podem sofrer decaimento radioativo e alterar o número de núcleons no núcleo.

Rapaz, como isso é pequeno: Encontrando o raio e o volume do núcleo

Experiências mostraram que o raio do núcleo é quase igual ao seguinte, onde A é o número de núcleons (prótons e nêutrons):

$$r \approx (1,2 \times 10^{-15} \text{ m})A^{1/3}$$

Por exemplo, qual é o raio do núcleo do átomo de carbono-12, a forma mais comum de carbono? Colocando os números na fórmula você tem o seguinte:

$$r \approx (1,2 \times 10^{-15} \text{ m})(12)^{1/3} \approx 2,7 \times 10^{-15} \text{ m}$$

Esse valor é realmente pequeno? Comparando o raio de um núcleo de carbono-12 a 1 metro, seria como comparar a espessura de uma moeda de um centavo à distância entre a Terra e Saturno. Em outras palavras, o núcleo é muito pequeno.

O núcleo é um conjunto de núcleons quase esférico, de forma que seu volume é quase igual ao volume de uma esfera. Este é dado por

$$V \approx \frac{4}{3}\pi r^3$$

Substituindo em $1,2 \times 10^{-15}$ metros $\times A^{1/3}$ — o valor de r que foi experimentalmente determinado — você obtém essa expressão aproximada para um volume do núcleo de um átomo:

$$V \approx \frac{4}{3}\pi\left(1,2\times10^{-15}\text{m}\right)^3 A$$

Calculando a densidade do núcleo

Qual é a densidade, ρ, do núcleo? Bem, a densidade é igual à massa dividida pelo volume:

$$\rho = \frac{m}{V}$$

A massa de um átomo de carbono-12 é de 12 *uma* (unidades de massa atômica). Uma *uma* é aproximadamente 1.66×10^{-27} kg, assim

$$^{12}_{6}\text{C mass} = (12)(1{,}66 \times 10^{-27} \text{ kg}) \approx 1{,}99 \times 10^{-26} \text{ kg}$$

Você pode calcular o volume do núcleo do carbono-12 como aproximadamente

$$V \approx \frac{4}{3}\pi r^3$$

onde $r = 2{,}7 \times 10^{-15}$ metros (como você calculou na seção anterior). Portanto, você pode dizer que

$$V \approx \frac{4}{3}\pi (2{,}7 \times 10^{-15} \text{m})^3 \approx 8{,}2 \times 10^{-44} \text{m}^3$$

Portanto, a densidade é

$$\rho \approx \frac{m}{V} = \frac{1{,}99 \times 10^{-26} \text{ kg}}{8{,}2 \times 10^{-44} \text{m}^3} \approx 2{,}4 \times 10^{17} \text{ kg/m}^3$$

e isso é denso — um pedaço do tamanho de uma ervilha de material nuclear puro pesaria aproximadamente 27.000.000.000 toneladas métricas.

A Poderosa Força Nuclear: Mantendo o Núcleo Bastante Estável

Se você pensar bem, núcleos não deveriam permanecer juntos. Afinal, um núcleo pode conter vários prótons, bem como nêutrons, o que significa que existem diversas cargas positivas fortes, muito, muito próximas umas das outras. E você sabe o que acontece quando cargas positivas ficam próximas uma das outras: Elas se repelem. Quando muito próximas, essa força de repulsão pode ficar enorme. Como o tamanho do núcleo é de cerca de 10^{-15} metros, a força externa sobre os prótons em um núcleo é enorme.

Então, por que os núcleos não se despedaçam imediatamente? Por que eles não explodem? Esta seção explica as forças que agem sobre o núcleo.

Encontrando a força de repulsão entre prótons

Você pode calcular a força eletrostática que dois prótons exercem entre si em um núcleo com esta equação (do Capítulo 3):

$$F = \frac{kq_1q_2}{r^2}$$

onde k é a constante 8.99×10^9 N · m²/C², q_1 e q_2 são as duas cargas, e r é a distância entre as cargas.

Colocando os números e assumindo que a distância entre os prótons seja 10^{-15} metros temos

$$F = \frac{(8{,}99 \times 10^9 \, \text{N} \cdot \text{m}^2/\text{C}^2)(1{,}6 \times 10^{-19}\text{C})(1{,}6 \times 10^{-19}\text{C})}{(1{,}0 \times 10^{-15}\text{m})^2} \approx 230 \text{ N}$$

Portanto, são 230 newtons — aproximadamente 24 kg! Isso é uma força incrível entre dois prótons, então, por que eles não se repelem imediatamente?

Mantendo os prótons juntos com a força forte

Os prótons em um núcleo não se repelem porque, embora a força eletrostática seja forte, a *poderosa força nuclear* é ainda mais forte. Essa força poderosa trabalha entre núcleons e mantém o núcleo unido.

Essa força forte é uma das quatro forças fundamentais descobertas (até agora) na natureza. Você já sabe tudo sobre duas dessas forças — a gravitacional e a eletrostática. As outras duas são a força forte e a fraca. Analiso a força forte nesta seção.

Os limites da poderosa força nuclear

A *força forte* mantém os núcleons unidos no núcleo e está constantemente lutando contra a força eletrostática. Desse modo, se a força forte é tão poderosa, por que ela não domina tudo? Por que tudo simplesmente não desmorona em um núcleo gigante? O motivo é este: a força forte é eficaz apenas em distâncias muito pequenas — aproximadamente 10^{-15} metros. Além disso, sua eficiência é zero. É quase como se sua finalidade expressa fosse manter os núcleos juntos e nada mais.

E aqui a coisa começa a ficar interessante. Essa força forte atrai os núcleos, mantendo-os juntos (não há nenhuma força de repulsão forte), e a força eletrostática os empurra. Chega um momento em que existem tantos prótons juntos no núcleo, que sua força de repulsão mútua começa a superar a força forte. Isso acontece porque a força forte tem um alcance muito limitado — os núcleos devem estar essencialmente bem próximos uns dos outros para se manterem unidos por ela. Mas a força eletrostática tem um longo alcance, de forma que, enquanto um próton está ligado a dois ou três outros núcleons pela força forte, à medida que você acrescenta mais prótons, eles se agrupam no primeiro próton com suas forças eletrostáticas.

Chega um momento em que a repulsão eletrostática entre os prótons supera a força forte mantendo-os no lugar e, pronto, o núcleo explode. E é exatamente daí que vem a radioatividade: A repulsão eletrostática de muitos prótons supera a atração da força forte, que tenta mantê-los juntos.

O poder de estabilização dos nêutrons

E quanto aos nêutrons? Eles não repelem outros núcleons e podem exercer a força forte (atrativa). Então, não era de se concluir que, quanto mais nêutrons você tem em um núcleo, mais estável ele deveria ser? E isso é o que acontece na maioria das vezes: à medida que o número atômico (número de prótons) aumenta, é preciso cada vez mais nêutrons para manter o núcleo estável. Adicionar mais nêutrons ajuda a separar os prótons voláteis e a exercer uma força estabilizadora forte.

Então, conforme o núcleo fica maior — à medida que você adiciona cada vez mais prótons — você precisa acrescentar mais nêutrons para manter as coisas estáveis. O maior átomo que é geralmente considerado estável é $^{209}_{83}$Bi. É o bismuto (esse mesmo, aquele que faz os remédios contra diarreia funcionarem), com 83 prótons. São necessários 126 nêutrons para manter as coisas no devido lugar.

Por causa dos detalhes do funcionamento da força forte, prótons e nêutrons gostam de se emparelhar. Se você tiver muitos nêutrons, então haverá uma espécie de desequilíbrio nas energias entre nêutrons e prótons e o núcleo vai se tornar instável. Assim, núcleos com número de prótons e nêutrons aproximadamente iguais são os mais estáveis — embora, devido à repulsão entre os prótons, núcleos maiores precisem, comparativamente, de mais nêutrons. O resultado é uma faixa relativamente estreita de combinações estáveis de prótons e nêutrons, onde suas quantidades são praticamente iguais, mas o número comparativo de nêutrons aumenta ligeiramente à medida que o número total de núcleons aumenta.

À medida que você aumenta o número atômico (para valores mais elevados de Z), não se tem nêutrons suficientes para manter o núcleo unido para sempre. Por exemplo, o urânio, que é reconhecidamente radioativo, tem Z = 92. Então, agora você sabe de onde vem a radioatividade. Muito legal, não?

Segure firme: Encontrando a energia de ligação do núcleo

A força forte é o que mantém os núcleos juntos — o que significa que a separação dos núcleons em um núcleo precisa de trabalho. Esse trabalho é chamado *energia de ligação* do núcleo.

Como você encontra a energia de ligação de um núcleo sem desmontar tudo? Você pode dar uma de esperto neste caso e medir a massa de um núcleo em comparação às massas de seus núcleons constituintes. Isto é, quando você calcula a massa do núcleo, este tem menos massa do que a soma dos núcleons que estão dentro dele (assim, você pode dizer que um núcleo é menor do que a soma de suas partes). Por quê? Porque parte da massa foi usada na energia de ligação do núcleo.

A diferença entre as massas de todos os núcleons separadamente e o núcleo final é chamada *defeito de massa* do núcleo, que tem o símbolo Δm. Assim, o defeito de massa de um núcleo é

$$\Delta m = \Sigma m_{núcleons} - m_{núcleo}$$

Onde $\Sigma m_{núcleons}$ é a soma das massas dos núcleons e $m_{núcleo}$ é a massa do núcleo depois que todos os núcleons são colocados juntos.

Então, como você calcula a energia do defeito de massa? Você deve se recordar que Einstein disse que $E_0 = mc^2$, assim a energia de ligação de um núcleo é igual a

$$E_{ligação} = \Delta m c^2$$

onde Δm é o defeito de massa do núcleo.

Calculando o defeito de massa

Verifique alguns números. Por exemplo, pegue um átomo padrão de hélio: $^{4}_{2}He$. O núcleo desse átomo tem dois prótons e dois nêutrons, e experiências mostram que ele tem uma massa de 6.6447×10^{-27} kg. Qual é seu defeito de massa?

Você pode encontrar o defeito de massa de um núcleo com $\Delta m = \Sigma m_{núcleons} - m_{núcleo}$. Aqui, ela fica assim

$$\Delta m_{He\text{-}4} = 2m_{próton} + 2m_{nêutron} - m_{núcleo}$$

Como um bom físico, você sabe que

- A massa de um próton é 16726×10^{-27} kg
- A massa de um nêutron é $1,6749 \times 10^{-27}$ kg

328 Parte IV: A Física Moderna

Assim, temos o seguinte:

$$\Delta m_{He\text{-}4} = 2(1{,}6726 \times 10^{-27}\ \text{kg}) + 2(1{,}6749 \times 10^{-27}\ \text{kg}) - (6{,}6447 \times 10^{-27}\ \text{kg})$$

$$\approx 0{,}0503 \times 10^{-27}\ \text{kg} = 5{,}03 \times 10^{-29}\ \text{kg}$$

Um valor realmente muito pequeno.

Calculando a energia de ligação

Qual é a energia de ligação do átomo padrão de hélio? É igual a $E_{\text{ligação}} = \Delta mc^2$. O defeito de massa, m, é $5{,}03 \times 10^{-29}$ kg, e a velocidade da luz é aproximadamente $3{,}00 \times 10^8$ metros por segundo, assim você tem o seguinte:

$$E_{\text{ligação}} = (5{,}03 \times 10^{-29}\ \text{kg})(3{,}00 \times 10^8\ \text{m/s})^2$$

$$\approx 4{,}53 \times 10^{-12}\ \text{J}$$

O que significa isso em elétrons-volt, eV? Um elétron-volt é a energia necessária para empurrar um elétron através de 1 volt de potencial elétrico, e um elétron-volt é 1.60×10^{-19} joules, portanto, a energia de ligação do He-4 é

$$E_{\text{ligação}} = \left(4{,}53 \times 10^{-12}\ \text{J}\right)\frac{1\ \text{eV}}{1{,}60 \times 10^{-19}\ \text{J}} \approx 2{,}83 \times 10^7\ \text{eV}$$

Portanto, a energia de ligação é de 28,3 milhões de elétrons-volt. E, como o próton tem a mesma carga do elétron, 28,3 milhões de elétrons-volt é a energia que você obtém ao passar uma gota de próton através 28,3 milhões de volts.

Dito de outra forma, são necessários 24,6 e V para tirar um elétron de um átomo de He-4. É preciso mais de 1 milhão de vezes essa quantidade para tirar um próton de um núcleo de He-4. Essa é a força forte trabalhando — e ela tem de superar a força de repulsão de dois prótons a uma distância extremamente próxima também.

Entendendo os Tipos de Radioatividade a partir de α a γ

A radioatividade acontece quando núcleos atômicos explodem e, como você sabe, a radioatividade pode ter alguns efeitos colaterais desagradáveis, tais como, o envenenamento por radiação. Mas, onde outros prudentemente se recusaram a entrar, os físicos impetuosamente pularam de cabeça.

A *radioatividade* é o processo pelo qual núcleos instáveis se desintegram. Mas não de forma tranquila — eles emitem fragmentos e várias outras partículas. Além de fragmentos de núcleos, os físicos registraram três tipos de partículas emitidas por elementos radioativos:

Capítulo 15: Física Nuclear e Radioatividade

- partículas (alfa) α
- partículas (beta) β
- partículas (gama) γ

Como era de se esperar (porque essas são as três primeiras letras do alfabeto), elas foram nomeadas pela ordem de sua descoberta. Todas são partículas criadas por decaimento nuclear e, por isso, são assuntos adequados para você estudar.

Os físicos sabem como lidar com essas partículas — com um campo magnético que desvia a trajetória dessas partículas e permite aos pesquisadores averiguar mais sobre a massa e carga das partículas. A Figura 15-2 mostra essa configuração. A fonte radioativa, fechada em um recipiente de chumbo, é colocada na parte inferior de um dispositivo. Subprodutos do decaimento nuclear — alguns carregados, outros não — são lançados para fora do recipiente, passam por um campo magnético e, em seguida, atingem uma tela ou detector para serem registrados.

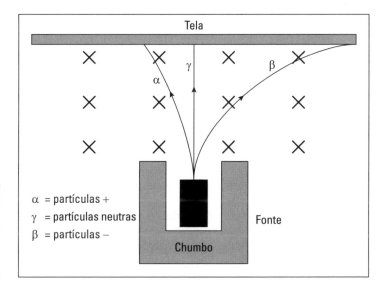

Figura 15-2: Uma experiência de radioatividade.

Em sua busca para compreender as reações nucleares, os físicos tinham estes instrumentos a sua disposição:

- Conservação da energia total
- Conservação da Carga
- Conservação do momento linear
- Conservação do momento angular
- Conservação do número nuclear

330 Parte IV: A Física Moderna

Nesta seção, vou lhe apresentar o decaimento nuclear para todos os três tipos de partículas — alfa, beta, gama — e explico como algumas dessas leis de conservação entram em jogo.

Liberando hélio: Decaimento alfa radioativo

Quando se discute sobre radioatividade, fica difícil não falar sobre o urânio; é o que vem à mente da maioria das pessoas quando o assunto aparece. Os físicos descobriram que um átomo de urânio-238 — U-238 de maneira abreviada — decai para tório e uma partícula alfa. A reação nuclear é denotada desta forma (é algo parecido com a notação para as reações químicas):

$$_{92}^{238}U \rightarrow {}_{90}^{234}Th + \alpha$$

Experiências como a da Figura 5-2, eventualmente determinaram o que a partícula alfa é — um núcleo de hélio! (Observe como o número de massa atômica decresceu em 4 e o número atômico, o número de prótons, diminuiu em 2). Assim, $\alpha = {}_{2}^{4}He$. Portanto, o decaimento do U-238 torna-se o seguinte:

$$_{92}^{238}U \rightarrow {}_{90}^{234}Th + {}_{2}^{4}He$$

Qual a quantidade de energia que vai para a energia cinética dos produtos dessa decomposição (isto é, o átomo de tório e do decaimento alfa)? A energia cinética é a diferença entre a massa do U-238 e dos subprodutos do decaimento, Th-234 e a partícula alfa:

$$KE = m_{U\text{-}238} - m_{Th\text{-}234} - m_{He\text{-}4}$$

Consultando a massa desses átomos em unidades de massa atômica, você obtém o seguinte:

- ✔ **Urânio-238**: $m_{U\text{-}238} = 238,0508\ uma$
- ✔ **Tório-234**: $m_{Th\text{-}234} = 234,036\ uma$
- ✔ **Hélio-4**: $m_{He\text{-}4} = 4,0026\ uma$

Portanto, a energia cinética equivalente ao defeito de massa liberado é
defeito de massa = 238,0508 uma - 234,0436 uma - 4,0026 uma = 0.0046 uma

Uma massa de 1 *uma*, de $E_o = mc^2$ é equivalente a uma energia de 931,5 milhões de elétrons-volt (mega elétrons-volts ou MeV), assim a energia cinética liberada é

$$E_C = (0,0046 \text{ uma})(931,5 \text{ MeV}) \approx 4,3 \text{ MeV}$$

Essa energia cinética é dividida entre o átomo de tório e a partícula alfa.

A carga e o momento angular são conservados, como sempre. Observe que o momento linear também é conservado, e como o átomo de tório tem cerca de 60 vezes a massa da partícula alfa, a partícula alfa acaba com aproximadamente 60 vezes a velocidade do átomo de tório. Assim, as partículas alfa são o resultado mais notável de um pedaço de decaimento do U-238.

Outra lei da conservação também entra em ação em reações nucleares: A conservação do número total de núcleons. Observe como no decaimento do U-238, o urânio tem 238 núcleons, e ele se decompõe em tório, com 234 núcleons, juntamente com a partícula alfa com 4 núcleons. A soma dos núcleons em cada lado da reação é a mesma. Você pode usar isso para verificar se a reação é possível ou para descobrir se está faltando alguma coisa na sua reação.

A massa não é conservada no decaimento do U-238 porque o produto final tem menos massa do que o átomo de urânio original. Entretanto, a energia total é conservada, assim, se você levar em consideração que $E_0 = mc^2$, onde massa e energia são equivalentes, então a massa-energia é conservada.

Ganhando prótons: Decaimento beta radioativo

Além da partícula alfa, outra é produzida pelo decaimento radioativo: A partícula beta. Por exemplo, o tório (que você vê no decaimento do urânio na seção anterior) pode decair. Em particular, o isótopo de tório se decompõe em $^{234}_{91}\text{Pa}$ (Pa é o protactínio, um elemento metálico). Esse decaimento também produz uma partícula beta (β), de forma que a reação é escrita desta forma:

$$^{234}_{90}\text{Th} \rightarrow \, ^{234}_{91}\text{Pa} + \beta$$

O que é a partícula β? Após muitas experiências, os físicos determinaram que ela era um elétron (ou em alguns decaimentos radioativos, a contrapartida da matéria positivamente carregada, o *pósitron*).

Então, como você denota um elétron no formato $^{234}_{90}\text{Th}$? Um elétron não contém nêutrons e, certamente, nem prótons. De fato, sua carga é oposta à de um nêutron, assim, talvez você devesse denotá-lo como $^{0}_{-1}\text{e}$.

E foi exatamente isso que os físicos fizeram, assim o decaimento do $^{234}_{90}\text{Th}$ fica assim:

$$^{234}_{90}\text{Th} \rightarrow \, ^{234}_{91}\text{Pa} + \, ^{0}_{-1}\text{e}$$

Observe o que está acontecendo no decaimento beta. O número atômico líquido, isto é, o número de prótons, Z, na verdade, *aumenta* como resultado do decaimento. Como isso acontece? Porque um nêutron se decompõe em um próton e um elétron (a partícula beta). É raro ter o decaimento de nêutrons, mas realmente acontece. Observe também que quando o elétron é escrito como $_{-1}^{0}e$, então a soma dos índices superiores e inferiores em ambos os lados da reação são os mesmos.

Emissão de fótons: Decaimento gama radioativo

Assim como todo o átomo pode estar em um estado excitado, o núcleo de um átomo também pode existir nesse estado. Ou seja, assim como elétrons podem estar em órbitas mais elevadas e saltar para mais baixas, emitindo um fóton (como explico no Capítulo 14), os núcleons também podem.

Isso significa que um núcleo pode emitir um fóton, exatamente como os elétrons orbitais? Sim, ele certamente pode. Por exemplo, os núcleos do rádio (Ra) podem emitir um fóton. Você começa com a forma estimulada do núcleo do rádio, que é indicada com um asterisco (*):

$$_{88}^{226}Ra^*$$

Em seguida, você decai para uma forma não excitada do átomo de rádio, juntamente com um fóton, que é um *raio gama* (isto é, um fóton de alta potência), que é denotado com a letra grega γ, desta forma:

$$_{88}^{226}Ra^* \rightarrow {}_{88}^{226}Ra + \gamma$$

E aí está: o rádio em um estado excitada emitindo um fóton de alta potência e transformando-se em rádio normal.

Quando núcleos emitem fótons de alta energia isso é chamado *decaimento gama*. Observe que no decaimento gama, o número atômico do núcleo não muda — nenhuma carga é transportada por uma partícula emitida. Em vez disso, um fóton pode se lançar para fora do núcleo com muita energia e com uma frequência alta.

Qual é a intensidade dessa frequência? Bem, dê uma olhada. Vamos dizer que você tem o decaimento gama do rádio $_{88}^{226}Ra^* \rightarrow {}_{88}^{226}Ra + \gamma$. O fóton emitido tem uma energia de 0,186 megaelétrons-volt. Para um fóton, a energia é

$$E = hf$$

Capítulo 15: Física Nuclear e Radioatividade **333**

onde h é a constante de Planck e f é a frequência do fóton. Assim, calculando f, você tem

$$f = \frac{E}{h}$$

Para colocar o valor de E, você precisa encontrar a energia do fóton (raio gama) em joules. Você sabe que a energia do fóton é 0,186 megaelétrons-volt, ou $1,86 \times 10^5$ elétrons-volt. Há $1,60 \times 10^{-19}$ joules em 1 elétron-volt, assim, faça a conversão:

$$E = \left(\frac{1,86 \times 10^5 \, \text{eV}}{1} \right) \left(\frac{1,60 \times 10^{-19} \, \text{J}}{1 \, \text{eV}} \right) \approx 2,98 \times 10^{-14} \, \text{J}$$

Portanto, você tem 2.98×10^{-14} joules para trabalhar. Isso corresponde a uma frequência de fóton de

$$f = \frac{E}{h} = \frac{2,98 \times 10^{-14} \, \text{J}}{6,63 \times 10^{-34} \, \text{J-s}} \approx 4,49 \times 10^{19} \, \text{s}^{-1}$$

Então, a frequência é de aproximadamente $4.49 \times 10^{-19} \text{s}^{-1}$. Qual é o comprimento de onda do raio gama? Para encontrar o comprimento de onda, λ, você pode usar a relação $c = \lambda f$, ou

$$\lambda = \frac{c}{f}$$

Assim você tem

$$\lambda = \frac{c}{f} = \frac{3,00 \times 10^8 \, \text{m/s}}{4,49 \times 10^{19} \, \text{s}^{-1}} \approx 6,68 \times 10^{-12} \, \text{m}$$

Em outras palavras, o comprimento de onda é de aproximadamente $6,68 \times 10^{-3}$ nanômetros. E isso nos dá cerca de um centésimo de milionésimo do comprimento de onda da luz visível.

Pegue Seu Contador Geiger: Meia-Vida e Decaimento Radioativo

Um elemento radioativo é aquele com um núcleo instável. O núcleo se decompõe em um mais estável e, nesse processo, produz um subproduto, como um elétron ou um fóton (isto é, uma partícula beta ou raio gama). Você pode detectar este subproduto com um dispositivo inteligente chamado *contador Geiger*. Com ele, você pode tomar um único átomo de um elemento radioativo, sentar e esperar para detectar seu decaimento.

No entanto, os físicos descobriram que não se pode prever quando um átomo radioativo vai se decompor — isso é aleatório. Mas como alguns elementos se decompõem mais rapidamente do que outros, pode-se dizer que é mais provável que seus decaimentos ocorram mais cedo e não mais tarde.

Quando você tem um grande número de átomos instáveis juntos, então, há uma taxa média definida de decaimento. Se você colocar um contador Geiger perto dos átomos, você detecta um determinado número de decaimentos por segundo. Esta taxa cai com o passar do tempo, porque o número de núcleos instáveis para o decaimento diminui.

Vamos supor que você vá até a loja da esquina e compre um quilo de rádio, $^{226}_{88}Ra$ (não tente fazer isso em casa; o rádio causou muito envenenamento por radiação em físicos antigos). Ao desembrulhar o seu rádio, você nota que ele está se decompondo lentamente em radônio, Rn, assim:

$$^{226}_{88}Ra \rightarrow {}^{222}_{86}Rn + \alpha$$

Bem, você pensa: O radônio é um gás. Quanto tempo essa amostra de rádio vai durar? Para calcular isso, você precisa entender o conceito de meia-vida, uma forma conveniente de discutir a taxa de decaimento. Nesta seção, você analisa os conceitos de meia-vida e radioatividade.

Meio-tempo: Apresentando a meia-vida

A taxa em que você vê núcleos radioativos decaindo é proporcional ao número de átomos que você tem. Isto significa que uma substância radioativa decai exponencialmente. O decaimento exponencial reduz a quantidade de substâncias radioativas por uma fração constante, em intervalos de tempo iguais.

Quando se trabalha com problemas de decaimento exponencial, um intervalo de tempo conveniente para se usar é o tempo que a amostra leva para se reduzir pela metade. A *meia-vida* lhe diz quanto tempo leva para o decaimento da *metade* de um dado número de átomos. (Qualquer outra fração iria funcionar, mas trabalhar com a metade é apropriado e simples, e lhe dá imediatamente, uma boa percepção da rapidez com que sua amostra está se decompondo.)

A meia-vida do $^{226}_{88}Ra$ é de cerca de 1.600 anos, assim, em 1.600 anos metade de sua amostra terá se decomposto em $^{222}_{80}Rn$, então ainda lhe sobrará metade de seu $^{226}_{88}Ra$ em sua amostra. Em outros 1.600 anos você terá (½)² da quantidade original de $^{226}_{88}Ra$ em sua amostra. Como você pode perceber, não há muito com que se preocupar: O rádio em sua amostra vai estar por aí por algum tempo.

Quais são as meias-vidas radioativas de vários isótopos? A Tabela 15-1 lhe dá uma amostra, caso você esteja interessado.

Tabela 15-1 - Meias-vidas de Substâncias Radioativas

Elemento	Isótopo	Meia-vida
Polônio	$^{214}_{84}Po$	1,64 x 10^{-4} segundos
Crípton	$^{89}_{36}Kr$	3,15 minutos
Radônio	$^{222}_{86}Rn$	3,83 dias
Estrôncio	$^{90}_{38}Sr$	29 anos
Rádio	$^{226}_{88}Ra$	1,6 x 10^3 anos
Carbono	$^{14}_{6}C$	5,73 x 10^3 anos
Urânio	$^{238}_{92}U$	4,47 x 10^9 anos

Por exemplo, $^{226}_{86}Rn$, o radônio, é um gás radioativo criado com a decomposição do rádio. Acontece que o radônio pode se acumular nos porões das casas e isso é preocupante porque ele é radioativo.

Vamos dizer que você faça um teste para detectar radônio em sua casa e descubra que há um pouco de gás radônio — um número estimado de 100.000.000 (ou $1,0 \times 10^8$) átomos. Se você selar a casa para impedir a entrada de mais radônio, quantos átomos terão sobrado depois de 31 dias?

Veja como descobrir o quanto sobra de uma amostra usando meias-vidas:

1. **Para descobrir quantas meias-vidas se passaram, divida a quantidade de tempo que se passou pela meia-vida.**

   A meia-vida do radônio é 3,83 dias, então 31 dias equivalem a aproximadamente oito meias-vidas:

   $$\frac{31 \text{ dias}}{3,83 \text{ dias}} \approx 8,1 \text{ meias-vidas}$$

2. **Multiplique ½ por ele mesmo, uma vez para cada meia-vida, para encontrar a fração da amostra que sobrou.**

   Você pode escrever o número de meias-vidas como um expoente em ½. Isso significa que a amostra de radônio terá se decomposto até que tenha sobrado

   $$\left(\frac{1}{2}\right)^8 = \frac{1}{2^8} = \frac{1}{256}$$

   da amostra original.

3. **Para obter o número de átomos radioativos remanescentes, multiplique a fração da Etapa 2 pelo número de átomos com os quais você começou.**

Apenas $1/256$ da amostra original permanece, ou

$$\frac{1}{256}(1{,}0 \times 10^8 \text{ átomos}) = \frac{1{,}0 \times 10^8 \text{ átomos}}{256} \approx 3{,}9 \times 10^5 \text{ átomos}$$

Portanto, depois de um mês, terão sobrado cerca de 390,000 átomos.

Taxas de decaimento: Apresentando a atividade

Como você quantifica o número de decaimentos por segundo a partir de algumas amostras radioativas? Usando a *atividade* da amostra que é dada como o número de decaimentos por segundo:

$$\text{Atividade} = -\frac{\Delta N}{\Delta t}$$

onde ΔN é a mudança no número dos núcleos radioativos no tempo Δt. O sinal negativo indica que o número de núcleos radioativos cai com o tempo, assim ΔN é negativo (fazendo a atividade positiva). Definido desta forma, a atividade simplesmente mede a taxa na qual os núcleos radioativos estão se decompondo.

A radioatividade é medida em b*ecquerels* (Bq) — 1 becquerel é igual a um decaimento por segundo. Você também pode medir atividades em *curies* (Ci), onde

$$1 \text{ Ci} = 3{,}70 \times 10^{10} \text{ Bq}$$

A taxa em que os núcleos estão decaindo é proporcional ao número de núcleos que você tem, assim, a atividade também é igual a

$$\text{Atividade} = -\frac{\Delta N}{\Delta t} = \lambda N$$

onde λ é chamada de *constante de decaimento*.

A constante de decaimento torna fácil calcular a quantidade de uma amostra que sobrou após um determinado tempo, com esta equação:

$$N = N_o e^{-\lambda t}$$

onde N é o número de átomos que você tem atualmente, N_o é o número de átomos com o qual você começou, λ é a constante de decaimento, e t é o tempo.

Você pode relacionar a meia-vida, $T_{1/2}$, à constante de decaimento da seguinte forma:

$$T_{1/2} = \frac{\ln(2)}{\lambda}$$

Capítulo 15: Física Nuclear e Radioatividade   *337*

onde *ln* significa o logaritmo natural (log na base *e*). Isso também significa que

$$\lambda = \frac{\ln(2)}{T_{1/2}}$$

Por exemplo, pegue uma amostra de gás radônio, $^{226}_{86}$Rn. Qual é a atividade dessa amostra inicialmente e após 31 dias? Para começar, digamos que você tem $N = 1,0 \times 10^8$ átomos, e a meia-vida do radônio é 3,83 dias, que é $3,31 \times 10^5$ segundos. Primeiramente, encontre a constante de decaimento:

$$\lambda = \frac{\ln(2)}{T_{1/2}} = \frac{0,693}{3,31 \times 10^5 \text{s}} \approx 2,09 \times 10^{-6} \text{s}^{-1}$$

Em seguida, use a equação da radioatividade. A atividade inicial é igual ao seguinte:

$$\text{Atividade} = \lambda N$$

$$= (2,09 \times 10^{-6} \text{ s}^{-1})(1,0 \times 10^8 \text{ átomos})$$

$$= 209 \text{ s}^{-1}$$

Assim, a atividade inicial é de 209 becquerels.

Depois de 31 dias, que corresponde a 8,1 meias-vidas, esse número é diminuído por um fator de 256 (como você viu na seção anterior); isso significa que a atividade final é $209 \div 256 \approx 0,82$ becquerels. Uma grande mudança!

338 Parte IV: A Física Moderna

Parte V
A Parte dos Dez

Nesta parte...

Aqui, veremos uma apresentação de dez experimentos de física que mudaram o mundo. Desde a medição da velocidade da luz à descoberta da radiação. Está tudo aqui. Também apresento um capítulo que abrange as melhores ferramentas online para resolver problemas em física.

Capítulo 16

Dez Experimentos de Física que Mudaram o Mundo

Neste Capítulo

▶ Compreendendo a luz
▶ Ficando subatômico e radioativo
▶ Confirmando a relatividade especial

A Física tem uma maneira de mudar o mundo e este capítulo analisa dez experimentos de física que fizeram exatamente isso. Ok está certo, "mudar o mundo" é uma afirmação bastante ousada, mas é verdade. Você pode verificar o impacto dessas descobertas de diversas maneiras. Ao adotar uma abordagem mais elevada, você poderá apreciar como elas revelaram mais da beleza impressionante do Universo. Se você é um pouco mais pé no chão, pode observar como elas mudaram a maneira como as pessoas pensavam o mundo e suas possibilidades.

E se você for muito pé no chão, você poderá considerar os avanços tecnológicos nascido das dez experiências neste capítulo. Do tratamento de câncer com radiação descoberto por Marie-Curie, aos óculos de visão noturna do efeito fotoelétrico, as aplicações práticas têm sido numerosas, e ainda estão aumentando. De fato, os usos possíveis para a mecânica quântica estão apenas começando a se desenvolver — a tecnologia de ficção científica, como o teletransporte, além da computação quântica ainda poderão se tornar mais do que um sonho.

Independentemente de como você olhar para essas experiências, elas representam muito no mundo da física. Então, vá em frente, puxe um banquinho de laboratório, e continue a ler. (E se estiver inspirado para fazer por você mesmo algumas experiências de radiação, lembre-se de usar sua blindagem de chumbo.)

Medição da Velocidade da Luz de Michelson

No século 19, as pessoas já sabiam que a luz era rápida, mas ninguém sabia exatamente qual era essa velocidade. Em 1878, o professor de física Albert Abraham Michelson bolou uma experiência para determinar a velocidade da luz. Sua experiência melhorou drasticamente as estimativas anteriores e marcou o início de sua carreira — uma carreira impressionante, aliás. Seu trabalho acompanhou a transição da física clássica para a física moderna.

Michelson colocou um espelho longe de sua instalação e, em seguida, concebeu um espelho rotativo de oito lados e enviou um feixe de luz em sua direção. A luz refletida a partir de um dos lados do espelho de oito lados propagou-se rapidamente até o espelho distante, voltou e atingiu outro lado do espelho de oito lados até passar por um detector.

Ao criar o espelho rotativo (que faz aproximadamente 256 rotações por segundo), sincronizado com a chegada da luz a partir do espelho distante, ele foi capaz de medir intervalos de tempo muito curtos. Então Michelson apresentou uma medição da velocidade da luz: Seu valor era 299.944 km por segundo, com a margem de erro de mais ou menos 51 km por segundo. As estimativas atuais colocam a velocidade da luz em aproximadamente de 299.792 km por segundo. Nada mal, hein? Você poderá ler mais sobre a velocidade da luz no Capítulo 8.

Experiência de Fendas Duplas de Young: A Luz é Uma Onda

A natureza da luz era um mistério no início do século 19. Ninguém entendia o que ela realmente era — seria semelhante a alguma coisa em outras partes da natureza, ou alguma coisa especial, toda própria dela?

A luz tem qualidades de ondas (assim como qualidades de partículas). Thomas Young fez as primeiras experiências para tornar a natureza de onda da luz mais clara há 200 anos. Em 1803, Young realizou sua famosa experiência de fendas duplas, que mostrou que os raios de luz podiam interferir com outros raios de luz de maneira muito parecida, como ondulações em uma lagoa podiam interferir com outras ondulações. Seu artigo, "Experiências e cálculos relativos à Ótica Física", tornou-se mundialmente famoso. Você poderá ler mais sobre interferência de ondas de luz no Capítulo 11.

Capítulo 16: Dez Experimentos de Física que Mudaram o Mundo **343**

Elétrons Saltadores:
O Efeito Fotoelétrico

O efeito fotoelétrico esclareceu a imagem da luz, expondo o lado-partícula de sua natureza. O _efeito fotoelétrico_ refere-se à observação de que podemos apontar um feixe de luz em uma folha de metal e esse metal irá emitir elétrons.

O efeito fotoelétrico foi explicado em termos de luz como ondas, mas duas coisas intrigavam os físicos:

- Os elétrons eram emitidos imediatamente a partir do metal, mesmo sob luz de baixa intensidade (pensava-se que as ondas de luz precisavam acumular a energia transmitida aos elétrons).

- A energia cinética dos elétrons emitidos não dependia da intensidade de luz (pensava-se que quanto mais luz, mais energia seria transmitida a cada elétron emitido).

Albert Einstein, em uma performance vencedora do Prêmio Nobel, explicou ambas as perguntas, introduzindo a ideia de _fótons,_ ou seja, partículas de luz. Como a energia de cada elétron emitido era fornecida por um pacote de luz discreta — um fóton — os elétrons podiam ser emitidos a partir do metal logo que a luz incidisse sobre eles. E, como a energia cinética do elétron vinha do fóton, essa energia cinética era independente da intensidade da luz. Para saber mais sobre o efeito fotoelétrico, consulte o Capítulo 13.

Descoberta de Ondas de Matéria de
Davisson e Germer

Em 1927, a experiência de Davisson e Germer confirmou a natureza de onda dos elétrons. Essa foi uma descoberta revolucionária na época e confirmou a _hipótese de De Broglie_ de ondas de matéria. Essa hipótese afirma que não só as ondas, por vezes, comportam-se como partículas, mas as partículas também às vezes se comportam como ondas. Por exemplo, uma partícula pode ser considerada como tendo um comprimento de onda relacionado a seu momento.

Em sua experiência, Clinton Davisson e Lester Germer emitiram um feixe de elétrons em um cristal de níquel. Eles provaram que os elétrons, que eram refletidos a partir da superfície altamente lisa, criavam um padrão de interferência em uma tela, assim como ondas de luz fariam.

A natureza ondulada dos elétrons foi mostrada aqui: A estrutura cristalina do níquel estava fazendo a difração dos elétrons e o padrão de interferência observado foi uma descoberta sensacional, os elétrons se comportavam como ondas.

Os Raios-X de Röntgen

As pessoas podem gerar raios-X, os raios de luz que são tão importantes na medicina, em tubos de vácuo. Você usa uma tensão para acelerar elétrons a uma velocidade muito alta, então os elétrons atingem um alvo metálico e geram raios-X. Apesar de esses tubos terem sido utilizados em experiências anteriores, o professor de física alemão Wilhelm Conrad Röntgen foi o primeiro a documentar os raios-X no final do século 19.

Em 8 de novembro de 1895, Röntgen descobriu os raios-X quando fazia experiência com esse tubo a vácuo. Ele ficou impressionado com seu poder penetrante e sua capacidade de produzir imagens nítidas em papel fotográfico. Ele escreveu um relatório intitulado "Sobre um novo tipo de raio: Uma comunicação preliminar", em dezembro de 1895, e o submeteu à Sociedade de Física Médica de Würzburg para publicação. Röntgen recebeu o primeiro Prêmio Nobel de Física pela descoberta.

Descoberta da Radioatividade Por Marie Curie

Em 1897, Marie Curie iniciou seu trabalho de doutorado e decidiu investigar os "raios de urânio" descoberto por Henri Becquerel. Utilizando amostras de substâncias radioativas, ela e seu marido, Pierre, acabaram por se concentrar na *pichblenda* (uma forma do mineral uranita), que emitiu exposições fotográficas muito fortes em papel opaco. Eventualmente, eles refinaram a pichblenda e descobriram um elemento radioativo novo, o *polônio*, em homenagem à Polônia, terra natal de Marie Curie.

Depois de isolar quimicamente os elementos radioativos, os Curies observaram que os elementos estavam se exaurindo enquanto produziam elementos estáveis, principalmente hélio e chumbo. Assim, descobriram como os novos "raios", superficialmente semelhantes aos raios-X, eram de uma natureza muito diferente. Estes "raios" eram um produto do *decaimento radioativo* — o processo atômico do decaimento de átomos instáveis quando se transformam em produtos estáveis.

Os Curries também descobriram um segundo elemento radioativo, o *rádio,* não muito tempo depois. Por seu trabalho, Marie Curie ganhou não um, mas dois prêmios Nobel, de Física e Química. Você poderá ler mais sobre radioatividade no Capítulo 15.

Capítulo 16: Dez Experimentos de Física que Mudaram o Mundo **345**

A Descoberta do Núcleo do Átomo de Rutherford

No início do século 20, o modelo reinante do átomo era o modelo do pudim de ameixa inglês, que via o átomo como uma espécie de massa de carga positiva na qual os elétrons estavam incorporados como ameixas.

O físico Ernest Rutherford (que já tinha recebido um Prêmio Nobel em 1908 por seu trabalho sobre radioatividade) dissipou essa imagem. Em 1911, ele apontou um feixe de partículas alfa sobre uma folha de ouro fino. Ele descobriu que, ao contrário das expectativas do pudim de ameixa, muitas partículas alfa se espalharam, mesmo atingindo a superfície e voltando para trás completamente.

Rutherford disse que a surpresa de observar as partículas alfa espalhadas foi como jogar uma "bomba de 38 centímetros" em um lenço de papel e tê-la de volta atingindo você. Claramente, as cargas positivas estavam concentradas no átomo — os elétrons eram leves demais para causar a dispersão alfa — e foi assim que o núcleo atômico foi descoberto. Você poderá ler mais sobre essa experiência no Capítulo 14.

Colocando Uma Rotação Nele: A Experiência de Stern-Gerlach

Em 1922, Otto Stern e Walther Gerlach conduziram uma experiência para determinar se as partículas tinham um momento angular intrínseco. Eles montaram um campo magnético de tal forma que uma corrente de partículas carregadas, viajando através dele, não seria desviada a menos que as partículas possuíssem pelo menos um *momento magnético* pequeno, o qual quantifica o torque (força de giro) experimentado por um dipolo magnético em movimento através de um campo magnético. As partículas teriam um momento magnético somente se elas tivessem um spin (rotação) intrínseco. E foi o que aconteceu, o feixe de partículas se dividiu em dois, indicando que as partículas carregadas (elétrons, neste caso), de fato, têm um momento angular intrínseco, que Stern e Gerlach chamaram de *spin*.

Esse resultado mudou significativamente a visão dos físicos sobre os elétrons em átomos, porque ele acrescenta outro número quântico, o *spin*, para cada elétron, duplicando o número de elétrons que podem ter os mesmos outros três números quânticos. (Os outros números quânticos — o principal, orbital e magnético — especificam estados orbitais dos elétrons em átomos.) Confira o Capítulo 12 para mais informações sobre a física quântica.

A Idade Atômica: A Primeira Pilha Atômica

A primeira reação nuclear em cadeia autossustentável, feita pelo homem, ocorreu em 1942. Os físicos começaram a reação em 2 de dezembro daquele ano, sob as arquibancadas do Stagg Field, Chicago, ao lado de uma enorme pilha de tijolos de carbono e urânio que formavam uma pilha atômica (o termo usado antes que alguém inventasse o nome *reator nuclear*). Eram 3 h 25 min da tarde. Quando as *barras de controle*, que refreavam a reação, foram retiradas, o nível de atividade na pilha aumentou e se manteve.

Nascia a era atômica. Desde aquela época, curiosamente, os cientistas descobriram que a Mãe Natureza está à nossa frente — não apenas com as reações nucleares no interior das estrelas, que são bem conhecidas, mas também aqui na Terra. Reações nucleares autossustentáveis foram encontradas em depósitos naturais de urânio: Pilhas atômicas próprias da Mãe Natureza.

Verificação da Relatividade Especial

A teoria da relatividade especial de Albert Einstein faz muitas afirmações que parecem leem estranhas — contração de comprimento? Dilatação do tempo? (Consulte o Capítulo 12 para mais detalhes.) Mas esses efeitos foram confirmados através de experiências.

Tomemos, por exemplo, um méson mu, *ou múon* de forma abreviada. Você encontra essa partícula em raios cósmicos e em aceleradores de partículas como aquelas no CERN, um laboratório perto de Genebra, na Suíça. Os múons têm uma vida útil muito curta (cerca de um milionésimo de segundo), então eles não ficam por aí por muito tempo, antes de se dissiparem. Por outro lado, as partículas subatômicas podem viajar muito rapidamente (mais rapidamente do que os seres humanos conseguiram até agora) e você pode observar os efeitos relativísticos quando elas o fazem.

Em particular, os múons viajam a velocidades muito altas e duram muito mais tempo do que de fato deveriam devido às suas vidas curtas. Isso porque, em comparação com o referencial de laboratório, o tempo realmente é dilatado para os múons. Bruno Rossi e David Hall observaram pela primeira vez as vidas dilatadas de múons em 1941, e muitos outros experimentos também confirmaram a relatividade especial em grandes detalhes.

Capítulo 17

Dez Ferramentas On-Line para Resolução de Problemas

. . . .

Neste Capítulo

▷ O uso de calculadoras on-line

▷ Encontrando energia, reatância, frequência, meia-vida e muito mais

. . . .

A Física requer uma grande quantidade de cálculos numéricos e você pode encontrar ajuda on-line para isso. Muitas calculadoras físicas especializadas estão disponíveis, e este capítulo analisa algumas das melhores. Basta colocar os números, e a calculadora pode somar seus vetores, calcular a frequência e comprimento de onda, e até mesmo dar-lhe alguns números rápidos sobre a relatividade ou decaimento radioativo.

Calculadora de Soma de Vetores

A soma de vetores pode ser algo muito demorado. Qual é a direção da força resultante a partir de três cargas sobre uma carga de teste? Qual é a magnitude da força?

Agora você pode obter alguma ajuda com a calculadora de soma de vetores. Basta digitar a magnitude e a direção (em graus) de até dez vetores, clique no botão Calcular, e pronto. A soma vetorial será exibida em duas caixas de texto: Uma mostra a magnitude da soma vetorial e a outra, sua direção. Simples.

Você pode encontrar a calculadora de soma de vetores em

www.1728.com/vectors.htm (conteúdo em inglês).

Calculadora de Aceleração Centrípeta (Movimento Circular)

Se você tiver um elétron orbitando em um campo magnético (ver Capítulo 4), pode calcular sua aceleração centrípeta usando muita matemática ou você pode deixar a calculadora de aceleração centrípeta fazer isso por você.

Selecione o que você deseja calcular — aceleração centrípeta, raio, ou velocidade — a partir de uma caixa suspensa e digite os outros dois valores. A calculadora faz o resto.

Você pode encontrar a calculadora de aceleração centrípeta em

```
easycalculation.com/physics/classical-physics/
centripetal-acceleration.php (conteúdo em inglês).
```

Calculadora de Energia Armazenada em um Capacitor

Esta calculadora lhe dá a energia armazenada em um capacitor. Você digita a capacitância em farads e a carga em coulombs, em seguida, clique no botão Calcular. A calculadora exibe a energia armazenada no capacitor em joules.

Você pode encontrar essa calculadora em

```
Easycalculation.com/physics/electromagnetism/
stored-energy-electrical.php (conteúdo em inglês).
```

Calculadora de Frequência de Ressonância Elétrica

Quando você tem um circuito com um indutor, um capacitor e uma fonte de tensão que se alterna a uma determinada frequência, você pode ter *ressonância* se sintonizar a frequência corretamente, ou seja, você pode encontrar uma frequência que maximiza a corrente no circuito, porque a reatância indutiva e a reatância capacitiva se anulam (ver Capítulo 5 para detalhes).

Agora, você pode usar uma calculadora online para encontrar a frequência de ressonância de um circuito. Também pode calcular a capacitância necessária para a ressonância (dada uma frequência de fonte de tensão e uma indutância), ou calcular a indutância necessária (dada uma frequência de fonte de tensão e uma capacitância).

Clique no botão indicando o que você quer calcular — frequência de ressonância, capacitância ou indutância —, clique nos botões para indicar quais unidades você está usando para cada medição (por exemplo, clique em henrys ou milihenrys para indutância), digite os dois números que você conhece, e clique no botão Calcular, o número que deseja calcular será exibido. Muito legal!

Você pode encontrar a calculadora de frequência de ressonância em

```
www.1728.com/resfreq.htm (conteúdo em inglês).
```

Calculadora de Reatância Capacitiva

Esta calculadora permite descobrir a reatância capacitiva de um capacitor, dada uma determinada capacitância e uma frequência. Basta digitar os dois valores e clicar no botão Calcular, e está feito.

Você pode encontrar essa calculadora em

Easycalculation.com/physics/electromagnetism/capacitive-reactance.php (conteúdo em inglês).

Calculadora de Reatância Indutiva

Esta calculadora permite calcular a reatância indutiva de um indutor. Você digita os valores da indutância e a frequência da fonte de tensão, clique no botão Calcular, e pronto. A reatância indutiva aparece em uma caixa de texto.

Esta calculadora está em

easycalculation.com/physics/electromagnetism/inductive-reactance.php (conteúdo em inglês).

Calculadora de Frequência e Comprimento de Onda

Essa calculadora permite converter de frequência para comprimento de onda ou de comprimento de onda para frequência para a luz. Basta digitar um valor na caixa de entrada e clicar em um dos botões:

- **Se você sabe que é comprimento de onda, aperte os botões:** cm, pés, metros
- **Se você sabe que é frequência, aperte os botões:** Hz, KHz, MHz

A calculadora exibe o valor correspondente. Por exemplo, se você digitar um valor e clicar em Hz, a calculadora assume o valor inserido como uma frequência em hertz e mostra o comprimento de onda correspondente.

Esta calculadora está em

www.1728.org/freqwave.htm (conteúdo em inglês).

Calculadora de Contração do Comprimento

Quando temos velocidades próximas à velocidade da luz, haverá contração de comprimento. Você pode descobrir o que é a contração do comprimento com a calculadora de contração de comprimento. Basta digitar a fração da velocidade da luz na qual você está se locomovendo (como uma decimal) e clique na segunda caixa. O fator de contração do comprimento aparece nessa caixa. Simples.

Encontre esta calculadora em

hyperphysics.phy-astr.gsu.edu/hbase/relativ/tdil. html (conteúdo em inglês).

Você pode conferir o Capítulo 12 para mais informações sobre contração do comprimento e sobre a teoria da relatividade especial de Einstein.

Calculadora da Relatividade

A calculadora on-line da relatividade é especializada em cálculos que envolvam o fator de relatividade:

$$\frac{1}{\left(1 - \dfrac{v^2}{c^2}\right)^{1/2}}$$

A calculadora altera as unidades e calcula a velocidade do fator de relatividade como você quiser. Basta digitar um valor na caixa de entrada e em seguida clicar em um desses botões:

- ✔ **Milhas/Segundo (Miles/Second):** A calculadora encontra o fator de relatividade.
- ✔ **Km/Segundo (Km/Second):** A calculadora encontra o fator de relatividade.
- ✔ **c = 1:** A calculadora encontra o fator de relatividade usando seu valor introduzido como uma fração de c.
- ✔ **Fator de mudança (Factor of Change):** A calculadora encontra a velocidade necessária para dar-lhe o fator de relatividade introduzido.

Você pode encontrar a calculadora de relatividade em

www.1728.com/reltivty.htm (conteúdo em inglês).

Capítulo 17: Dez Ferramentas On-Line para Resolução ... **351**

Calculadora de Meia-vida

Trabalhar com decaimento radioativo é sempre um pouco complicado. Dada uma quantidade inicial do material e uma meia-vida, qual a quantidade de material que sobra depois de um determinado tempo? (Meia-vida é o tempo necessário para a quantidade de material radioativo se reduzir pela metade através de decaimento radioativo — ver Capítulo 15 para detalhes.)

Você pode usar a calculadora de meia-vida para descobrir. Clique em um botão, dependendo do que você quer calcular:

- Tempo (Time) - anos
- Meia-vida (Half-life) - anos
- Quantidade inicial (Beginning amount) - gramas
- Quantidade final (Ending amount) - gramas

Em seguida, digite os números conforme solicitado. Você pode encontrar a calculadora de meia-vida em

`www.1728.com/halflife.htm` (conteúdo em inglês).

352 Parte V: A Parte dos Dez

Índice

• A •

aceleração angular, 31
aceleração centrípeta
  calculadora, 347-348
  sistemas de referência, 251
  aceleração
  angular, 31
  conhecimento básico,
    29-30
  centrípeta, 251, 347-348
  definida, 30
  acelerador de partículas,
    263
acelerador de partículas, 263
água, 178
álgebra, 24-25
altura do som, 12, 128, 149-152
alumínio, 318
ampliação angular, 202-203
ampliação
  angular, 202-203
  equação, 22, 197-199, 218-219
  lentes, 199-203
  equação das lentes finas,
    194-197
amplitude
  onda sonora, 128-129
  vibração, 147
  onda, 118-119
ângulo crítico, 183
Ângulo de Brewster, 185-186
ângulo de declinação, 64
ângulo de fase, 123
ângulo de incidência, 206
ângulo de reflexão, 206
ângulo
  Brewsterꞌs, 185-186

crítico, 183
fase, 123
da onda de choque, 153-154
trigonometria, 25-26
ano-luz, 258
antena em loop, 160
antena vertical, 160
antena, 160-161, 223
antimatéria, 265
antinodo, 145
ar, índice de refração, 178
arco-íris
  cor, 180-181
  reflexão sobre, 184
argônio, 318
átomo
  modelo de Bohr, 301-306
  como componentes
    essenciais da matéria,
    295
  carbono, 322
  ligação covalente, 315
  transição de elétrons em,
    307-308
  átomos livres em gases,
    298-299
  ligação iônica, 315
  Linha espectral de, 298-299
  múltiplos elétrons, 314-
    316
  modelo planetário de,
    296-300
  modelo pudim de ameixa
    de, 296-297
  relacionado à Física
    Quântica e, 309-313
  avanço tecnológico, 15

• B •

B (boro), 111, 317
barra brilhante de ordem
  zero (luz), 229
barra brilhante de primeira
  ordem, 229
barra brilhante de segunda
  ordem (luz), 229
barra magnética, 10, 62
barreira do som, 153
becquerel (Bq), 336
berílio, 317
blueshift (deslocamento
  para o azul), 258
Bohr, Niels (modelo de
  átomo de Bohr)
  raios de Bohr permitidos,
    303-304
  energia permitida para o
    hidrogênio, 305
  energia permitida para o
    átomo de lítio, 306
  momento angular, 303-304
  descrição básica de, 301
  encontrando energias
    permitidas de elétrons
    em, 302-303
  espectros atômicos
    observados, 302
boom sônico, 152-153
Boro (B), 111, 317
Bq (becquerel), 336
brilho de óculos de sol, 187
brilho, 187

• C •

C (coulombs), 38
C/V (coulombs por volts), 58
calculadora da relatividade, 350. *Veja também* postulado da relatividade especial, 252
calculadora de soma de vetores, 347
calculadora
  reatância capacitiva, 349
  aceleração centrípeta, 347-348
  energia armazenada em um capacitor, 348
  frequência, 349
  meia-vida, 351
  reatância indutiva, 349
  contração do comprimento, 350
  relatividade, 350
  frequência de ressonância, 348
  soma de vetores, 347
  comprimento de onda, 349
Campo B. *Ver* campo magnético
Campo E (campo elétrico alternado)
  onda linearmente polarizada, 157
  campo magnético, 157-159
  carga oscilante, 156
  polaridade da diferença de potencial, 157
  ondas de rádio, 160
campo elétrico alternado *(Campo E)*
  onda linearmente polarizada, 157
  campo magnético, 157-159
  carga oscilante, 156
  polaridade da diferença de potencial, 157
  ondas de rádio, 160

campo elétrico uniforme, 48-50
campo elétrico
  descrição básica de, 45-46
  de objeto carregado, 47
  definição, 46
  em onda eletromagnética 156-157, 160, 184-185
  força sobre uma carga, 46
  dentro do condutor, 50-51
  newtons por coulomb (N/C), 46
  entre capacitor de placas paralelas, 48-50
  carga teste positivo, 46
  de blindagem, 51
  de duas cargas pontuais, 47-48
  uniforme, 48-50
campo magnético
  descrição básica de, 11, 65-66
  partículas carregadas em, 68-69
  movimento circular, 70-71
  loops de corrente, 82-84
  direção de, 62-63, 67-68, 75-76, 80, 157-159
  Campo E, 157-159
  da corrente elétrica, 79-83
  Lei de Faraday, 12
  direção do campo, 80-81
  força sobre uma corrente, 75-76
  luz, 157-159
  unidades do sistema MKS, 66
  caminho da carga, 69-70
  carga positiva sendo empurrado em, 69-70
  proporcionalidade, 80
  raio da órbita, 71-73
  regra da mão direita, 67-68, 75-76, 80, 159
  solenoide, 84-86
  de fio reto, 79-82
  unidade tesla, 66
  fios e cabos, 76

capacitância, 92
capacitor de placas paralelas
  dielétricos entre, 58
  campo elétrico, entre 48-50
  superfícies equipotenciais, entre, 57
  permissividade do espaço livre 49
capacitor
  circuito AC, 91-95
  tensão e corrente alternadas em, 94
  fonte de tensão alternada conectada através de, 92
  quantidade de carga armazenada em, 57-58
  coulombs por volt *(C/V)*, 58
  definida, 91
  cálculo de energia, 59, 348
  unidade MKS para, 58
  potência preservada, 95
  como fonte de corrente elétrica, 59
carbono
  átomo, 322
  configuração de elétrons, 317
  meia-vida, 335
carga conservada, 38
carga líquida, 38
carga negativa (-), 37
carga pontual
  energia potencial elétrica, 54-55
  cálculo da força entre cargas, 44
carga positiva (+), 37
carga, 329. *Veja também* carga elétrica
centro de curvatura, 190, 210, 212-213
chumbo, 94
Ci (Curies), 336
ciclos de ondas, 119
circuito AC
  descrição básica, 11

Índice

capacitor, 91-95
indutor, 95-99
resistor, 87-91
raiz quadrada média da tensão, 89-90
circuito da série RLC
  descrição básica de, 103
  determinando a quantidade de adiantamento ou de atraso, 106-108
  encontrando a corrente máxima em, 109-110
  impedância, 104-106
circuito integrado, 111
circuito integrado, 111
  microchip, 111
  tipo n, 111-112
  tipo p, 111-112
Circuito RLC
  descrição básica de, 103
  determinando a quantidade de adiantamento ou de atraso, 106-108
  encontrando a corrente máxima em, 109-110
  impedância, 104-106
circuito
  conhecimento básico de, 32-33
  Lei dos nós, 33
  Lei de Kirchoff, 32-33
  regras de resistência, 32
  com dois loops, 32
cloro, 318
coletor de elétrons, 276
colisão de elétrons e fótons, 282-285
compressão, 117
comprimento adequado, 261-262
Comprimento de onda
  descrição básica de, 12
  cálculo, 120
  calculadora, 349
  Compton, (fótons), 284-285
  De Broglie (matéria), 285-288

frequência e comprimento de onda da luz, 163-164
índice de refração, de acordo com, 180-181
  metade, 228
  pico, 118
  depressão, 118
comprimento
  conversão, 21
  unidades MKS e CGS, 21
  Vetor, 28
Compton, Arthur (físico)
  efeito Compton, 282-285
  comprimento de onda, 284-285
comutador, 77
condensação, 127
Condição de limite, 139, 141
condutor
  definido, 42
  campo elétrico, dentro do, 50-51
  elétron de valência, 44
  configuração de elétrons do neón, 318
constante adiabática, 134
constante de decaimento, 336
constante
  adiabática, 134
  decaimento, 336
  dielétrico, 58-59
  Planck, 275
  Rydberg 299, 306-307
Contador Geiger, 333-334
contração do comprimento
  calculadora, 350
  equação, 261-262
  comprimento adequado, 261-262
  sistema de repouso, 260
  variável, 261
  por que e como o comprimento se contrai, 259-261
conversão de temperatura, 24

conversão
  fator de conversão, 22-23
  descrição de, 20
  energia, 21-22
  unidade uniforme, 21-22
  força, 21
  comprimento, 21
  massa, 21
  prefixos métricos, 23
  entre sistemas MKS e CGS, 21-22
  de uma unidade para outra, 22-23
  potência, 22
  temperatura, 24
cor, 180-181
corpo negro perfeito, 274
corrente elétrica, Ver corrente
corrente liderando, 94-95, 106-108
corrente retardatária. 102-103, 106-108
corrente
  descrição básica de, 11
  capacitor, em 94-95
  definição, 44
  direção de, 44, 112
  impedância, e 103-108
  indutor, em 98, 100, 102-103
  frequência de ressonância, 109-110
  em circuito RLC, 109-110
  raiz quadrada média, 107-108
cosseno, 26
coulomb por volt (C/V)
coulombs (C) 38, 44-45
Curie, Marie (descoberta de radioatividade), 344
curies (Ci), 336

Davisson, Clinton (descoberta de ondas de matéria), 343-344

De Broglie, Louis
  quantização do momento angular, 308-309
  comprimento de onda, 285-288
decaimento alfa, 330-331
decaimento beta, 331-332
decaimento gama, 332-333
decibel
  intensidade e decibéis de som comum, 133
  medindo o som em, 132-133
defeito de massa, 327-328
densidade de carga, 49
densidade de energia elétrica, 170
densidade de energia magnética, 171-172
densidade de energia
  calculando a média, 172-174
  elétrico, 170
  elétrica e magnética combinadas, 171-172
  equação, 171
  energia instantânea, 169-172
  da luz, 169-174
  magnética, 171-172
  raiz quadrada média, 172
  luz do Sol sobre a Terra, 173-174
densidade
  carga, 49.
  do núcleo, 323-324
  velocidade do som em líquidos, 136
  velocidade do som em sólidos, 137
descompressão, 117
desenvolvimento do rádio, 160
diagrama de fasores, 104
diagrama de nível de energia, 307-308
diagrama de raios, 190-192
diamante, 178
dielétrico
  constante, 58-59
  definição 58
  cálculo de energia, 59
  entre as placas do capacitor de placas paralelas, 58
diferença de potencial total, 105
difração de fenda única
  cálculo da difração, 240-241
  padrão de difração, 237-240
  para elétrons, 290
  Princípio de Huygens, 236-237
  interferência, 235-236
difração de fendas múltiplas, 241-243
difração
  descrição básica de, 15
  equação, 240-241
  grades, 241-243
  Princípio de Huygens, 236
  interferência de ondas de luz, 221
  resolução valor de potência, 243-246
  fenda única, 235-241
  onda sonora, 148-149
Dilatação do tempo
  blueshift (deslocamento para o azul), 258
  Einstein, 1
  equação, 257-260
  exemplo de relógio de luz, 254-255
  intervalo de tempo adequado, 255
  redshift, 258
  mudando frequências de luz, 258
  velocidade lenta, 256
  tempo medido por dois observadores, 255
  variável, 256
diodo, 111-112
dipolo elétrico, 169
direção tangencial, 30
distância focal
  objeto entre o raio de curvatura e, 192
  objeto mais próximo da lente do que, 192
  lentes do objeto, 199-200
  força das lentes, 189
  equação das lentes finas, 195
distância, velocidade do cálculo de som, 135
divisão da luz, 227-231
divisão e algarismos significativos, 27
domínio magnético, 63

$E = mc^2$
  Einstein, 16
  equação, 265
  energia cinética, 267-269
  energia de repouso, 265-267
eco
  Condição de limite, 139, 141
  flutuação da pressão, 140
  reflexão da onda sonora, 139-141
  reflexão de de único pulso de pressão, 140
  onda sonora, 12
  oscilação zero, 139
ecolocalização, 140
Efeito Doppler
  descrição básica de, 12
  frequência de som, 151-152
  movendo em direção à fonte de som, 149-150
  a fonte de som em movimento, 151
  experiência da fenda dupla (Young)
  "Experiências e cálculos relativos à Física Ótica" (Young), 342
  barra brilhante de primeira ordem, 229
franja, 229
  obtendo um padrão de interferência, 227-228

Índice   357

prevendo manchas claras e escuras, 229-231
esquema para, 228-229
barra brilhante de segunda ordem, 229
barra brilhante de ordem zero, 229

efeito fotoelétrico
cálculos com, 281-282
Einstein, 280, 343
aparato experimental medição de 276-277,

Einstein, Albert (físico)
$E = mc^2$, 16
efeito fotoelétrico, 280, 343
relatividade especial, 16, 249, 346
meio elástico, 117

carga elétrica
descrição básica de, 11, 37
carregamento por contato, 41-42
carregamento por indução, 42-43
conservada, 38
de elétron, 38
força entre cargas, 39
medição, 38
unidades MKS e CGS, 21
carga líquida, 38
e fotocopiadoras, 40
carga pontual, 44
de próton, 38
forças de repulsão e atração, 39
eletricidade estática, 40-41

eixo ótico, 190
eixo x, 25
eixo y, 25
eletricidade estática, 40-41

eletricidade
descrição básica de, 10
campo elétrico, 10
força entre duas cargas, 10
estática, 40-41

elétron de nitrogênio
configuração, 317
elétron de valência, 44, 315
elétron
configuração, 316-318

descoberta de, 296
carga elétrica de, 38
emitidos instantaneamente, 280
padrão de interferência de, 286
energia cinética, 279-280
momento, 283, 293
átomos de múltiplos elétrons, 314-316
colisão de fótons e elétrons, 282-285
Física Quântica, 309-312
difração de fenda única, 290
velocidade, 292-293
energia total, 302-303
transições, 307-308
valência, 44, 315
elétron-volt (eV), 55, 281
em fase, 222-223

energia cinética linear, 32
conservação de, 329

energia cinética
descrição básica de, 52
elétron, 279-280
equação, 267-269
energia total de , 269-270

energia de repouso
mudando massa em energia/energia em massa, 266
equação, 266
píon neutro, 265
pósitron, 266
transformando massa em luz, 267

energia elétrica potencial.
Veja também tensão
descrição básica de, 52-53
campo elétrico, 10
elétron-volt (eV), 55
superfície equipotencial, 56-57
força, 10
tensão de um raio, 53
carga pontual, 54-55
trabalho, 53-54

energia potencial, 270 *Veja também* o energia potencial elétrica

energia total
conservação de, 329
energia cinética, 267, 269
energia potencial, 270

energia
do capacitor, 59
conversão, 21-22
conversão entre massa e, 265-266
convertendo em massa, 266
do dielétrico, 59
Calculadora de Energia Armazenada em um Capacitor, 348
cinética, 267-269
cinética linear, 32
unidades MKS e CGS 21
fóton, 277
potencial, 270
repouso, 265-267
total, 267, 269-270
onda como transferência de, 116

enxofre, configuração do elétron, 318

equação da lentes finas
cálculo, 196
descrição de, 195
distância focal, 195
distância da imagem, 195
distância do objeto, 195
imagem real, 14
imagem virtual, 14

equação, 257-260

equação
álgebra, 24-25
difração, 240-241
grade de difração, 242-243
$E = mc^2$, 265
densidade de energia, 171
energia cinética, 267-269
contração do comprimento, 261-262

358 Física II Para Leigos

ampliação, 22, 197-199, 218-219

espelho, 216-219

com efeito fotoelétrico, 281-282

poder de resolução, 245

energia de repouso, 266

conversão de temperatura, 24

lentes finas, 194-197, 217

dilatação do tempo, 257-260

esfera, 132

Espalhamento (Rutherford), 296

espectro eletromagnético

descrição básica de, 13, 161

frequência e comprimento de onda da luz, 163-164

raios gama, 163

luz infravermelha, 162

micro-ondas, 162, 169

ondas de rádio, 162

luz ultravioleta, 162

luz visível, 162

raios-X, 163

espectroscópio de massa, 73-74

espectroscópio, 73-74

espelho côncavo

centro de curvatura, 212-213

colocação do objeto, 213-214

espelho convexo, 215

espelho esférico

Espelhos de Arquimedes para incendiar, 211

centro de curvatura, 210

imagem distorcida, 211

ponto focal, 210

lei da reflexão, 216

equação de espelhos, 216-219

raio de curvatura, 210

usos para, 211

espelho parcial, 206

espelho plano, 205-206

espelho plano, 206-207

espelho. *Veja* também reflexão

ângulo de incidência, 206

ângulo de reflexão, 206

côncavo, 212-215

convexa, 215

curva, 14

equação, 216-219

plano, 14, 205-206

equação de ampliação, 22, 218-219

mito do espelho, flip esquerda-direita, 207

parcial, 206

plano, 206-207

luz refletida, 14

fundamentos de reflexão, 205-209

tamanho, 208-210

esférica, 210-211, 216

equação das lentes finas, 217

Espelhos de Arquimedes para incendiar, 211

estado fundamental, 305

estado, número quântico, 311

estrôncio, meia-vida, 335

éter luminífero 225

eV (elétron-volt), 55, 291

evento, relatividade especial, 250, 253

exemplo de relógio de luz, 254-255

"Experiências e cálculos relativos à Física Ótica"Artigo (Young), 342

• F •

F (farad), 58

Faraday, Michael (lei de Faraday)

descrição básica de, 12

indutor explicado, 96-100

fluxo magnético, 97-98

ferromagnéticos, 63

física moderna

Radiação de corpo negro 15, 274-275

física nuclear, 17, 319-337

ondas de partículas, 16-17, 285-288

mecânica quântica, 15, 309-318

radioatividade, 17, 328-337, 351

relatividade especial, 16, 249-272, 350

física nuclear, 17

Física Quântica Para Leigos (Holzner), 275

fissão nuclear, 17

Fizeau, Armand (velocidade do experimento da luz), 165

flúor, 318

fluxo elétrico, 167

fluxo magnético, 97-98

fonte linear, 187

fonte pontual, 176, 187

fontes coerentes de luz , 222, 226-227

fora de fase, 94, 224

força magnética

em uma corrente no campo magnético, 75-76

em corrente elétrica, 74-78

magnitude de, 66-67

regra da mão direita, 67-68

força nuclear forte, 325-326

força

conhecimento básico de, 30

conversão, 21

entre cargas elétricas, 39

energia potencial elétrica, 10

equação $F = ma$, 30

da gravidade, 30

unidades MKS e CGS, 21

forças de repulsão e atração, 39

torque , 31

entre duas cargas, 10
forças de repulsão e atração, 39
fósforo
  silício com drogas, 111
  configuração de elétrons, 318
fotocopiadora, como exemplo de carga elétrica, 40
fóton
  definição, 16
  energia necessária para puxar um elétron para fora de um metal, 279-280
  energia de, 277
  frequência, 277
  frequência da luz, 278
  momento, 283
  teoria das partículas de, 279
  colisão de fótons e elétrons, 282-285
  transformando massa em luz, 267
Foucault, Leon (velocidade do experimento da luz), 165
fração, fator de conversão, 22-23
frequência
  frequência beta, 147-148
  frequência de ressonância
    amplitude de vibração, 147
    calculadora, 348
    efeitos do capacitor e indutor, 109
    sistema oscilante, 110
  frequência fundamental, 145
função de trabalho *(WF)*, 280
fusão nuclear, 17

G (gauss), 66
gases
  átomos livres em, 298-299
  velocidade do som em, 134-136
gauss (G), 66
Geiger, Hans (experiência de espalhamento de Rutherford), 296
gelo, 178
Geological Survey of Canada Web site, 64
Gerlach, Walther (experiência do momento angular), 345
Germer, Lester (descoberta de ondas de matéria), 343-344
gráfico
  onda estacionária, 144-145
  onda, 121-122
gravidade
  força da, 30
  relatividade geral, 252

H (henries), 100
Hall, David (experimento múon), 346
harmônica, 145-147
Heisenberg, Werner (princípio da incerteza)
  decorrentes da relação de incerteza, 289-292
  incerteza na difração de elétrons, 288-289
  incerteza na posição dada a velocidade, 293
  incerteza na velocidade, 292-293
hélio
  unidade de massa atômica (uma), 330
  configuração de elétrons, 317
henries (H), 100
hertz (Hz), 88, 119, 128
hertz (Hz), 88, 119, 128
Hertz, Heinrich
  efeito fotoelétrico, 276-277
  descoberta de ondas de rádio, 160
hidrogênio
  energia permitido para (modelo de átomo de Bohr), 305
  configuração de elétrons, 317
  índice de refração para, 178
  comprimentos de onda de serviços de, 299
hipermetropia, 200
hipotenusa, 25
Holzner, Steven
  Física Quântica para Leigos, 275

• **I** •

ímã permanente, 62-63
imagem distorcida, 211
imagem holográfica, 223
imagem real, 14, 188
imagem virtual
  descrição básica de, 14
  lentes côncavas, 189, 193
  espelho côncavo, 212
  lentes convexas, 188
  espelho plano, 207
imagem
  distorcida, 211
  interferência na TV, 223
  real, 188
  virtual, 188-189, 193, 207, 212
impedância
  descobrindo, 105-106
  diagrama de fasores, 104
  diferença de potencial total, 105
incerteza na difração de elétrons, 288-289
incerteza na posição, dada a velocidade, 293
incerteza na velocidade, 292-293
índice de refração
  de acordo com o comprimento de onda, 180-181

360 Física II Para Leigos

para o ar, 178
descrição básica de, 13
definição, 178
para o diamante, 178
para o vidro, 178, 180-181
de elevado para baixa, 233
para o hidrogênio, 178
para o gelo, 178
para líquidos, 178
baixo a alto, 233
do meio, 179
para o oxigênio, 178
arco íris, separando
comprimentos de
ondas, 180-181
coeficiente da velocidade
da luz, 177-178
Lei de Snell, 179-180
para a água, 178
Indução, 42-43
indutor elétrico, 100
indutor
descrição básica de, 96
corrente fica atrás da
tensão, 102
Lei de Faraday, 12, 96-100
raiz quadrada média da
tensão, 101
tensão induzida por, 99-100
infrassônico, 128
Intensidade
e decibéis de sons
comuns, 133
potência fluindo através
de unidade de área,
130
em termos de potência
total da onda sonora,
132
limiar de audição, 133
interferência construtiva
onda de luz, 222-224, 228
onda sonora, 141-142
contato, carregamento por,
41-42

barra de controle (em
reator nuclear), 346
lentes convergentes, 188
interferência de filme fino
contabilização de
alterações na fase de
ondas, 233
cálculo, 233-235
envio de raios de luz em
caminhos diferentes,
231-232
interferência de ondas de
luz *Ver* interferência
interferência destrutiva
onda de luz, 224, 226, 228
onda sonora, 141, 143
interferência
frequência beta, 147-148
fonte de luz coerente, 222
construtiva, 141-142, 222-224, 228
destrutiva, 141, 143, 224, 226, 228
difração, 221
harmônica, 145-147
ondas idênticas indo em
direções opostas,
143-144
princípio da superposição,
141, 223
frequência de ressonância,
147
difração de fenda única,
235-241
onda estacionária. 143
Experiência de
interferência em um
poste de luz, 238
filme fino, 231-235
onda, 125
interferômetro, 272
intervalo de tempo
adequado, 255
íon de lítio, 306
isolante, 42-44
isótopo, 322

• L •

lei da reflexão, 216
Lei das Malhas ou Tensões
(Loops) 33
Lei de Coulomb, 44-45
Lei de Kirchoff, 32-33
Lei de Ohm
para tensão alternada,
88-39
resistor medido em Ohms,
32
lei de Snell, índice de
refração, 179-180
Lei dos nós, 33
lente
centro de curvatura, 190
côncava, 189, 193
convergente , 188
convexa, 188-189, 191
corretivas, 200-201
divergentes, 189
hipermetropia, 200
distância focal, 189, 192
ponto focal, 188
como a luz passa através
de, 14
ampliação, 199-203
lupa, 193
microscópio, 201-203
miopia, 200
objetivo, 199-200
eixo ótico, 190
raio de curvatura, 190 192)
diagrama de raios, 190-192
imagem real. 14
telescópio, 199, 203
equação das lentes finas,
14, 194-197, 217
imagem virtual, 14
lentes côncavas, 189, 193
lentes convexas, 188-189, 191
lentes corretivas, 200, 201
lentes divergentes, 189
ligação covalente, 315
ligação iônica, 315
ligação química, 315

Linha espectral, 298-300
líquido
  índice de refração para, 178
  velocidade do som em, 136-137
lítio, configuração de elétrons, 317
loop de fio 97-98
lupa, 193
luz infravermelha, 162
luz monocromática, 276
luz polarizada
  descrição básica de, 182
  reflexão parcial, 184-186
  refletindo em um ângulo de Brewster, 185-186
luz refletida
  ângulo de incidência, 13
  espelho, 14
luz ultravioleta, 162
luz visível, 162
luz. *Veja também* a velocidade da luz
  campo elétrico alternado *(campo E),* 156-161
  difração, 15
  espectro eletromagnético, 161-164
  como onda eletromagnética, 155-161
  densidade de energia, 169-174
  frequência e comprimento de onda de, 163-164
  lado de entrada das lentes, 195
  índice de refração, 177-181
  luz infravermelha, 162
  interação com a matéria, 13
  lente, 14
  luz colidindo luz, 15
  campo magnético, 157-159
  monocromática, 276
lado de saída das lentes, 195
reflexão parcial, 184-186
natureza de partícula de, 282-285
polarizada, 182, 184-186
raios, 13, 176-177
diagramas de raios, desenho, 190-194, 212-216
refletido, 13
reflexão, 182-186
refração, 13-14
divisão, 227-231
luz ultravioleta, 162
luz visível, 162

• *M* •

m/s (metros por segundo), 30
m/s² (metros por segundo ao quadrado), 30
magnésio, 318
magnetismo
  ângulo de declinação, 64
  ímã em barra, 10, 62
  descrição básica de, 11, 62
  domínio, 63
  Polos da Terra, 64
  loop de elétrons, 62
  ferromagnético, 63
  material magnético, 62-63
  polo magnético, 63-65
  lenda de Megnes (magnetismo), 61
  unidades MKS e CGS, 21
  paramagnético, 63
  ímã permanente, 62-63
magnitude
  força magnética, 66-67
  vetor, 28-29
Marconi, Guglielmo (físico), 160
Marsden, Ernest (experiência de espalhamento de Rutherford), 296

massa
  conversão de unidades, 21
  conversão entre massa e energia, 265-266
  $E = mc^2$, 16
  unidades MKS e CGS, 21
matéria
  antimatéria, 265
  átomo como componente essencial de, 295
  definição de, 273
  máxima da luz, 241-242
  máxima principal (luz), 242
Maxwell, James Clerk (velocidade da luz), 12-13, 155, 167-168
mecânica quântica, 15
medição
  habilidade básica, 19
  sistema centímetro-grama-segundo (CGS), 20-22
  conversão, 20-24
  carga elétrica, 38
  sistema pé-libra-segundo (FPS), 20
  sistema metro-quilograma-segundo (MKS), 20-22
  notação científica, 24
  algarismos significativos, 26-27
meia-vida do crípton, 335
meia-vida do polônio, 335
meia-vida do radônio, 335
meia-vida
  descrição básica de, 334
  calculadora, 351
  carbono, 335
  taxa de decaimento, 336-337
  problema de decaimento exponencial, 334
  quanto sobra de uma amostra usando, 335-336
  crípton, 335
  polônio, 335

362 Física II Para Leigos

radioatividade, 17
rádio, 334-335
radônio, 335
estrôncio, 335
urânio, 335
mica, 59
Michelson, Albert
(velocidade do
experimento da luz),
165-167, 225, 342
microchip, 111
micro-ondas, 162, 169
microscópio, 201-203
milivolts (mV), 99
miopia, 200
modelo do pudim de
ameixa, 296-297
modelo planetário de átomo
modelo do átomo de Bohr,
301-306
colapso de átomos, 297-298
encontrando o núcleo
de partículas alfa,
296-297
Linha espectral, 298-300
modo normal, 145
módulo de massa, 136
módulo, 136
mole, 135, 322
momento angular
magnético, 312
momento angular
modelo do átomo de Bohr,
303-304
conservação de, 329
experiência de Stern-Gerlach, 345
momento de inércia, 31
momento
angular, 303-304, 345
elétron, 283
sistema de referência
inercial, 264
angular magnético, 312
acelerador de partículas,
263
fóton, 283
velocidade relativista, 264

relatividade especial, 262-264
velocidade, 293
variável, 263
Morley, Edward (experiência
do interferômetro),
225
motor elétrico
forças, corrente e campo
magnético em, 77
torque, 78
movimento circular
velocidade angular, 31
conhecimento básico de,
30-32
energia cinética linear, 32
momento de inércia, 31
objeto viajando em, 30-31
direção tangencial, 30
movimento inercial, 252
movimento supersônico, 153
movimento
inercial, 252
energia cinética, 267-269
supersônico, 153
mudança estática, 10
mudando frequências de
luz, 258
multiplicação e algarismos
significativos, 27
múon (méson mu), 346
mV (milivolts), 99

• N •

N/C (newtons por coulomb),
46
nanômetro (nm), 118, 164
nêutron
número de massa atômica,
321
carga, 37.
estrutura do núcleo, 320
capacidade de
estabilização, 326
Newton, Isaac
e a física moderna, 15
unidades de força
newtons, 30

newtons por coulomb (N/C),
46
nm (nanômetro), 118, 164
nó (onda), 145
notação científica, 24
nuanças, 145
núcleo
energia de ligação de,
327-328
densidade de, 323-324
descoberta de, 297
nêutron, 320
força nuclear, 324-328
próton, 320
raio e volume de, 323
experiência de
espalhamento de
Rutherford, 296-297
força nuclear forte, 325-326
estrutura de, 320
núcleos de hélio, 296
número atômico, 314-316, 320
Número de Avogadro, 322
número de massa atômica,
321
número de nêutrons, 321-323
número nuclear, 329
número quântico de spin,
312, 345
número quântico do
momento angular
orbital, 310-311
número quântico do
momento angular,
310-311, 316
número quântico principal,
310, 316
número quântico
momento angular, 310-311,
316
magnética, 311-312
angular magnético, 312
configuração de números
de estados quânticos,
312-314
principal, 310, 316
spin, 312, 345
estados, 311
número quantum magnético,
311-312

Índice   **363**

• O •

objeto carregado, 47
objeto linear, 191
Objeto
  carregado, 47.
  superfície curva, 188
  energia *cinética de, 268*
  linha, 191
  fonte pontual, 187
  como fonte de raios de
    luz, 187
onda compensada, 123
onda de choque, 152-154
onda de matéria
  experiência de Davisson-
    Germer, 343-344
  física moderna, 15
onda e o meio, 115, 117, 225
onda eletromagnética
como luz, 155-161
  campo magnético, 79
  ondas de radio, 158-161
onda estacionária.
  interferência destrutiva,
    143-145
  gráfico, 144-145
  onda incidente, 143
  modo normal, 145-146
  onda refletida, 143
onda incidente, 143
onda linearmente
    polarizada, 157
onda longitudinal
  eco, 139
  meio elástico, 117
onda refletida, 143
onda sonora
  amplitude, 128-129
  descrição básica de, 12
  difração, 148-149
  Doppler, efeito, 12, 149-152
  eco, 12, 139-141
  frequência, 128
  exemplo do ouvido
    humano, 128
  intensidade, 131-133
  interferência ,141-148

sonoridade, 12
  medindo pressão do som
    em, 130-131
  exemplo da música, 128
  nó, 145
  pitch, 12
  como vibração, 127-129
onda transversal
  direção do movimento
    de, 116
  velocidade, 120-121
onda *Veja também* onda de
    luz; onda de matéria;
    onda sonora
  amplitude, 118-119
  movimento em massa, 116
  ciclo, 119
  definição, 12
  frequência, 119
  gráfico, 121-122
  incidente, 143
  padrão de interferência
    de, 125
  linearmente polarizada,
    157
  longitudinal, 117, 139
  meio, 115
  Física moderna, 16-17
  compensação, 123
  fora de fase, 224
  pico a depressão, 118, 222
  período, 119
  perturbação periódica, 12
  em fase, 222-223
  propriedades de, 117-121
  raio, representando um,
    176,
  refletido, 143
  reflexão, 124-125
  refração, 124
  choque ,152-154
  seno, 121-122
  velocidade, 120
  estacionária, 143-145
  como transferência de
    energia, 116
  transversal, 116, 120-121
  como perturbação em

    movimento, 115-116
ondas de rádio
  descrição básica de, 159
  espectro eletromagnético,
    162
  onda eletromagnética, 158
  antena em loop 160
  antena vertical 160
ondas luminosas
  descrição básica de, 12-13
  espectro eletromagnético,
    13
  fonte pontual, 176
  velocidade da luz, 12-13
órbita, 301
oscilação zero, 139
oxigênio
  configuração de elétrons,
    318
  índice de refração para,
    178

• P •

Pa (pascals), 130
padrão de difração, 237-240
padrão de interferência
  fontes de luz coerentes,
    226-227
  definição, 125
  arranjo de dupla fenda,
    227-231
  de elétron, 286
  franja, 229
paramagnético, 63
partícula alfa, 296-297, 329
partícula beta, 329
partícula
  alfa, 296, 329
  beta, 329
  gama, 329
  natureza de partícula da
    luz, 282-285
  natureza de onda da luz,
    285-288
partículas gama, 329
pascals (Pa), 130
Pauli, Wolfgang (princípio da
    exclusão de Pauli),
    314-316

período
  descrição básica de, 12
  onda, 119
permeabilidade magnética do espaço livre, 168
permissividade do espaço livre, 49, 168
permissividade elétrica do espaço livre, 168
perturbação periódica, 12
pico-a-depressão, 222
pilha atômica, 346
píon neutro, 265
pitchblenda, 344
poder de resolução, 243-246
polaridade, 157
polarização
  descrição básica de, 184
  brilho de óculos de sol, 187
ponto decimal
  notação científica, 24
  algarismos significativos, 27
ponto focal
  lentes convexas, 188
  espelho esférico, 210
  sistema pé-libra-segundo (FPS), 20
ponto próximo, 203
pósitron, 266, 331
postulado da velocidade da luz, 252-253
postulado, 252-253
potência de dez, 23
potência média, 89
potência
  conversão, 22
  intensidade, 130
  valor do poder de resolução, 243-246
prefixo centi, 23
prefixo kg (quilograma), 23
prefixo micro, 23
prefixo mili, 23
prefixo nano, 23
prefixo, 23
prefixos métricos, 23

pressão
  flutuação, 140
  unidades MKS e CGS, 21
princípio da incerteza (Heisenberg)
  decorrentes da relação de incerteza, 289-292
princípio da superposição, 141
princípio da superposição, 141, 223
Princípio de Huygens (difração), 236
proporcionalidade, 80
próton
  número de massa atômica, 321
  carga, 37
  carga elétrica de, 38
  estrutura do núcleo, 320
  forças de repulsão entre, 325
pulsação invertida, 233
pulso
  compressão e descompressão, 117
  rarefação, 128

quanta, 275

Radiação de corpo negro
  descrição básica de, 15-16
  intensidade versus comprimento de onda, 274
  física moderna, 15
  corpo negro perfeito, 274
  constante de Planck, 275
  previsão de Rayleigh, 274
radiação, corpo negro
  descrição básica de, 15-16
  intensidade versus comprimento de onda, 274

física moderna, 15
corpo negro perfeito, 274
constante de Planck, 275
previsão de Rayleigh, 274
rádio
  meia-vida, 334-335
  radioatividade, 332
radioatividade
  decaimento alfa, 330-331
  partícula alfa, 329
  descrição básica de, 328
  decaimento beta, 331-332
  partícula beta, 329
  Curie, descoberta de, 344
  taxa de decaimento, 336-337
  decaimento gama, 332-333
  partículas gama 329
  meia-vida, 17, 333-335
  física moderna, 17
  reação nuclear, 329
  pitchblenda, 344
  tipos de, 17
raio
  de curvatura, 190, 192, 210
  e volume do núcleo, 323
raio
  fonte linear, 187
  objeto como fonte de, 187
  fonte pontual, 176
  representando uma onda, 176
  reversibilidade, 177
  viajando em linha reta, 177
raios gama, 163, 332
raios, 303-304
Raios-X
  onda eletromagnética, 163
  Röntgen, descoberta de, 344
raiz quadrada média
  tensão alternada, 89-90
  corrente, 107-108
  densidade de energia, 172
  reatância indutiva, 101
  Rossi, Bruno (experimento múon), 346
  regras de resistência, 32
rarefação
  pulso, 128

Índice 365

onda de som como vibração, 128
Rayleigh, Lord (previsão do espectro de corpo negro), 274
reação nuclear, 329, 346
reação química, 315
reatância capacitiva
  calculadora, 349
  definição de, 92
  resistência efetiva, 93
  frequência, 93
Reatância indutiva
  calculadora, 349
  raiz quadrada média, 101
redshift, 258
reflexão interna total, 182-184
reflexão parcial, 184-186
reflexão. *Ver também* espelho
  ângulo de, 206
  lei de, 216
  parcial, 184-186
  no arco-íris, 184
  interna total, 182-184
  comportamento de ondas, 124-125
refração. *Veja também* índice de refração
  descrição básica de, 13-14
  índice de, 13, 177-181
  comportamento de ondas, 124
regra da mão direita, 67-68, 75-76, 80-81, 159
relatividade especial
  fundamentos de, 250-253
  sistema de coordenadas, 250-251
  Einstein, 16, 249, 346
  evento 250, 253
  relatividade geral, 252
  discussão imaginativa, 249
  movimento inercial, 252
  sistema de referência inercial, 251
  contração do comprimento, 259-262

física moderna, 16
momento, 262-264
sistema de referência, 250-251
postulado da relatividade, 252
postulado da velocidade da luz, 252-253
dilatação do tempo, 254-259
velocidade, 270-273
relatividade geral, 252
repouso absoluto 252
resistência
  descrição básica de, 88
  regras de resistência, 32
resistor
  descrição básica de, 87-88
  conectando fonte de tensão alternada a, 90-91
  ideal, 88
  em fase, 91
  resistor medido em ohms, 32
  tensão e corrente alternada em, 91
Röntgen, Wilhelm Conrad (descoberta dos Raios-X), 344
Rutherford, Ernest
  descoberta do núcleo do átomo, 345
  espalhamento, 296-297
  Constante de Rydberg, 299, 306-307

• S •

semicondutor tipo *p*, 111-112
semicondutor
  descrição básica de, 110-111
semicondutores tipo *n*, 111-112
seno inverso, cosseno e tangente, 26

série de hidrogênio de Balmer, 299-301
série de hidrogênio de Lyman, 299
série de hidrogênio de Paschen, 299
silício
  dopado (semicondutor), 111
  configuração de elétrons, 318
  onda senoidal, 26, 121-122
símbolo do elemento, 321
símbolo, elemento, 321
sinal de rádio, 120
sinal de TV, 223
sinal digital, 223
sistema CGS (centímetro-grama-segundo)
  conversão entre MKS e CGS, 21-22
  unidades métricas de medição, 20
sistema de coordenadas, 250-251
sistema de referência absoluta, 252
sistema de referência inercial, 251, 264
sistema de referência não inercial, 251
sistema de referência, 250-251
sistema de repouso, 260
sistema FPS (pé-libra-segundo), 20
sistema isolado, 38
sistema metro -quilograma-segundos (MKS)
  conversão MKS e CGS, 21-22
  unidades métricas de medição, 20
sistema MKS (metro-quilograma(kg)-segundo)
  conversão entre MKS e CGS, 21-22

unidades métricas de medição, 20
sistema oscilante, 110
sistema quantizado, 275
sistema solar, 297
sistemas de referência, 250-251
SLAC (Stanford Linear Accelerator Center/ Centro de Aceleração Linear de Stanford), 263
sódio, 318
solenoide
   descrição básica de, 11
   eletroímã, 79
   campo magnético, 84-86
sólido, velocidade do som em, 137-138
som de frequência única, 130
som de tom puro, 130
som ultrassônico, 128
som
   tom constante, 129
   decibéis, 132-133
   ecolocalização, 140
   infrassônico, 128
   intensidade, 130
   frequência única 130)
   tom puro, 130
   velocidade de, 133-138
   ultrassom, 128
   volume, 129
soma da tensão em torno de um loop, 33
sonar, 140
sonograma, 140
sonoridade, 12
Stanford Linear Accelerator Center/ Centro de Aceleração Linear de Stanford (SLAC), 263
Stern, Otto (experiência do momento angular), 345
subtração, 27
superfície curva, 188
superfície equipotencial, 56-57

• T •

T (tesla), 66
tangente, 26
taxa de decaimento, 336-337
telescópio, 199, 203
tempo de desaceleração
tempo medido por dois observadores, 255
tensão alternada
   descrição básica de, 11
   conectando-se ao resistor, 90-91
   Lei de Ohm para, 88-89
   diagrama de fases de, 104
   raiz quadrada média, 89
tensão alternada, 88
   descrição básica de, 12
   beta, 147-148
   calculadora, 349
   reatância capacitiva, 93
   fundamental, 145
   nuanças (overtone), 145
   fotografia, 277
   ressonância, 109-110, 147
   calculadora da frequência de ressonância, 348
   onda sonora, 128
   onda, 119
   e comprimento de onda da luz, 163-164
tensão de pico, 88
tensão de um raio, 53
tensão. Veja também tensão alternada; energia potencial elétrica
   descrição básica de, 10
   corrente está na frente, 94
   definição, 52
   Lei das Malhas ou Tensões (Loops) 33
pico, 88
raiz quadrada média, 89-90, 101, 107
teorema de Pitágoras, 25
teoria das partículas do fóton, 279
tesla (T), 66

Thomson, J.J. (descoberta dos elétrons), 296
tório
   unidade de massa atômica (uma), 330
   radioatividade, 331
torque
   motor elétrico, 78
   momento de inércia, 31
   força de rotação, 77
trabalho ,53-54
trabalho negativo, 53-54
triângulo retângulo, 25-26
trigonometria ,25-26

uma (unidade de massa atômica), 322
unidade de massa atômica (uma), 322
United States Geological Survey Web site (Site de Pesquisa Geológica dos Estados Unidos), 64
urânio
   unidade de massa atômica (uma), 330
   meia-vida, 335
   radioatividade, 330

• V •

variável, 256
velocidade angular, 31
velocidade da luz
   distância ao redor do mundo, 164
   experiência fracassada de, 164
   experiência de Fizeau e Foucault, 165
   calculadora da contração de comprimento, 350
   Cálculos Maxwell, 12-13, 155, 167-168
   experiência de Michelson, 165-167, 225, 342

Índice

velocidade do som
  descrito, 133
  em gases, 134-136
  em líquidos, 136-137
  resistência à deformação, 136
  em sólidos, 137-138
  estatísticas, 134
velocidade
  angular, 31
  conhecimento básico de, 29-30
  mudança de direção, 30
  definição de, 29
  relatividade especial, 270-273
  velocidade, 29-30
velocidade
  elétron, 292-293
  onda transversal, 120-121
  velocidade e aceleração, 29-30

onda, 120
velocidade, 29-30
  soma
  velocidades relativistas, 270-273
  e números significativos, 27
  vetor, 29, 347
velocidade lenta, 256
vetor
  soma, 29, 347
  conhecimento básico de, 28-29
  comprimento, 28
  magnitude, 28-29
  decompondo em componentes, 28-29
vibração
  amplitude, 147
  onda sonora como, 127-129
vidro, 178, 180-181

visão, 200
volume
  e raio do núcleo, 323
  som, 129

• *W* •

Wb (weber), 99

• *X* •

xerografia, 39

• *Y* •

Young, Thomas
  experiência das fendas duplas, 227-231
  "Experiências e Cálculos Relativos à Física Ótica" Artigo, 342
  Módulo de Young, 137-138

368 Física II Para Leigos